广西壮族自治区"十四五"职业教育规划教材

酒水服务与管理

(第二版)

主　编/林媛媛
副主编/韦　露　张宇琨　於春毅　宋　青
　　　　王　军　莫秋树　梁金凤

西南财经大学出版社
中国·成都

图书在版编目（CIP）数据

酒水服务与管理/林媛媛主编;韦露等副主编.--
2版.--成都:西南财经大学出版社,2024.7
ISBN 978-7-5504-5803-1

Ⅰ.①酒… Ⅱ.①林…②韦… Ⅲ.①酒—基本知识
—高等职业教育—教材②酒吧—商业管理—高等职业教育
—教材 Ⅳ.①TS971②F719.3

中国国家版本馆 CIP 数据核字（2023）第 096524 号

酒水服务与管理（第二版）

JIUSHUI FUWU YU GUANLI

主　编　林媛媛

副主编　韦露　张宇琨　於春毅　宋青　王军　莫秋树　梁金凤

策划编辑:杨婧颖
责任编辑:杨婧颖
责任校对:雷静
封面设计:张姗姗
责任印制:朱曼丽

出版发行	西南财经大学出版社（四川省成都市光华村街 55 号）
网　　址	http://cbs.swufe.edu.cn
电子邮件	bookcj@swufe.edu.cn
邮政编码	610074
电　　话	028-87353785
照　　排	四川胜翔数码印务设计有限公司
印　　刷	郫县犀浦印刷厂
成品尺寸	185 mm×260 mm
印　　张	18.875
字　　数	385 千字
版　　次	2024 年 7 月第 2 版
印　　次	2024 年 7 月第 1 次印刷
印　　数	1—2000 册
书　　号	ISBN 978-7-5504-5803-1
定　　价	46.80 元

第二版前言

DI ERBAN QIANYAN

《酒水服务与管理》教材自 2019 年出版以来，一直颇受好评，也被全国各地院校广泛使用。为了进一步紧跟时代步伐，编写团队对教材进行了修订。《酒水服务与管理（第二版）》获"十四五"首批广西壮族自治区职业教育规划教材。

本次修订版教材是新版职业教育专业目录中的旅游类专业核心课程教材。教材以党的二十大精神为指引，立足于新版专业教学标准，基于产业数字化转型新需求，以提高学生新时代职业能力为核心，以期培养一批能适应国际化、现代化岗位要求，掌握专业酒水服务与管理的高素质旅游人才，落实职业教育提质培优行动计划，以文塑旅、以旅彰文，助力推进"文化自信自强"。编写团队根据新时代酒水行业发展需求、职业技能大赛服务标准、国际课程认证标准和 1+X 证书标准，通过校企"双元"合作，在原教材基础上，重新整合修订，进一步突出课程思政、岗课赛证融通、双语教学、数字一体化及理实一体的特色编写模式。本次修订增加了数字化酒水服务与管理的新要求、最新酒水行业服务标准以及酒水类职业技能比赛操作流程等内容（其中包含了指导学生参加广西职业院校技能大赛"餐厅服务"获一等奖的真实指导案例），并融入更多高质量数字化配套资源（部分微课资源荣获省级微课比赛一、二等奖）。同时，依托教材建成的在线课程被评为校级在线精品课程。

本教材共分七个章节，分别为：酒水服务行业认知、酒吧认知、酒水认知、酒水服务技巧、鸡尾酒调制、软饮料调制和酒吧管理。每章分为理论知识和实训任务两大板块，并辅以拓展阅读和英文服务用语两个进阶学习版块。每章还含有学习目标、项目导入以及考核指南几个指导教学的内容。教材配套的微课教学视频，是由专业教师和酒吧著名调酒师合作完成，可以帮助学生更直观地学习相关技能点。

教材围绕以下五大特点进行编写，实现职业教育"三对接"，即对接现代服务行业和岗位需求；对接职业教育教学改革的新要求；对接国际化、信息化的新趋势。

（一）融入课程思政，坚持职教特色

以党的二十大精神为引领，注重德育培养与技能培养并重，强化学生职业素养养成和专业技术积累。教材内容通过融入课程思政内容，引导学生树立正确的学习态度，培养学生的学习热情。实训任务版块则以真实工作项目为载体，融入最新的职业标准和考核要点来设计教学环节和任务，带领学生在专业理论指导下完成真实的工作岗位任务。同时通过真实场景、真实岗位工作人员微课展示，更好地传达专业精神、职业精神和工匠精神。

（二）适应职业技能比赛、职业资格认证和 1+X 证书要求

本教材注重将职业技能比赛、职业资格认证和 1+X 证书有关内容及标准融入教材内容，根据侍酒师、调酒师、品酒师、茶艺师、咖啡师、餐厅服务员等职业资格考证和餐厅服务及鸡尾酒调制等职业技能比赛要求和标准进行编写，引入广西职业院校技能大赛的真实指导案例，进一步推进岗课赛证融通。

（三）校企"双元"合作开发教材

邀请业内专业人士参与编写指导，由一线酒吧经理、调酒比赛冠军提供行业最新资源并参与微课拍摄进行示范教学。教材在行业专家指导下能够紧跟产业发展趋势和满足行业人才需求，把行业发展的新技术、新知识、新规范纳入教材内容。同时基于产业数字化转型新需求，增加数字化酒水服务与管理的新要求。

（四）注重新形态一体化教材建设

围绕深化教学改革和"互联网+职业教育"发展需求，推进新形态一体化教材建设。教材对重要的操作技能点配有对应的微课教学视频，部分微课教学视频荣获省级微课比赛一、二等奖，学生可以通过扫描二维码的方式开展自学。同时，配备在线精品课程以及电子课件和学习资料，给学生提供快捷便利、形象易懂的自学平台。

（五）双语教学，突出国际化特色

基于服务"一带一路"建设及适应职业教育对外开放和国际合作需要，教材融入相关英文专业术语，增设有英文服务用语版块，便于教师开展双语教学和学生进行课后的学习补充。

本教材以学生为主体，突出技能性、双语性教学特色，简明易懂，可操作性强；既可作为高职高专院校、应用型本科院校及中职院校等有关专业的教学用书，也可作为各类饭店、酒吧的培训用书，以及职业技能比赛和考证指导用书，还可作为酒水爱好者的自学读物。

本教材由广西国际商务职业技术学院林媛媛副教授担任主编，负责确定修订内容、统

稿、审稿及参与第一章、第三章、第四章、第五章的部分内容编写；广西国际商务职业技术学院韦露、张宇琨、於春毅讲师和莫秋树副教授担任副主编，分别负责第一章、第五章、第三章和第二章的编写；广西机电职业技术学院的王军和梁金凤副教授担任副主编，负责第七章和第六章的编写，并参与教材的审稿；广西交通运输学校宋青副教授担任副主编，负责第四章的编写；广西国际商务职业技术学院王楠讲师和黄陈熙讲师参与第一章和第七章的编写；广西机电职业技术学院的周婧讲师参与英文服务用语、附录、拓展阅读等部分内容的编写；品泽鸡尾酒音乐清吧的何正盛（世界调酒技能大赛评委和广西调酒师大赛冠军）、邓若婷负责创意鸡尾酒案例的编写和部分微课教学视频的拍摄工作。本教材的部分微课由林媛媛、韦露、张宇琨、於春毅、王楠、黄陈熙、陈思容等老师合作完成。

为方便教学，本教材配有教学课件、试题集和在线精品课程，如有需要请联系出版社。我们在编写过程中参考了许多相关文献资料，在此向相关作者表示衷心感谢。敬请广大读者对本教材中的疏漏之处进行批评指正。

编者

2024 年 4 月

前言

　　为适应现代酒吧业的飞速发展，培养一批能适应国际化、现代化岗位要求，掌握专业酒水服务与管理的人才，编者根据高职高专教育的教学特点及要求，以提高学生职业能力为核心，将人才培养要求与现代酒水服务和管理岗位的职业能力相结合，编写了此书。

　　本书共七章，内容包括：酒吧概述、调酒师职业认知、酒水知识、酒水服务技巧、鸡尾酒调制、软饮料调制和酒吧管理。本书以工作能力培养为导向，注重理论与实践相结合，注重双语教学，突出教学评价与考核。每章分为理论知识、实训任务、拓展阅读、英文服务用语和考核指南五个版块。理论知识和实训任务版块可帮助学生在专业理论指导下完成实训任务；拓展阅读版块可给学生提供课堂外的知识；英文服务用语版块可帮助学生掌握相关英文服务用语；考核指南可帮助教师和学生明确考试要点。

　　本书配有部分微课教学视频，是由教师与某酒吧著名调酒师合作完成的，可以帮助学生更直观地学习相关技能点。本书的特点是：以学生为主体，突出技能性、双语性教学特色；编写思路清晰，简明易懂，帮助学生学以致用、学有所用，具有一定的前瞻性和操作性；既可作为高职高专院校、应用型本科院校及中职院校等有关专业的教学用书，也可作为各类饭店、酒吧的培训用书，还可作为酒水爱好者的自学读物。

　　本书由广西国际商务职业技术学院林媛媛副教授担任主编，负责第一章、第二章、第六章及英文服务用语、附录等部分内容的编写和全书框架拟定、统稿、修订等工作；广西国际商务职业技术学院于春毅讲师担任副主编，负责第三章的编写；广西民族大学龙淦华副教授负责第五章的编写；广西交通运输学校宋青讲师负责第四章的编写；南宁银河大酒店黄冲与林媛媛合作，负责第六章的部分编写；广西机电职业技术学院的钟营讲师负责第七章的编写；品泽鸡尾酒音乐清吧的曾泽、何正盛、吴皓晖和黄波政负责创意鸡尾酒案例的编写和微课教学视频的拍摄工作；广西机电职业技术学院的周婧讲师负责本书图片和素材的搜集及文稿修订。

　　本书的编写得到了业内专业人士的帮助，广西民族大学龙淦华副教授是广西第一位调酒职业资格考评员、广西鸡尾酒调制赛的专家评委、调酒高级技师，品泽鸡尾酒音乐清吧创始人兼总经理曾泽、何正盛分别是世界调酒技能大赛评委和广西调酒师大赛冠军，他们为本书的编写提供了宝贵的指导意见。但由于编者水平有限，书中难免存在不妥之处，恳请读者批评指正。

编者

2019 年 3 月

目录
MULU

第一章 酒水服务行业认知

◇**学习目标**

●知识目标

➤了解现代酒水服务行业发展现状

➤了解调酒师、侍酒师、品酒师职业

➤熟悉调酒师、侍酒师、品酒师的工作内容

➤明确调酒师、侍酒师、品酒师的职业素质

●能力目标

➤能够进行酒吧的"开吧"和"收吧"工作

➤能够根据职业素质的要求开展对客服务

◇**课程导入**

随着酒水行业的快速发展，新的酒水服务与管理方式不断更新迭代，专业酒水服务成了新的就业方向。专业的酒水知识储备、完美的餐酒搭配技巧、恰如其分的服务、能够带给顾客满意与惊喜的感受和体验，是一名合格的酒水从业者必须具备的综合素质。本章节将详细介绍几大主要的酒水服务的相关职业（调酒师、侍酒师、品酒师）的职业内涵、工作内容及职业素质，带您领略现代酒水服务行业的发展现状。

理论知识

第一节 现代酒水服务行业发展概述

一、酒水服务行业概况

（一）酒水服务与酒水服务行业

酒水服务是酒水经营和餐饮经营的重要环节。顾客无论是到餐厅用餐还是到酒吧喝酒，都可以享受酒水服务。酒水服务是酒水服务人员帮助顾客选购和享用

现代酒水服务行业
发展概述微课

酒水的全过程，该过程从顾客预订开始，包括迎客引坐、酒水推荐、餐酒搭配、侍酒服务、酒水制作、酒单设计等环节。广义的酒水服务还包括一系列有关酒水服务的设施设备、酒具和酒水耗材的采购、布局和管理运营。

酒水服务是一种仪式。这种仪式通过酒水服务中各项程序和方法显示出来。酒水服务质量与酒水质量一起构成酒水产品质量。优秀的酒水服务应以顾客需求为根本，以提高服务质量为目标，给顾客提供满意和惊喜的服务。

酒水服务行业是餐饮服务行业的重要组成部分。其典型代表包括酒吧酒水服务、宴会酒水服务、中西餐酒水服务、客房/客舱送餐酒水服务、各类酒会酒水服务等。与之相关的职业包括调酒师、侍酒师、品酒师、茶艺师、咖啡师等。

（二）酒水服务的类型

酒水服务人员的服务水平决定着顾客的体验。酒水服务是无形产品，因此其质量保证的前提是服务标准化和程序化。一般来说，酒水服务的方式和类型包括餐桌服务、吧台服务、自助服务、流动服务四种。

1. 餐桌服务

餐桌服务是最为传统的酒水服务形式，顾客坐在餐桌旁，等待酒水服务人员到餐桌为其进行各类酒水的服务。这种服务方式适用于各类中西餐厅、宴会厅等。比如，在中餐宴会当中，酒水服务的内容主要包括酒水介绍、酒水点单、酒水斟倒、酒水添加和茶水及其他软饮料服务。

在餐桌酒水服务中，按照国际标准礼仪，酒水服务人员应遵循女士优先、先宾后主的原则，在顾客的右手边为客人进行斟酒服务。而按照中国传统斟酒礼仪，斟酒顺序一般为主宾、主人、次宾、其他宾客。在家宴中则先长辈、后晚辈，先客人，后主人。

2. 吧台服务

吧台是酒吧向顾客提供酒水调制服务的工作区域，是酒吧的核心区域。吧台服务是酒水服务人员根据顾客需求，在顾客面前进行现场酒水调制，并为顾客进行酒水服务。这种服务方式适合各种类型的独立酒吧、酒店行政酒廊、休闲吧等。吧台服务面对面与顾客直接接触的方式，更便于与顾客交流和沟通、了解其饮用酒水的需求并为其提供个性化服务。顾客能清晰地看到酒水服务人员服务的全过程，因此，吧台服务对酒水服务技能的要求更高。

3. 自助服务

自助服务即酒水服务人员预先调制并斟倒好酒水，宾客根据自身需求在酒水服务台自取酒水饮用的一种方式。这种服务方式适用于各类自助餐厅、鸡尾酒会、冷餐酒会、下午茶、会议茶歇等。在一些正式的宴会开始之前，也会举办简单的自助餐前酒会，以等待所有宾客到齐，不致使先到的宾客受到冷落。

4. 流动服务

流动服务即酒水服务人员预先调制并斟倒好各类酒水，然后将它们放在托盘上，在酒会现场来回走动，服务有需求的宾客。这种服务方式适用于各类鸡尾酒会。这类酒会是一种以提供酒水为主、小食为辅的宴会形式。酒会形式相比正式宴会而言，更经济、简便、轻松、活泼，通常不设桌椅，仅有小桌（或茶几），不排席次，以便宾客随意走动，接触交谈。

二、现代酒水服务行业发展趋势

酒水服务行业的发展是随着餐饮业的不断发展而发展起来的。根据国家统计局相关统计数据，2012 年至 2022 年，中国餐饮收入规模由 2012 年的 23 283 亿元上升到 2022 年的 43 941 亿元。随着中国经济的发展，中国餐饮行业的市场规模将会持续增长。随着人们收入的增加，消费观念的改变，以及社会结构的变化，中国餐饮行业中各类餐饮消费的需求量也将会持续增加，由此，也会持续带动酒水及酒水服务行业的发展。中国酒业协会数据显示，2022 年酒类产业销售额达 9 509 亿元，同比增长 9.1%，多个酒种发展迅猛，酒类销售呈现多元化、细分化的特点。[①]

餐饮业和酒类产业的迅速发展，使得消费者对酒水消费的需求（不仅仅局限于酒水产品本身）、对酒水服务水平和服务质量的要求也在不断提升。酒水服务行业由粗放型发展逐渐向专业化、国际化、职业化、数字化发展转变。

（一）专业化

伴随着餐饮业的不断发展，消费者对酒水的消费也不断提升，带动了酒水服务持续向专业化、规范化发展。一方面，酒水服务人才培养持续与行业需求接轨，经营性实训、"翻转课堂"等教学模式的应用提高了人才培养的质量，相关专业、培训机构招生人数持续增加，保障了人才供应的数量。另一方面，酒水服务企业不断更新和完善服务流程和服务标准，使之更能与顾客需求接轨、与国际先进水平接轨。相关行业认定、行业标准的出台，也进一步提升了我国酒水服务水平持续向专业化、规范化发展。

（二）国际化

侍酒师是我国酒水服务行业中一个新兴的职业，在侍酒师的认证方面我国始终坚持与国际接轨，比如，先后引入了美国国际侍酒师认证课程（International Sommelier Guild, ISG）、法国侍酒师国际认证（CAFA）、英国葡萄酒及烈酒教育基金会（Wine & Spirite Education Trust，WSET）提供的系列课程及认证等。在职业标准开发、认证方面也始终坚持与国际接轨并融入自身特色。

而调酒师作为我国发展较早的酒水服务类职业，也一直紧跟国际化步伐。中国酒类流

---

① 翟枫瑞. 2022 年全国酿酒产业规模以上企业产品销售收入同比增长 9.1%［J/OL］.（2023-03-27）［2023-03-28］.https://www.bbtnews.com.cn/

通协会通过承办第 68 届世界杯国际调酒师大赛，加强了行业的国际交流。同时，中国也引进了包括法国 ASP 国际调酒师认证考试、WICC 调酒国际认证课程等国际化课程，进一步提升我国酒水服务行业的国际化水平。

（三）职业化

随着我国餐饮业的不断发展，餐饮业的结构不断升级，中高端餐饮的数量不断增多。但在中高端餐饮企业中，专业的酒水服务人员缺乏、服务人员酒水服务知识薄弱的现象十分普遍。餐饮升级对酒水服务的要求越来越专业，顾客的高质量体验愈发受到关注，餐酒搭配与侍酒服务已逐渐成为餐饮业和酒类从业人员的必备技能。国内餐饮行业对酒水服务专业人员及侍酒师的需求已经越来越大，市场上的人才已供不应求。2022 年 9 月 28 日，中华人民共和国人力资源和社会保障部发布的《中华人民共和国职业分类大典》将"侍酒师"收录其中，侍酒师正式成为职业并被赋予职业编码。与此同时，侍酒师这一职业的国家职业技能标准也正在鉴定当中，这将进一步推动侍酒师这一职业的规范化和职业化发展。

市场对专业的调酒师需求也不断提高。相关数据显示，全国共有各类专业调酒师约 2 万人，远远满足不了酒水服务行业的人才需求。2020 年 10 月，由中国酒业协会组织召开的"调酒师"国家职业标准修订启动，将进一步推进我国调酒师职业往规范化、职业化发展，也将进一步促进酒水服务行业的职业化发展。

（四）数字化

在当前数字化经济的时代背景下，我国酒水服务也不断向数字化、智能化转型。一方面是酒水服务的数字化。调酒机器人、送餐机器人的使用，降低了人力资源的成本，提高了酒水服务的效率，同时也能给顾客以独特的、智能化的体验。另一方面是酒水营销服务的数字化。大数据技术能够精准有效地掌握消费者的消费偏好和趋势，进一步细分消费者市场、完善价格体系，发挥线上线下的社群功能，并且 VR 等技术的应用，提升消费体验感，加强与消费者的互动和交流。

三、数字化时代酒水服务行业特点

数字化时代的到来，智能化设备和智慧化系统的应用，给酒水服务行业带来了全新的变化，使得酒水服务效率不断提高、酒水服务品质持续提升、酒水服务智能化程度显著提高。

（一）酒水服务效率不断优化

借助酒水服务智慧化系统，顾客通过微信公众号或者小程序就能了解酒水服务的全部信息，能让消费者实现从线上预定、线上点单、线上结账等全过程的自助化，减少了酒水服务人员的工作量和顾客的服务等待时间。服务流程更为精简，服务效率大幅提高，降低了酒水服务的经营管理成本。

（二）酒水服务品质持续提升

数字化技术的应用，能更有效地探索优质酒水服务的奥秘，有效解决传统酒水服务过程中可能出现的品控不足、出品较慢、难以把握最佳口感等问题。借助智慧化系统的数据分析和统计功能，酒水服务企业可以及时掌握餐饮服务的质量和客户需求，有针对性地进行优化和改进，为顾客提供更具个性化的服务，更好地满足顾客需求，提升酒水服务的品质。

（三）酒水服务"智能化"显著提高

近年来，随着"互联网+"技术的渗透，"智能酒水服务"的理念开始普及，通过技术提升劳动效率，改变低质量、低附加价值的劳动结构成为酒水服务行业转型的关键。采用智能化降低人工成本，依靠标准化流程降低风险的模式会引领行业的创新发展，加快领军企业的发展速度。智能调酒机器人、机器人送餐、全自助无人服务酒吧、人工智能（AI）餐酒搭配等智能化的经营方式会越来越多地出现在酒水服务中，给整个酒水服务行业带来全新的发展契机。

第二节 调酒师职业

一、调酒师职业认知

调酒师（bartender）是在酒吧或餐厅专门从事酒水的配制和销售工作，并让客人领略酒的文化和风情的人员。调酒师主要从事的工作有调酒的专业服务、行业研究和调酒文化推广、酒吧的经营管理、调酒培训教学等。

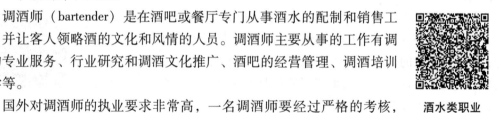

酒水类职业
认知微课

国外对调酒师的执业要求非常高，一名调酒师要经过严格的考核，取得相应的技术执照才能上岗。例如，在美国有专门的调酒师培训学校，凡是经过专业培训和考核的学员不但就业机会多，且享有较高的工资待遇。在日本，要成为一名合格的调酒师，要付出的时间和精力都非常多。一般在成为调酒师之前，从业人员都要从学徒做起，且一开始并不能直接学习调酒，而是需经过几年的历练，打好基础，师父才开始传授技艺。国际职业调酒师协会（International Association of Professional Bartenders，IAPB）是全球颇具权威的著名调酒师协会，也是全球开展调酒从业人员资格认证工作最完善、最规范、最专业的机构，自成立以来积累了丰富的国际认证工作经验。

在国内，随着酒吧文化的盛行，调酒师职业也开始火热起来。国内也曾进行过"调酒师职业资格等级认证"，但是这几年热度逐渐淡去，国务院在 2016 年 12 月取消此职业资格认定考试。在当今高速发展的时代，企业更注重个人的实际能力，证书已经不能作为能力的唯一凭证了。在花式调酒盛行的年代，酒吧招聘调酒师首要看其是否具备抛瓶等花式技能，而现在更看重的是调酒师对调制酒水的独特认知和专业技术，酒文化的知识储备以及对于整个行业发展及流行趋势的掌握。这样的人才才会有创意、有想法，并能满足客户的需求。

调酒师职业是一个充满激情与活力的职业，也是一个充满温暖与关怀的职业。在美国，调酒师还被称为"丧失了希望和梦想的人赖以倾诉心声的对象"。人们到酒吧喝酒，无论是忧愁还是喜悦，在这样的环境下能有倾诉/分享喜悦的人，都是一种减压/释放的方式。可见调酒师还有一个潜藏的职责，就是一切以顾客的感受为先，酒水的服务要体现出对顾客发自内心的关怀。

二、调酒师的工作内容

（一）营业前准备——"开吧"

营业前准备俗称"开吧"，主要包括酒吧的清洁卫生、领取物品、存放酒水、酒吧摆设、调酒准备等工作。开吧是一个合格的调酒师最基本且十分重要的工作任务。一般酒吧在迎客前调酒师都要花上一到两小时的时间用来开吧，以保证营业顺利。那具体要如何 完成开吧呢？

开吧工作微课

首先，酒吧的清洁卫生。一般来说，吧台上的清洁工作应该在收吧时就要完成，第二天的开吧只是做再次检查。但是对于不经常使用的吧台，开吧的清洁工作就一定要做到位，包括酒吧的公共区域（如卡座、厕所等地方），有的酒吧会请专门的保洁员来清洁。

其次，清点库存和补充材料。营业前务必要准备好充分的酒水、饮料、新鲜水果等耗材。根据营业情况每天或定期做好酒水使用量的登记，对于易消耗的酒水要及时补充，不常使用的酒水要仔细查看是否过期如已过期应及时更换。水果等新鲜耗材一般要每天送货，开过的水果、果汁等不能放到第二天使用。

擦拭杯具微课

最后，就是调酒的前期准备工作。因鸡尾酒的工具和材料较多，需提前做好准备。冰块是使用最多的材料，除了准备调酒用的冰块外，现在十分流行手工冰球的制作。冰球主要用来给客人在品饮威士忌等烈酒时使用。调酒师会花上大量时间用来制作冰球。制作方式如下：先将冷冻了四天左右的大冰块切成几块小正方体冰块，再用冰锥等工具将正方

削冰球微课

体削成一个球体。冰球仿佛一个晶莹剔透的水晶球，被放在同样晶莹剔透的玻璃杯中，混合着金黄色的威士忌，在灯光下缓缓地摇动，伴着轻盈的音乐发出清脆的声音。客人不是在喝酒，而是在欣赏一种艺术，品味一种心情。另外一个比较耗时的工作就是准备辅料和装饰物。调酒用得最多的水果辅料就是柠檬。因为柠檬皮包裹的白色部分是苦的，在榨汁时最好先去皮。榨好的柠檬汁可放入冰箱备用。其他的新鲜水果需洗干净备用，无须提前切好，要现调现做。最后就是准备酒具，把所有要使用到的酒具洗净擦干，分类放好，如图1-1~图1-3所示。

图 1-1 开吧

图 1-2 威士忌加冰球

图 1-3 削冰球

（二）营业中的工作程序

营业中的工作程序一般包括迎客、点单、酒水推销与结账、待客服务、酒水供应与调酒服务等。酒吧工作一般分为外场和内场。外场主要负责待客服务，内场主要负责酒水调制。外场由酒吧服务员或调酒师负责，内场由专业调酒师负责。小型酒吧无须配备太多人员，调酒师可以独自完成不同岗位的工作。因此内外场一般由不同调酒师轮流负责，大家各司其职。不同的是，外场的销售调酒师可以拿提成，这也在一定程度上激励了调酒师要做好外场的待客服务工作。

1. 待客服务

从客人进门起，外场调酒师便开始了待客服务。首先，迎接客人，询问客人需求，引领客人到合适的位置就座。接着，递上迎客茶水和酒单，给客人点单。其间，如果客人拿不定主意，需要给客人介绍和推荐合适的酒水。客人点完单后外场调酒师需要向客人重复一遍订单并向客人确认。根据客人的性别、年龄差异记录好酒水制作的先后顺序并把单

待客服务微课

子交给内场调酒师，通常优先给老人、小孩和女士先呈递。客人在品饮期间，应站在不妨碍客人但容易让客人看到的地方，方便随时服务客人。当客人酒水快喝尽时，应礼貌地询问客人是否还需要添加。结账时，要给客人查看账单，及时结账。最后，礼貌送客，并欢迎客人下次光临。

2. 酒水调制

内场调酒师的酒水调制至关重要。帅气的调酒师、流畅娴熟的调酒动作、精致华丽的鸡尾酒是整个酒吧的灵魂。除了根据外场的单子进行酒水的调制外，很多客人会直接坐到吧台前，与内场调酒师进行交流并欣赏调酒师的表演。因此，对于内场调酒师来说，除了要保证酒水质量外，还要兼顾调酒动作的观赏性和与客人交流的技巧。

调酒时，应面向客人，大方得体地向客人展示整个调制流程，动作要潇洒、流畅。调制过程要注意卫生，尽量避免直接用手触碰入口的材料。不能有摸头发、擦脸等小动作。主动与顾客沟通，随时关注客人的需求，给客人带来舒心的享受，如图1-4所示。

图1-4　酒水调制

（三）营业后的工作程序——"收吧"

营业后的工作是第二天营业的重要保障，主要工作程序包括清理酒吧卫生、填写每日工作报告、检查火灾隐患、关闭电器开关、锁好门窗等。

清理酒吧的重点是清洁吧台及客人座位等区域，包括清洗杯具及调酒工具、擦拭酒瓶、清洁烟灰缸、擦拭桌面、处理各类垃圾等。填写每日工作报告，不同类型的酒吧要求不同，一般包括记录当日营业额、顾客人数、平均消费额、特别事件和顾客投诉等，以便酒吧管理者掌握酒吧的运营状况和服务情况。最后，尤其要注意检查电器开关及其他火灾隐患，关闭好门窗。

三、调酒师的职业素质

（一）职业礼仪

调酒师职业是为客人提供服务的一种职业，对职业礼仪的要求较高，尤其要注意仪容仪表和礼貌礼仪这两方面。

1. 仪容仪表

调酒师得体的穿着打扮，是一种职业形象，体现着不同酒吧的

调酒师职业礼仪微课

独特风格和精神面貌。良好的仪容仪表也表现出对宾客的尊重。调酒师整洁、卫生、规范化的仪表，能烘托服务气氛，使客人心情舒畅。仪容是调酒师上岗之前自我修饰、完善的一项工作。即使你的身材标准，服装华贵，如不注意修饰打扮，也会给人以美中不足之感。尤其要注意调酒师的头发不能凌乱，刘海不要过眼，要给人干净、精神的印象。

2. 礼仪

规范的礼仪是对调酒师工作最基本的要求。微笑是最基本的礼仪，调酒师任何一个微笑的动作都会直接对宾客产生影响。在酒吧服务时，调酒师要注意把握好对客服务的语言、行为举止、态度神情等，力求做到各方面都要符合礼仪规范，让客人有宾至如归之感。

（二）专业素质

调酒师的专业素质是指调酒师服务意识、专业知识及专业技能。

1. 服务意识

"顾客就是上帝"是调酒师服务意识的重要体现。调酒师必须认识到服务的重要性，从而增强自身的服务意识。具体应体现在：随时随地以专业的服务礼仪对待客人；能及时为客人提供服务并帮助其解决遇到的问题；遇到紧急特殊情况，能按规范化的服务程序解决，尽量满足客人的特殊需要。

2. 专业知识

优秀的调酒师不仅应具有高超的调酒技术，还应有扎实的专业知识功底，这样才能给客人提供优质的服务。一般来讲，调酒师应掌握的专业知识包括：

（1）酒水知识。调酒师只有对各类酒的产地、特点、制作工艺、名品、质量、历史背景等有清晰的认知，才能调制和创作出优质口感的酒水。

（2）酒吧设备、调酒用具知识。调酒师需要掌握酒吧里常用设备的使用要求，操作过

程及保养方法，以及调酒用具及各类酒杯的使用、搭配原则和保管知识。

（3）原料储藏保管知识。调酒师需要了解原料的特性，以及酒吧原料的领用、保管使用、储藏知识。

（4）安全卫生知识。调酒师需要了解酒水操作的卫生要求，掌握安全操作规程，注意灭火器的使用范围及要领，掌握自救的方法。

（5）酒水调制与创新知识。调酒师需要熟练掌握各类经典酒水的调制配方和调制方法，了解酒水搭配与创新原则和技巧。

（6）酒单知识。调酒师需要掌握酒单的结构和设计方法，能够清楚地给客人介绍酒单，能根据酒吧特点和客人喜好设计酒单。

（7）习俗礼节知识。调酒师需要了解不同国家的习俗礼节，以便规范地进行服务，避免跨文化交际冲突。

（8）英语知识。调酒师需要掌握各类酒吧常用英语、酒水术语等。

（9）其他知识。

3. 专业技能

调酒师高超的专业技能是让人一目了然的活招牌，是提供优质酒水的保障，更是优质服务的体现。专业技能的提高需要通过专业训练和长期的自我练习来完成，主要包括以下几个方面：

（1）酒吧设备、用具的操作和使用技能。正确规范地使用设备、用具可延长设备、用具的寿命，提高服务效率。

（2）装饰物制作及准备技能。掌握各类果蔬装饰物的制作方法，能够快速完成削冰球、切割冰块等准备工作。

（3）调酒技能。掌握调酒的动作、姿势、技巧以保证酒水的质量和口味。标准、娴熟、潇洒的调酒操作不但能保证出品酒水的质量，同时也是极具观赏性的表演。

（4）酒具清洗操作技能。掌握酒具的清洗、消毒、保管的方法。

（5）酒水销售技能。掌握酒水销售技巧，在客人满意的前提下推销出更多的酒水，提高酒吧收益。

（6）酒水服务技巧。掌握对客服务的基本流程与技巧。

（7）其他技能。

（三）人际交往能力

人际交往能力是与人交往与沟通的一项重要能力，只有具备与顾客交往沟通的能力，才能及时了解顾客心理，更好地为顾客服务，同时也让顾客感觉到温暖与关怀，形成长期稳固的客户关系。良好的客户关系是酒吧稳定经营关键，调酒师应注意培养良好的人际交往能力。

第三节　侍酒师职业

一、侍酒师职业认知

侍酒师（sommelier）一词源于法语，专门是指在酒店、餐厅、酒窖等场所负责提供酒水饮料服务的侍者。侍酒师具备专业的酒水知识和技能、熟悉餐酒搭配、酒类的鉴别、品评、采购和销售、酒窖管理、储酒条件的认识和判断等综合技能、为客人提供专业酒类服务和咨询服务、侍酒师教育培训等。

侍酒师职业礼仪微课

在国外，侍酒师这个行业早在古希腊时期已经出现，是专门负责王室贵族挑选美酒和酒水服务。文艺复兴时代，完整的选酒及侍酒方式在意大利宫廷得到真正意义的发展。靠近法国的意大利西北部地区出现最早的侍酒师，负责为王宫贵族公爵挑选最好的酒和食物、为他们进行专业的侍酒服务以及对酒类的研究评估及挑选合适的享用方式。法国大革命爆发后，社会上的餐馆、餐厅、旅店兴起，侍酒师行业才真正走入公众的视野。公元十九世纪到现在，侍酒师职业成为一个具有高度专业技术的系统体系，成为一个广泛存在的职业。

在我国，侍酒师还是一个新兴职业，目前多见于一线城市的高端餐厅中。侍酒师职业将是未来社会的黄金职业，他们不仅掌握专业的酒水服务知识和技能，更是葡萄酒文化的最佳诠释者。他们传达的不仅是感官的享受，更是精神的愉悦。一名优秀的侍酒师不仅要精通各种酒类的知识，对于茶类、咖啡乃至雪茄、餐酒搭配、酒窖管理等方面的知识都需要有广泛的涉猎。侍酒师的个人形象、优雅的姿态、诙谐的交际能力都能够给客人带来优质的服务体验。因此侍酒师的成长并不是一件容易的事情，至少需要四到五年的时间进行积累、储备，才能厚积薄发。

侍酒师职业发展越来越快，职业培训体系也越来越完善，许多国家都建立了侍酒师培训和考评体系，行业协会的培训也扮演着非常重要的角色。侍酒师大师协会（The Court of Master Sommeliers）是国际公认的业界最高的侍酒师大师认定机构，在2017年，侍酒师大师协会授予香格里拉集团葡萄酒总监吕杨先生侍酒师大师（Master of Sommelier）头衔，这是全球第一位华人获得这一项荣誉，中国侍酒师的风采也得到了世界的认可。目前，国内有专业的侍酒师比赛，比如"中国最佳法国酒侍酒师大赛""中国侍酒师大赛"等。优秀的侍酒师成长要有扎实的专业基础、过硬的技术本领、谦逊的学习态度、吃苦耐劳的上进精神及精湛的服务水平，才能得到客人的赞赏和同行的认可。

二、侍酒师的工作内容

侍酒师被誉为酒店与餐厅里的葡萄酒 CEO，工作内容包括：侍酒服务、餐酒搭配、餐桌艺术、酒单设计、酒水采购、酒窖管理等内容。简单地说就是从采购、仓储、营销、服务样样精通。

侍酒师有初级侍酒师、中级侍酒师和高级侍酒师之分，不同等级的侍酒师工作性质也不一样。大部分的侍酒师的工作日常是：中午饭点的时候在餐厅服务侍酒；下午两点到酒仓领前一晚上卖掉的酒；下午四点到五点在餐厅准备晚餐的桌子，摆放好相应的酒杯等；下午五点半进行员工培训，然后去吃饭；晚上六点到十点就是晚餐的侍酒服务；十点之后把杯子擦干净，盘算这一天卖掉的酒，然后出单，第二天再到酒仓领酒。如此重复。

做到首席侍酒师的位置，要处理的事情就更加多了，除了日常的侍酒服务之外，还要负责对接供应商、酒庄并进行酒的选择，随后为每家餐厅、酒吧制作酒单，计算成本，酒水的订料，还要承担为餐饮部同事们提供酒水常识、服务和销售相关知识的培训工作。同时，还要负责为酒店定期组织一些晚宴和活动，这些晚宴和活动不仅能有效提升餐厅或宴会厅的营业额，还能帮助酒店在市场方面建立更好的品牌形象。大概午餐前到达餐厅，开始一天的服务工作，午餐结束后会做一些文书工作，包括订料，跟采购或是财务的相关工作，然后，到了晚餐时段继续进行晚餐的服务。有时下午还会穿插一些培训工作或者和供应商的相关会议。[①]

由此可见，侍酒师不仅是一个体贴耐心的服务者，还是葡萄酒知识理论与操作的全才，更是一位有宏观眼光的出色的经营者。通常侍酒师在餐厅里面的地位是比较高的，是因为他们的想法需要和经理去沟通，这会直接带动餐厅的营业额。过硬的专业知识是基础，侍酒师要掌握的不仅是葡萄酒的知识，还涉及其他烈酒、鸡尾酒、咖啡、雪茄、芝士等知识，除此之外，还要熟练、流畅地掌握侍酒流程：恰当的开瓶方法、优雅的醒酒动作、娴熟的斟酒技巧，散发出来的便是自信，客人是能感受得到的。总的来说，我们可以将侍酒师的工作内容归纳如下：

（一）侍酒服务

餐厅是侍酒师最熟悉的场所，为客人提供合适口味的葡萄酒，是侍酒师最重要的工作内容之一，根据客人的菜品、口味需求、个性特征提供专业的侍酒服务。

（二）酒单设计及修订

侍酒师需要根据不同时间、不同季节、不同环境更换酒单，对酒单进行创新设计，给客人耳目一新的体验。

（三）酒水管理

侍酒师承担着企业的酒水管理任务，包括酒水的定价、销售计划、酒窖管理、酒水采购及配送、月底清算盘点等。

（四）专业培训及考核

对餐厅服务员进行酒水专业知识的培训、考核及监督工作，让员工尽可能掌握更多的酒水专业知识及技能。

---

① 杨翠婷. 这个星球神秘的东西有很多，侍酒师就是其中一个 [J]. 葡萄酒，2017（7）：4.

（五）酒水营销工作

酒水营销是侍酒师重要的工作内容，侍酒师还需具备各种丰富的营销知识，针对不同类型的顾客使用不同的营销策略稳定客源，并对维护良好的客户关系。

（六）组织策划各类酒会

组织酒会、安排酒会各项具体事务，包括配酒、现场服务及协调等工作。

（七）客户关系维护

侍酒师还需要维护好客户关系，接待来访客户。

三、侍酒师的职业素质

（一）职业礼仪

侍酒师不仅要精通各类酒水知识、美食知识、餐酒搭配知识，还要为顾客提供高质量的服务，具备精湛的沟通技巧。更为重要的是，专业的侍酒师应具备专业的职业礼仪知识，通过塑造良好的形象赢得顾客的信任，提高企业的知名度和美誉度。

1. 仪容仪表

在仪容上，侍酒师应该保持发型的整洁干净卫生，体现干练稳重的职业形象。男士应保持发型"前不及额、发不掩耳、后不及领"的标准，要经常修剪胡须、鼻毛，保持整洁。女士妆容无固定要求，可化淡妆，避免过于浓艳。一般来说，可着正式西装或者休闲西装，具体要求或依酒店、餐厅及酒窖的要求有所不同。侍酒师身上的配饰应低调简洁，不能过于醒目。侍酒师的工作需要在餐厅各处奔走且长时间站立，一双舒适的鞋子尤显重要，男士侍酒师可以选择合脚、柔软的深色皮鞋配着深色棉袜，女士可以穿着平底鞋或者低跟的深色皮鞋，搭配普通丝袜即可，不可穿着过于时尚花哨的丝袜，以免引起不必要的误解。侍酒师的职业是一个对气味、味道有特殊要求的职业，专业的侍酒师身上应无任何明显的气味，如不能有气味过浓的香水味、口气等。

2. 礼仪

与调酒师一样，规范的礼貌礼仪是对侍酒师工作最基本的要求。微笑能够消除侍酒师和客人之间的陌生感，拉近彼此的距离，创造出融洽、和谐、相互尊重的氛围。在侍酒服务时，应积极主动，行为举止、语言表达、沟通交流等应多从客人的角度出发考虑问题，力求给客人亲切、温暖、满意甚至惊喜的感觉。

（二）专业素质

侍酒师的专业素质是指服务意识、专业知识及专业技能。

1. 服务意识

与调酒师一样，一名合格侍酒师也需要具备"宾客就是上帝"的服务意识。侍酒师应能以高标准的服务礼仪对待每一位客人，及时为客人提供服务并帮助其解决遇到的各类问题；遇到紧急特殊情况，能按规范化的服务程序解决，尽量满足客人的特殊需要。

2. 专业知识

一名优秀的侍酒师不仅要有专业酒水基础知识和技能，具备餐酒搭配的能力、葡萄酒鉴赏能力、深厚的葡萄酒品评基础，还需要熟悉酒品采购的要求，以及善于科学管理酒窖等。其需要掌握的专业知识主要包括以下几个方面：

（1）酒水基础知识。侍酒师应掌握各类葡萄酒、茶、咖啡、雪茄等基本知识，对各个地区葡萄酒的特点、生产工艺、种植工艺、酿造方式、历史传说等应有清晰的认识，才能熟练地对客人进行推荐。

（2）餐饮知识。侍酒师的工作除了应掌握酒水的知识之外，还应对各国各地的风味餐饮的文化、味道等知识有基本的掌握，才能在服务中正确地进行餐酒搭配，给客人特别的体验。

（3）葡萄酒品鉴知识。葡萄酒经过酿制、存放后，会释放出许多复杂的风味，比如泥土、砾石、咖啡、茶叶、木头等的味道，以及冷凉地区的水果风味、热带地区的水果风味，甚至还会掺杂着黑胡椒、青椒、八角等各种味道。一名优秀的侍酒师必须要有敏锐的嗅觉和味觉，同时要十分熟悉这些不同风味的构成和来源，才能在葡萄酒品鉴、餐酒搭配中游刃有余。

（4）常用工具设备、葡萄酒器皿等的知识。侍酒师根据不同的场景需要用到不同的工具，在日常工作中，应该随身携带海马开瓶器、笔、便签条、打火机或者火柴。其他常用的工具还有葡萄酒杯、银碟、醒酒器、酒布、酒篮、托盘、蜡烛等。侍酒师应熟练掌握这些常用工具设备的使用方法，操作技巧、保管方法，以及侍酒用具及各类酒杯的搭配使用常识等。

（5）酒窖管理。侍酒师要掌握酒窖管理的知识，酒窖的管理要规范，还要注意成本控制、销售分析等。

（6）安全卫生知识。侍酒师需要了解酒水操作的卫生要求，掌握安全操作规范，注意灭火器的使用范围及要领，掌握安全自救的方法。

（7）酒单知识。侍酒师需要掌握酒单的结构和设计方法，能够清晰地给客人介绍，能根据餐厅、酒店特点和客人喜好设计酒单。

（8）习俗礼节知识。侍酒师需要了解不同国家的习俗和礼节，以便规范地进行服务，避免跨文化交际冲突。

（9）英语知识。侍酒师需要掌握各类服务常用英语、酒水术语等。

3. 专业技能

侍酒师是一种综合技能型人才。可以说，侍酒师是葡萄酒教育者、裁判员，他们可以带给客人身心愉悦的服务。精湛的专业技能需要长期的实践锻炼和文化知识储备来完成，主要包括以下几个方面：

（1）侍酒服务技能。一名训练有素的侍酒师在给客人服务时，需要精准地判断每款酒的最佳饮用时间、温度、醒酒方式和斟倒技巧等，只有掌握最佳的侍酒方式，才能营造出最完美的口感，否则酒的品质将会大打折扣。

（2）餐酒搭配技能。侍酒师应熟练掌握酒与各种菜肴的搭配技巧，能够根据客人点的菜肴，为其推荐适合与之搭配的酒。美酒佳肴的完美结合，让客人的味蕾得到享受。这是侍酒师最核心的工作之一，也是一项颇具难度的工作，侍酒师要想掌握餐酒搭配的精髓，确实需要循序渐进、长期积累。

（3）酒水销售技能。一名优秀的侍酒师可以利用自身的专业知识和独到的眼光，根据客人的具体需求，为其挑选满意的酒水和提供完美的服务，与此同时也推动了酒店、餐厅的酒水销售。

（4）酒单设计与制作技能。侍酒师能够根据酒水的不同特点进行个性化的酒单设计。制作合理的酒单可以让客人在第一时间选择到心仪的酒品，比如通过颜色、产区、品名、体积、年份、价格等对酒进行分类。

（5）酒窖管理技能。侍酒师需要掌握酒窖中的酒存储方法，库存管理、成本管理等技能。

（6）教育培训。侍酒师在工作之余还要对员工进行教育培训，传授其侍酒服务技能，帮助员工学习更多的葡萄酒知识、餐饮文化知识、侍酒服务知识等。

（三）其他能力

如今的侍酒师肩负着越来越多的责任。在欧美国家，侍酒师的水准高低往往是餐饮品质高低的象征，也标志着餐厅对精致料理的品味追求。侍酒师要有基本的美学修养，有敏锐的时尚感知，有高尚的品味，才能有好的鉴赏力，才能真的懂酒，才能在侍酒服务中游刃有余。

第四节　品酒师职业

一、品酒师职业认知

根据《品酒师国家职业技能标准（2019 年版）》关于品酒师的职业定义：品酒师是应用感官品评技术，评价酒体质量，指导酿酒工艺、贮存和勾调，进行酒体设计和新产品开发的人员。

在国际上，对品酒师的定义相对宽泛。它是指具有品鉴酒能力的人，可以是品鉴葡萄酒或是烈酒工作的人，也可以是普通的爱好者。侍酒师是一种职业，而品酒师更多的是一种称谓。根据相关资料对品酒师的解释，拥有品鉴酒能力的人都可以称之为品酒师。以此为基础，常说的侍酒师、酿酒师、选酒顾问以及酒评家等从事葡萄酒与烈酒品鉴相关工作的人，都可以算是品酒师。

在西方国家，品酒师已经有上百年的历史。在物质水平不是很高的年代，只有皇室贵族才能享用葡萄酒，为了能更好地享受美味，这些皇室贵族就请了专业的人员来管理葡萄酒，这就是品酒师的最早由来。随着葡萄酒的普及，品酒师开始到城镇的餐馆里或者其他工作场所里去工作，这时候人们的饮食知识也丰富起来了，同时，人们对葡萄酒的要求更多，所以一般的服务员是无法解答客人问题的，这就必须由酒水知识丰富的专业品酒师来解答。以前服务员在客人和品酒师之间传递消息，但现在的服务形式变成了品酒师和客人直接交流，这样能更很好地收集客人的建议，进一步提高酒的品质。西方国家的葡萄酒文化悠久，葡萄酒品酒师这一职业规范已经相对完善。其中，比较有代表性的为1969年成立的葡萄酒与烈酒教育基金会（WSET）。作为全球领先的葡萄酒、烈酒及清酒资格认证课程提供机构，WSET提供包括1~4级的葡萄酒认证课程、1~3级的烈酒认证课程和1~3级清酒认证课程。具备WSET 4级，或拥有葡萄酒相关的学士或硕士学位，或具有侍酒师认证同等学力的，并且拥有至少3年葡萄酒从业经验的学员，还可以申请英国的葡萄酒大师协会（Institute of Masters of Wine）颁发的专业认证，即葡萄酒大师（MW），该认证为葡萄酒行业专业知识的高标准之一，是全球高级别的葡萄酒的权威认证。除此之外，法国、美国、意大利、德国、阿根廷、葡萄牙、澳大利亚、智利等国家，均有相关葡萄酒及其他酒水品酒的官方课程及国家级官方认证证书，如表1-1所示。

表1-1 法国、意大利等国关于酒水的认证机构及等级认证

所属国家	认证机构/课程	等级
法国	FWS（法国葡萄酒协会）认证	法国葡萄酒学者 法国各大产区专家 法国勃艮第专家 法国波尔多专家 法国罗讷河专家 法国普罗旺斯专家 法国南部专家
	CIVB（波尔多葡萄酒学校）认证	波尔多葡萄酒爱好者（初级） 波尔多葡萄酒人才（中级） 波尔多葡萄酒专家（高级）
	BIVB（勃艮第葡萄酒协会）认证	初级 中级 高级
意大利	ONAV（意大利品酒家协会）认证	—
	意大利顶级葡萄酒及烈酒课程	—
德国	GWS（德国葡萄酒专家）认证	GWALevel1-入门 GWALevel2-专业 GWALevel3-认证讲师
阿根廷	阿根廷葡萄酒协会认证	专业葡萄酒一级 专业葡萄酒二级
葡萄牙	葡萄牙葡萄酒学院课程	—

表1-1（续）

所属国家	认证机构/课程	等级
美国	SWE（葡萄酒教育者协会）认证	CSW-认证的葡萄酒专家 CWE-认证的葡萄酒教育者 CSS-认证烈酒专家 HBSC-认证服务业/饮品专家
澳大利亚	A+（澳大利亚葡萄酒管理局）认证	初级 中级 专家级
智利	智利葡萄酒学院官方培训课程	第1级——智利葡萄酒大使 第2级——智利葡萄酒专家 第3级——智利葡萄酒大师

我国的酿酒业以悠久的历史、独特的工艺闻名于世，品酒是影响酿酒水平的关键技术之一。新中国成立后，通过组织历届国家品酒活动，我国酿酒行业逐步形成了一整套品酒人员的培训及考核办法，逐步建立了专职品酒队伍。在我国，品酒师要通过国家职业培训中心鉴定，鉴定考核分为理论考试和专业能力考核，参试者通过考试后颁发品酒师证书，共设三个等级，分别为：三级品酒师（国家职业资格三级）、二级品酒师（国家职业资格二级）、一级品酒师（国际职业资格一级）。品酒师可供职于酒类销售企业、星级酒店、酒类生产企业、政府技术监督部门、酒类俱乐部等领域。

二、品酒师的工作内容

在许多人眼里，品酒师是神秘的，且不说他和酒的接触时间有多长，就是他喝过的酒，也该比许多人喝过的水多吧。有人认为，品酒师的品鉴，对于酒来说有着特别的意义，而对于一名顶级的品酒师来说，品酒也许便是他人生的全部。

要成为一名合格的品酒师，日常训练是少不了的。品酒训练的步骤主要为"一看、二嗅、三尝"。首先观察酒色，看是否有悬浮、沉淀、杂物等；其次便是闻酒气，按照香气淡或浓度低的酒样先品，再品评香气浓或浓度高的酒样的顺序，然后是口尝酒味，包括鼻孔呼出的香气、回味后味等，最后便是确定酒的风格、酒体和个性等。品酒师要依靠自身的丰富经验、准确判断力得出酒的品质、生产工艺、酒龄、缺陷，还可以通过餐酒搭配，来发挥酒的最佳品质。此外，品酒师还要举办一些高级酒会、商业聚会、品酒会来介绍酒知识、传播酒文化。职业品酒师平均每天品酒至少10种，平均每年要品尝3 000多种新酒，脑子里储存了10 000种以上的味道，当某种滋味第二次出现的时候，一般都要与品酒师"记忆库"的信息对上号，尤其是好酒、名酒。品酒也是非常考验品酒师意志力的一项工作。要做到顶级品酒师，需要经历一个相当漫长的过程，但对于整个酒类市场来说，品酒师的出现，无疑也是顺应了市场的需要。

相比国际上对品酒师相对宽泛的定义，国内对品酒师的职业功能定位更关注于品酒师

能指导酒类酿造、储存和勾调，并进行酒体设计。根据《品酒师国家职业技能标准（2019年版）》的划分，品酒师的专业方向包括两个：一类是啤酒专业方向，另一类是白酒、黄酒、果酒、露酒专业方向，主要的工作内容如表1-2所示：

表1-2 品酒师的主要工作内容

职业功能	工作内容
1. 工作准备	1.1 环境准备
	1.2 样品、器具、设施准备
	1.3 原辅料准备（果酒、露酒、啤酒）
2. 在制品质量控制（啤酒）	2.1 麦汁质量控制
	2.2 发酵液质量控制
	2.3 酵母泥质量控制
3. 原酒质量控制	3.1 原酒感官品评
	3.2 原酒理化分析
4. 成品质量管理	4.1 成品酒感官品评
	4.2 成品酒理化分析
5. 酒体设计	5.1 新产品设计
	5.2 样品制备
6. 培训和指导	6.1 培训
	6.2 指导

三、品酒师的职业素质

品酒师凭着高度灵敏的感观、丰富的经验和准确的判别能力进行酒水的品鉴，从酒水消费者的角度来看，能有效帮助酒水消费者进行酒水选购，引导酒水消费者进行酒水的品鉴；从酒水生产厂商的角度品酒师，能指导酒水生产方进行酒水的生产与开发。一名优秀的品酒师，必须具备掌握职业的相关礼仪规范、具有过硬的专业素质和其他能力。

（一）职业礼仪

1. 仪容仪表

品酒师应保持容貌端正、修饰得体、衣着整洁美观。具体要求为：面部洁净、口腔卫生；头发干净、长短适宜；手部清洁、指甲长短适宜；身着制服、干净挺括。

2. 礼仪

品酒师在日常工作中，可以借助语言、表情等，与他人进行规范、专业的沟通。服务语言要亲切、热情，做到"言之有情"；要规范、标准，做到"言之有据"；要有针对性，做到"言之有物"。对待不同国籍、不同地区、不同民族、不同文化水平、不同职业的客人，要做到公平、公正、诚恳、和蔼、包容、文雅，满足他人被尊重和心理舒适的需要。

（二）专业素质

品酒师的专业素质包括服务意识、专业知识和专业技能。

1. 服务意识

服务意识是指从业人员在对客服务过程中体现出来的主观意向和心理状态，其好坏直接影响宾客的心理感受。因此，品酒师应具备主动性、积极性、责任感，即要用热情、主动、耐心、周到的服务态度接待每位宾客。

2. 专业知识

一名优秀的品酒师除了掌握酒水基础知识外，还需具备以下专业知识：

（1）各种酒水的相关知识，包括酒的分类及特点、酿酒的基本工艺、酿酒原材料的产地产区、酒水饮用的最佳温度等知识。

（2）酒的贮存和勾兑调味知识，包括陈酿知识、酒体设计知识、成品酒的品评知识等知识。

（3）食品风味知识，包括微量香味物质的呈香呈味原理、香味物质的风味特征等知识。

（4）分析检验基本知识，包括人体感觉器官基础及品评技术、感官质量标准、理化标准、食品安全标准等知识。

（5）酒的术语、评语，包括各种物质的阈值范围及在酒中的气味和味道（舌感），各种酒的色泽描述，色、香、味、格的含义及打分方法等知识。

（6）分支学科知识，包括有机化学、无机化学、生物化学、微生物学、细胞生物学等，有了这些分支学科的理论支撑，才能掌握各大香型的特点、工艺、区别。

（7）安全操作知识，包括设备使用安全知识、职业安全卫生和环境保护知识等。

（8）外语知识，需要掌握各类常用外语、专业术语等。

（9）相关法律、法规知识，包括《中华人民共和国劳动法》《中华人民共和国质量法》《中华人民共和国食品安全法》《中华人民共和国商标法》《中华人民共和国标准化法》《中华人民共和国计量法》等相关知识。

3. 专业技能

（1）嗅觉、味觉条件。品酒师必须具备灵敏的嗅觉、味觉条件，能通过舌头的高敏感度辨别酒的口感、香气、味蕾变化。

（2）审美能力。通过自身良好的审美能力，深入剖析每款酒的口感、质地、价格、价值，从颜色、香气、味道等方面，用美丽的文字将抽象的感官具体化描述。

（3）良好的文字表达能力。经过公正客观、细致耐心的品评，准确、清晰地进行品酒语的编写。

（4）成品酒感官品评能力。能完成成品酒感官品评并记录；能识读成品酒品评报告。

（5）成品酒理化分析能力。能根据理化报告分析成品酒质量问题的成因；能对成品酒质量问题提出改进建议。

（6）新产品设计能力。能整理、分析原酒资源和市场产品的信息；能提出新产品设计方案的建议。

（7）样品制备技能。能根据新产品设计方案实施样品制备；能对制备样品提出改进建议

4. 其他能力。

除以上能力外，品酒师还具体良好的身体素质，不抽烟。同时，需要具体一定的分析、推理、判断能力及计算能力。

实训任务

任务一　调酒师开吧和收吧实训

实训目标：组织学生到实训室进行酒吧开吧和收吧的实训，使学生熟练掌握开吧收吧的知识点和操作要领。

实训内容：进行卫生检查、库存清点、材料补充、设备检查、调酒工具清洁与摆设等开吧实训；进行酒吧清洁、调酒工具清洁消毒、每日工作报告填写、火灾隐患检查、电器开关关闭等收吧实训。

实训方法：情景模拟，示范讲解、操作实践、师生点评。

实训步骤：

1. 教师创设模拟场景；

2. 教师示范及讲解操作要点和技巧；

3. 学生分组进行情景模拟实训；

4. 学生互评、教师点评。

操作流程：

一、开吧

1. 检查酒吧实训室卫生，擦拭桌面和吧台，清扫地面；

2. 给学生提供需要准备的酒水品种、材料及使用的设施和调酒器具的清单，让学生开始清点库存并备料；

3. 设备检查；

4. 清洗调酒工具和杯具；

5. 规范摆放酒水调制的工具、酒水及耗材。

二、收吧

1. 收拾和清洁吧台；

2. 清洗酒具、杯具，并进行消毒、存放；

3. 清洁使用过的酒瓶并归放到原位；

4. 清扫地面和桌面，处理垃圾；

5. 关闭设备电源，检查安全隐患；

6. 填写工作报告。

考核要点：

开吧和收吧每个流程的完整性、操作的规范性和预期效果。

任务二　待客服务实训

实训目标：组织学生练习待客服务，使学生熟练掌握规范的待客服务知识点和操作要领。

实训内容：迎客、引位、拉椅、呈递酒单、点单、推介、开单、递送酒水、添加酒水、席间服务、结账、送客等。

实训方法：情景模拟，示范讲解、操作实践、师生点评。

实训步骤：

1. 教师创设模拟场景；

2. 教师示范及讲解操作要点和技巧；

3. 学生分组进行情景模拟实训；

4. 学生互评、教师点评。

操作流程：

1. 迎接顾客；

2. 引领顾客入座；

3. 呈递酒单；

4. 恭候顾客点单；

5. 酒水推介；

6. 开点酒单；

7. 酒水服务；

8. 结账；

9. 送客。

考核要点：

1. 礼仪礼貌：微笑迎客、正确服务；
2. 服务流程：服务的规范性和完整性；
3. 展现良好的专业素质：主动沟通、有效推介、热心解答。

◇拓展阅读

思政园地

95 后国宴服务员——行业没有三六九等之分

随着现代酒水服务行业的持续扩容发展，高质量的专业酒水服务与管理人才需求不断上升。酒水服务的水平不仅代表着一家餐饮企业的企业文化深度，在某些特殊的场合上酒水服务的水平还象征着一个国家的对外形象及其文化内核，能为国家在世界上赢得良好的对外形象。但是在过去，很多人都看不起服务行业，可是行业没有三六九等之分，每个行业都有属于自己独特的闪光点。今天我们要讲的是一名 6S 后的国宴服务员——姚碧。她曾三次服务于国宴，一般宴会根本"请不动"她，堪称国内"最贵"的服务员。姚碧认为，任何行业都需要高精尖人才，都有很大的发展空间。她从基层服务员做起，从细节和点滴方面加以琢磨，意在给每位顾客提供最精致和贴心的服务。很快，这个努力的女孩就迎来了第一个人生转折点。彼时，G20 峰会国宴服务员开展选拔赛，她经历了重重选拔并被最终确定为国宴服务员之一。在追逐梦想的路上，姚碧遇到过很多磨难，甚至当初家里人也是不理解她的职业规划。然而，在面对流言蜚语的时候，这位 95 后姑娘选择用行动证明自己，而不是纸上谈兵。

正所谓"三百六十行，行行出状元"，从姚碧的经历来看，要想获得别人的尊重，就应该用心对待自己的岗位，千万不要妄自菲薄。于长远来说，只要做好当下的事情，踏实走稳每一步，就可以快速拥抱成功。试想一下，如果姚碧从一开始就放弃做服务员的梦想，或许她也不会成为服务行业的"大明星"。

知识天地

什么是"侍酒师"？如何成为一名合格的侍酒师？

近年来，中国高端餐饮业对侍酒服务的重视显著增强。与此同时，中国侍酒师的队伍也在不断壮大。越来越多的年轻人对侍酒师工作感兴趣，越来越多的餐厅、酒吧、酒馆对这个职位予以重视，各类侍酒师课程、大赛也层出不穷。

那么，究竟什么才是侍酒师？想要成为一名出色的侍酒师，又有哪些途径呢？

什么是侍酒师？

侍酒师（sommelier），在法语中被广泛用作专业的葡萄酒侍者的代名词。

可以说，一名侍酒师不仅要具备专业的侍酒技能与丰富的酒水知识，还要精通设计葡萄酒配餐，懂得葡萄酒鉴赏，具有深厚的葡萄酒品评基础，熟悉酒品采购要求，能够熟练管理酒窖，同时还要具备敏锐的时尚感知，高尚的品味内涵，绅士的修养。

在葡萄酒界，侍酒师是一个非常重要的职业，也是很多葡萄酒爱好者的梦想，但实现这个梦想并不容易实现，他们需要通过正规的侍酒师资格认证考试，还需要持之以恒的练习，才能成为一名合格的侍酒师。

途径1：多去品鉴

想要成为一名侍酒师，盲品考试少不了。

盲品考试的主要目的是测试你视觉、味觉和嗅觉等方面的灵敏程度，以及考察你是否能根据所见、所闻、所品，判断出葡萄酒的基本特征，进而判断出酿酒品种、葡萄产区、葡萄年份以及价格等。

为了提高盲品能力，你可以与志同道合的朋友一起组成一个盲品小组，品尝美酒或者交流经验感想。这对于你的学习有很大的帮助，让你通过品鉴加深对所学内容的理解，从而将它们消化吸收。

此外，你还可以亲自前往国内外的葡萄酒产区、与当地的酒农一起品酒，这些经历带来的收获会让你受益匪浅。

正如法国首位获得法国最佳手工业者（MOF）的女性侍酒师帕斯卡琳·勒佩尔蒂埃（Pascaline Lepeltier）所说，"当你脚踩葡萄园的土地，面对面与酒农交谈时，没有什么能够比得上那种感觉。"

途径2：学习考证

盲品要练习，理论知识更得掌握。如果你之前没有接受过正规的葡萄酒课程，也没有从事过葡萄酒行业，建议你先学习WSET认证课程，了解葡萄酒产区和葡萄品种、储酒和侍酒方法等专业知识。

WSET是英国葡萄酒及烈酒教育基金会（Wine & Spirit Education Trust）的简称，成立于1969年，总部设于英国伦敦，是目前世界上最具权威的侍酒师课程，因为其在行业的突出贡献，获得了"英国女王企业奖"殊荣。

它非常适合希望深入了解葡萄酒的爱好者，也是从业者的起点课程。它几乎不需要你有太多的行业基础，只要你想真正进入葡萄酒的世界，这门课程是非常好的选择。课程会帮助你获取结构性的知识地图，理解复杂而有趣的葡萄酒风格背后的逻辑关联。

WSET设置的葡萄酒认证课程分为四个等级，按难度从低到高依次为：

WSET第一级葡萄酒认证（WSET Level 1 Award in Wines，一般简称WSET一级）

WSET 第二级葡萄酒认证（WSET Level 2 Award in Wines，一般简称 WSET 二级）

WSET 第三级葡萄酒认证（WSET Level 3 Award in Wines，一般简称 WSET 三级）

WSET 第四级葡萄酒文凭认证（WSET Level 4 Diploma in Wines，一般简称 WSET 四级）

过了 WSET 课程之后，接下来就可以去学习 CMS 课程了。

CMS 是侍酒大师公会（Court of Master Sommeliers）的简称。作为全球首个对葡萄酒侍酒服务进行认证的考试机构，CMS 致力于提升酒店与餐饮行业的酒水服务标准。

目前，侍酒大师公会在欧洲、大洋洲、亚洲及美洲定期举行培训和考试。自 1969 年至 2022 年 11 月，全球只有不足 300 人通过考试并获得"侍酒大师"的头衔。

侍酒大师公会的课程主要围绕餐饮服务及销售、葡萄酒相关理论知识和品鉴这三部分，共分为四个等级，只有通过了上一级别的考试，才可进入下一级别的学习。

CMS 四个级别认证，由低到高分别是：

初级侍酒师认证（Introductory Sommelier Certificate）

侍酒师认证（Certified Sommelier Examination）

高级侍酒师认证（Advanced Sommelier Certificate）

侍酒大师文凭（Master Sommelier Diploma）

当然了，除了 WEST 和 CMS 以外，可供选择的侍酒师认证课程还有很多，例如，国际侍酒师协会（International Sommelier Guild，ISG）、葡萄酒大师（Masters of Wine，MW）、国际葡萄酒协会（International Wine Guild，IWG）以及国家品酒师职业资格鉴定，等等，都算是比较权威的侍酒师课程。

途径 3：参加赛事

当然了，除了参加盲品练习和课程学习之外，参加一些行业相关的竞技赛事，也是踏入侍酒师大门的方式之一。由中国旅游协会和中国旅游饭店业协会主办，品乐侍酒承办的 2022 年首届全国青年侍酒服务技能大赛，便是这样的赛事。

毫无疑问，这将是一场侍酒师行业难得的盛宴。全国近百所高校的旅馆管理、酒店管理或酒水服务相关专业人才会齐聚与此，为院校的声誉和荣光、为自己的前途与理想，同场竞技，一决高下。

（资料来源：搜狐《品乐侍酒》，2022 年 11 月）

◇英文服务用语

一、专业词汇

Bartender 调酒师

Head Bartender 调酒师主管

Assistant Bartender 助理调酒师

Bar Manager 酒吧经理

Bar Utility/Back 吧员

Bar Waiter/Waitress 酒吧服务员

Sommelier 侍酒师

wine connoisseur/winetaster 品酒师

二、专业句型

1. 先生，很抱歉。有什么可以帮您的吗？

I'm terribly sorry about that, sir. What can I do for you?

2. 您要再来一杯饮料吗？这一份免单。

Can I get you another drink? This one's on the house.

3. 这里空气很闷。您要出去呼吸点新鲜空气吗？

It is very stuffy here. Would you like to get some fresh air?

4. 先生，对不起。这是我们的最低收费：两杯饮料，每杯 90 元人民币，再加 10% 的服务费。

I'm sorry, sir. That's our minimum charge – two drinks at 90 RMB each, plus 10% service charge.

5. 我们这里没有生啤，只有瓶装啤酒。

We don't have any draught beer. We only have bottled beer.

6. 布朗先生，您今晚要喝点什么？是不是像往常一样来杯啤酒？

What's your pleasure this evening, Mr. Brown? Your usual beer?

7. 对不起，您喝醉了，我们不能卖酒给您。

I'm sorry but I can't serve you since you're intoxicated.

8. 我们请侍酒师延斯·加贝尔曼帮忙挑选。

We asked the sommelier, Jens Gabelmann, to choose for us.

9. 侍酒师建议搭配意大利面条，红肉或白肉和奶酪，或单独饮用均佳。

Sommelier recommended dishes: pasta, red or white meat and cheese, or drinking alone.

10. 我听说你是个品酒行家。

I'm told you're a wine connoisseur.

11. 一位美酒鉴赏家只需要闻一下或者轻舔一下某种葡萄酒，就可以明确地分辨出酒的年代和产地。

A wine connoisseur may be able to tell exactly where and when a certain vintage wine was made just by the smell and taste.

◇考核指南

一、理论知识

1. 简述现代酒水行业发展情况。

2. 简述调酒师、侍酒师、品酒师职业的概念。

3. 熟悉调酒师、侍酒师、品酒师的工作内容和职业素质要求。

4. 熟悉酒水服务行业岗位和酒水服务英文表达。

二、实训任务

1. 能够进行酒吧的"开吧"和"收吧"工作。

2. 能够进行规范的待客服务。

第二章　酒吧概述

◇**学习目标**

●知识目标

➢了解酒吧的概念和功能

➢了解酒吧的发展和类型

➢掌握酒吧的区域划分和酒吧的基本设备

●能力目标

➢熟悉酒吧常用器具并能熟练使用

◇**课程导入**

　　酒吧已成为大众休闲娱乐和社会交际活动的重要场所。从世界范围来看，酒吧业的发展日新月异，酒吧消费已然成为人们的一种生活方式。酒吧虽然是西方的舶来品，但随着近十几年在中国的不断创新发展，它已然烙上了中国的本土特色。酒吧文化成了新型娱乐文化的代表。酒吧已经不仅仅是一个酒水和娱乐消费的场所，它更代表着一种精神文化现象。本章通过介绍酒吧的内涵，帮助学生了解酒吧的过去、现状和未来发展，培养学生适应现代化和全球化的职业岗位素质要求。

理论知识

第一节　酒吧的概念与功能

酒吧的起源
和功能微课

一、酒吧的起源

　　酒吧起源于欧洲乡村，在美洲大陆发展并成为经济发达国家和地区的主要休闲场所。如今，各式各样的酒吧开始融入现代都市，成为人们生活的一部分。

　　酒吧，源于英文单词 bar，意指出售酒品的柜台。bar 的原意是长条的木头或金属，像门把或栅栏之类的东西。据说，从前美国中西部地区的牛仔们骑马出行，到了路边的一个小店，就把缰绳系在店门口的一根横木上，进去喝上一杯，略做休息，然后继续赶路，人们就把这样的小店称为 bar。

还有一种说法是早期的酒吧经营者为了防止意外，减少酒吧的财产损失，一般不在店内设桌椅，而在吧台外设置栅栏。栅栏的设置一方面起到了阻碍作用，另一方面可以为骑马来的饮酒者提供拴马的地方。久而久之，人们就把这种"有栅栏的地方"叫作 bar。

二、酒吧的定义

酒吧是专门为客人提供酒水和服务的场所，需要具备三个要素：齐全的酒水、各式各样的酒杯、必备的调酒用具。

根据《国民经济行业分类》国家标准，酒吧业被划分在娱乐业类，从酒水销售与娱乐相结合的角度讲，歌舞厅、KTV、慢摇吧、清吧、餐吧、啤酒屋、咖啡馆、茶馆等都属于广义的酒吧。

三、酒吧的功能

酒吧作为一种舶来品，是西方文化与中国社会经济发展结合的产物，在国内生长和繁荣的过程中，充分、自然地融合了本土文化。而今，酒吧已成为一个娱乐、消遣、聊天、休闲、调剂生活的场所和人们认知外面世界的窗口。

（一）酒吧的休闲功能

闲暇时间是都市人的另一种财富。生活节奏快和生活压力大使得都市人注重休闲。工作之余，人们喜欢利用节假日外出旅游以放松身心获取。而在平时，下班之后，除了看电影、看书、逛街或上健身房之外，人们就会走入环境舒适、气氛温馨或者能够释放压力的酒吧。

在酒吧中，色彩艳丽的鸡尾酒、精致考究的酒具、晶莹剔透的酒瓶、异国风情的乐队及淡淡的烛光，这一切都给快节奏生活的都市人带来舒适的感觉。酒吧成为人们闲暇时间的主要休闲娱乐场所之一。

（二）酒吧的社交功能

社交是都市人必不可少的精神需求。根据马斯洛的需求层次理论，人们对精神方面的需求远高于物质方面的需求，它是超越生理和安全需求之上的社交和归属需求。

人们去酒吧的目的在于交谈、聚会，沟通情感、放松自己。酒吧作为一个专门提供酒水服务的场所，为人们的社交活动提供了契机。在中国，酒文化源远流长。"酒逢知己千杯少""酒杯一端泯恩仇"等诗句，无不诉说着酒在人们社交当中的重要作用。而根据调查，在西方国家，比如英国，50%的男性和25%的女性每周至少去一次酒吧。酒吧成为日常休闲、交友和商务洽谈的场所。

（三）酒吧的娱乐功能

娱乐是人类在基本的生存和生产活动之外获取快乐的非功利性活动，它不仅使人们生理上获得快感，更主要的是使人们心理上得到愉悦。

酒吧中健康、高雅的娱乐方式，可以使人们在娱乐活动的过程中获得一定的自由享受的乐趣，并且也有可能获得工作之外的放松体验。

丰富多彩的夜生活是所有大都市的一个共同特征。健康有益、富有文化品味的娱乐活动，能够使劳累了一天的人们身心放松、解除焦虑。但是，也有一些消极的、不健康的娱乐活动充斥其中，从而容易滋生和藏匿各种犯罪活动，这一点，酒吧经营者要懂得如何辨别和规避。

第二节 酒吧的类型

酒吧的种类很多，根据不同的标准可以分为不同类型。

一、根据酒吧的性质分类

（一）量贩式 KTV

酒吧的类型微课

量贩式 KTV 又称为自助式 KTV，特点是自助购物、自点自唱。它于 20 世纪 90 年代初自日本流入中国，主要消费群体为白领一族、家庭聚会、公司派对。

量贩式 KTV 的特点：价格比较优惠，一般只提供卡拉 OK 唱歌服务，不能播放劲爆的迪斯科音乐。包房计时消费，设最低消费，酒水食品自助式购买。

（二）商务 KTV

商务 KTV 是为商务人员提供兼顾娱乐和业务洽谈的场所，于 20 世纪 80 年代初自东南亚流入中国，主要以商务招待、公司派对为消费群体。

商务 KTV 特点：价格比较高以彰显档次。现场各种服务很好。通常包间内会配备专门的服务员。场内设备可满足卡拉 OK 歌唱、慢摇、轻音乐品酒、棋牌娱乐、台球等服务的需要。

（三）演艺吧

演艺吧，也被称为夜总会，泛指各类夜生活娱乐场所。其最大特点是中间有一个舞台，下面设有观众席，有主持人。一些地区的夜总会，设有舞池、乐队或 DJ（酒吧打碟的人），提供歌舞表演。

（四）慢摇吧

慢摇（downtempo），是一种电子音乐的曲风，特点是节奏比较慢。国内所谓的"慢摇吧"，不是真正意义上播放 downtempo 的酒吧，而是请唱片骑师（DJ）去打碟，播放电子音乐的酒吧。慢摇吧因其前卫、反叛、时尚、刺激而较为流行。

（五）餐吧

餐吧是介于餐厅和酒吧之间的餐饮类型，也是近年来餐厅发展的一个方向。餐吧是让客人能够在类似酒吧的环境气氛下用餐的餐饮空间。餐吧与酒吧最大的不同是提供正餐服务，且菜品很有特色。一般的酒吧除酒水外，只有少量的凉菜，很少有酒吧提供热菜服务。餐吧与酒吧相同的是在餐厅的主要经营时间有一些艺术表演，一般集中安排在晚上八点到凌晨两点之间。

（六）清吧

清吧也叫休闲酒吧，此类酒吧以轻音乐为主，比较安静，没有劲歌热舞，适合谈天说地、朋友沟通感情和商务洽谈。清吧的设计与慢摇吧相比，灯光相对柔和温暖，整体的设计也相对优雅，如图 2-1 所示。清吧一般以鸡尾酒、威士忌、葡萄酒等为主要销售品种。顾客可以欣赏调酒师调酒，甚至与调酒师聊聊天。有的客人会买下一瓶昂贵的威士忌或白兰地等寄放在酒吧，便可经常来享受调酒师的服务和清吧的休闲时光。

图 2-1　品泽威士忌休闲酒吧

（七）音乐酒吧

音乐酒吧是以音乐为主题的酒吧。每晚有专业乐队和歌手演出是音乐酒吧的主要特色。许多年轻的音乐爱好者喜欢聚集在这个地方，跟随着专业的音乐人，抒发对音乐的情感，放松心灵。

二、根据酒吧的服务方式分类

（一）立式酒吧（bar）

立式酒吧是典型的传统酒吧。立式酒吧的设计有直线形、马蹄形、环形等，有足够的酒水调制和服务空间。在吧台前设有吧椅，方便客人随时点酒和观赏调酒师表演。其特点是客人直接面对调酒师坐在吧台前，调酒师要当着客人的面进行酒水饮料的调配，调酒操作具有一定的观赏性，如图 2-2 所示。

图 2-2　立式酒吧（直线型吧台）

调酒师除了负责酒水的推荐、调配和收款，还要与客人保持良好的关系。同时，他还要掌握整个酒吧的运营情况，及时反馈酒水的需求情况给经营者。

（二）服务酒吧（service bar）

服务酒吧也叫餐厅酒吧，常见于酒店餐厅及大型独立的中西餐厅中，服务对象以用餐客人为主，主要销售佐餐酒。中餐厅的服务酒吧主要提供各种中国酒，西餐厅的服务酒吧主要提供各种葡萄酒和洋酒。

调酒师不需要直接面对客人，不负责收款、酒水推销等工作，只负责酒水调制和管理。

（三）鸡尾酒廊（lounge）

鸡尾酒廊通常是酒店主要的酒水销售场所，是酒店的主酒吧。较大型的酒店中都设有这种类型的酒吧。通常设置于酒店门厅附近或大堂吧。鸡尾酒廊一般比立式酒吧宽敞，常有钢琴演奏服务，有的还设有小型舞池供客人跳舞。酒吧有专门的调酒师和服务员。

鸡尾酒廊的气氛高雅，装潢考究，对灯光、音响、家具、环境要求较高。有的酒店将酒吧与咖啡吧、面包房合在一起，除提供酒水外，还提供蛋糕、小吃等。

（四）行政酒廊（executive lounge）

行政酒廊一般出现在全服务酒店，在大多数情况下，酒店均会在高楼层设置行政酒廊。它拥有相对私密的空间、更好的景观以及相对较好的服务，如图2-3所示。

最初，行政酒廊出现在洲际集团旗下的皇冠假日酒店中，它的设立是为了给商务旅客提供一个更加安静的专享场所以满足他们的商旅需求。之后，随着入住酒店的客人逐渐多元化，行政酒廊从名字、服务内容上都迈进了一个全新的时代。

行政酒廊主要提供以下服务：餐饮、会议、休闲聊天、阅读、商务服务、办理入住和退房。

图2-3　行政酒廊

（五）宴会酒吧（banquet bar）

宴会酒吧又称为临时性酒吧，是酒店、餐馆为宴会业务专门设立的酒吧设施。其特点是：临时性强，营业时间短，客人集中，营业量大，服务速度快。

以营业方式划分主要有外卖酒吧、现金酒吧、一次性结账酒吧。其中外卖酒吧是根据客人要求在外临时设置的酒吧，如大使馆、公寓、风景区等附近设置的酒吧；现金酒吧是指参加宴会的客人取用酒水时需付现金；一次性结账酒吧是客人可随意取用酒水，由宴会主办者结账。

调酒师需做充分的前期准备，服务中需头脑清晰、动作娴熟，有应变能力。

（六）多功能酒吧（grand bar）

多功能酒吧大多设置在综合性娱乐场所，不仅为在此用午晚餐的客人提供酒水服务，还能为有赏乐、蹦迪、唱歌、健身等不同需要的客人提供相应的种类齐备的服务。

调酒师除调酒工作外还负责促销酒水和收银，要求具有较全面的酒水和娱乐知识，具有良好的英语水平，技术水平高超。

（七）其他类型酒吧

不同的酒店会根据自身的特点设置各种各样的酒吧，如游泳池酒吧、保龄球馆酒吧等。

第三节　酒吧的区域划分

不同类型的酒吧有不同的区域划分标准。一般情况下，酒吧划分为四个区域。

一、操作空间

操作空间主要是指酒水调制、食品饮料备餐的区域，一般是指吧台及附近区域。吧台又分为前吧、中心吧和后吧。

（一）前吧

前吧，指吧台的前面部分。一般设置在酒吧里显眼的地方，即客人在刚进入之时，便能看到吧台的位置。吧台的高度一般为120~130厘米，前吧的宽度要视吧台的功能而定，如果台前预备有座位，需留有给客人服务的空间，一般宽度为70~75厘米。

吧台样式根据酒吧的整体风格各有不同。其中最为常见的是两端封闭的直线型吧台。这种吧台的优点是酒吧服务员不会将他的背朝向客人，方便随时服务客人。另一种是马蹄形吧台，或者称为U形吧台，吧台凸入室内，两端抵住墙壁，在U形吧台中间，可以设置一个岛形储藏柜用来存放用品和冰箱。还有一种类型是环形吧台或中空的方形吧台。这种吧台的好处是能够充分展示酒品，也能为客人提供较大的空间。其他还有半圆、椭圆、波浪形等吧台样式。

吧台的外围一般布置有吧凳，提供给客人品饮和休息。客人可以第一时间享受酒水服务及观赏调酒师表演。吧凳的高度一般为90~100厘米，材质根据酒吧风格各有不同。

（二）中心吧

前吧下方的操作台，称为中心吧，高度一般为70~90厘米，是调酒师进行酒水操作的地方。台面通常配有洗涤槽、酒瓶架、储物架、操作台等。台下通常配有冰柜、冰杯机、制冰机等，如图2-4所示。

图 2-4 中心吧操作台

（三）后吧

后吧一般为储备酒水的地方，有展示和储物功能。高度根据酒吧的特点设置，通常为175 厘米以上。酒水分类陈列，常用的酒水需放置在调酒师伸手可及处。下层一般为高110 厘米左右的橱柜。橱柜上层通常陈列酒具、酒杯及各种工具。下层存放其他酒品或安装冷藏柜等设施，如图 2-5 所示。

前吧至后吧的空间，即服务人员的工作走道，一般宽为 100 厘米左右，且不可有其他设备向走道凸出。走道的地面铺设塑料、木头条架或铺设橡胶垫板，以减少服务人员因长时间站立而产生的疲劳。

图 2-5 后吧酒水展示柜

二、服务空间

酒吧的服务空间，即为客人提供服务的地方，一般在酒吧大厅。根据酒吧的大小和布局的不同，通常设有卡座、包厢等区域。酒吧的前吧台也是重要的对客服务空间。酒吧服务人员自客人进门起，即开展对客服务，询问客人需要就座的场地，引导客人就座，给客人提供茶水，进行酒水推荐和点单等相关服务。服务空间属于公共区域，要注意卫生的洁净、服务设施的齐备、服务人员的配备，以保证对客服务工作的顺利进行，如图 2-6 所示。

图 2-6　酒吧卡座

三、演艺空间

演艺空间，即酒吧的表演区域。很多酒吧都设有演艺空间（图 2-7）。不同类型的酒吧，演艺空间的设置也各不相同。演艺吧、慢摇吧之类以表演、蹦迪为主的酒吧，演艺空间应是酒吧的主空间。它的特点是舞台区域大，灯光及装潢能突出主舞台的炫丽，能给客人提供一个观赏与娱乐的空间。清吧、音乐吧之类的演艺空间相对较小，也较集中，突出体现的是观赏性，客人可以边喝酒边聊天边欣赏音乐表演。

图 2-7　酒吧演艺空间

四、厨房及储存空间

酒吧除了酒水服务，也向客人提供小食品或简便食品、水果拼盘等。因此，酒吧的厨房必不可少。酒吧的厨房应布置为统间式，即将切配、烹调、洗涤、点心制作都安排在一个统间内，这样就有空间紧凑、联系方便、自然通风好的特点。

由于酒吧所提供的大多是易食易做的点心、快餐或其他食品，所以其厨房面积可以小一些，设备、设施也相对简单。一般情况下，其基本设施设备应包括：

（1）换气扇。有条件情况下应安装两种换气扇，一种是安装位置低一点的进气扇，另一种是安装位置高一点的排气扇。排气扇必须比进气扇风力大，需具有可擦洗的过滤器。

（2）炉灶及烤箱、炸锅、电饭锅、加热保温配餐台等。

（3）冰箱、低温冷藏柜等。

（4）洗涤消毒设施及设备。

另外，酒吧还应设有储存空间，方便存储备用的物品。一般常用的酒水可以直接存放在后吧台的位置，既能展示又方便拿取。不常用的酒水或其他耗材类、工具类物品需要存放到通风干燥和隐蔽的储存室。

第四节　酒吧的设备

一、常用酒吧设备

常用酒吧设备见表2-1。

酒吧设备认知微课

表2-1　常用酒吧设备

序号	中文名称	英文名称	功能介绍	图示
1	冰柜	refrigerator	用于冷藏酒水饮料，冷冻冰激凌、小冰块等，温度一般为4~8℃，通常为卧式冰柜	图2-8
2	冷藏柜	cooler/freezer	用于冷藏葡萄酒、啤酒、果汁等，温度一般为4~8℃，通常为立式冰柜	图2-9
3	果肉榨汁机	juice extractor	用于榨取各种水果、蔬菜汁液的设备。将洗净、去皮、切块的果蔬放入容器内，由低到高的速度运转，可过滤果肉，也可果肉一起倒出食用。通常鲜榨果蔬汁都是现做给客人的	图2-10
4	电动搅拌机	electric blender	可将冰块、牛奶、鸡蛋、蜂蜜、水果等材料进行搅拌，使其充分融合。一般用来制作奶昔、冰霜类鸡尾酒等混合饮料	图2-11
5	制冰机	ice maker	用于制作不同形状的冰块，如四方体、球体、长方条等。不同型号的制冰机可以制出不同形状的冰块。制作时要注意务必使用可饮用的纯净水	图2-12

表2-1（续）

序号	中文名称	英文名称	功能介绍	图示
6	碎冰机	crushed ice machine	用于粉碎大块冰块，制作出冰屑或冰粒。碎冰机制作的碎冰比用搅拌机制作的碎冰更均匀	图2-13
7	冰杯机	frozen glass machine	用于冰镇鸡尾酒杯、冰激凌杯、啤酒杯等，快捷方便。温度一般在4~6℃。杯具上应有雾霜，但不可结水滴	图2-14
8	咖啡机	coffee machine	用于制作咖啡、加热牛奶、提供热水。有半自动和全自动等不同的型号	图2-15

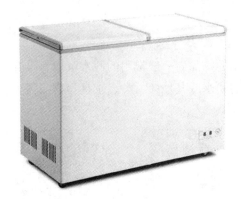

图2-8　冰柜

图2-9　冷藏柜

图2-10　果肉榨汁机

图2-11　电动搅拌机

图 2-12　制冰机

图 2-13　碎冰机

图 2-14　冰杯机

图 2-15　咖啡机

二、常用调酒用具

酒吧中的常用调酒用具见表 2-2。

表 2-2　常用调酒用具

序号	中文名称	英文名称	功能介绍	图示
1	摇酒器	shaker	摇酒器又称调酒壶或摇壶，是一种饮料混合器，能将各种不同的基酒和调酒原料充分混合并且凉透的工具。一般由不锈钢、银或玻璃制成。通常分为两种：一种是雪克壶，也叫英式调酒壶或三段式摇壶。由壶身、过滤器、壶盖三部分组成，主要用于摇和一些容易混合，又不需要稀释太多水的鸡尾酒；另一种是波士顿壶，也叫美式摇酒壶，由上下两厅两部分构成，主要用于摇和一些分量比较大的鸡尾酒	图 2-16a 图 2-16b

表2-2（续）

序号	中文名称	英文名称	功能介绍	图示
2	量酒器	jigger	量酒器又叫量杯或盎司杯，由不锈钢制成，形状为两个大小不一的尖圆锥形用具，用来量取各种液体的标准容量杯	图2-17
3	吧匙	bar spoon	吧匙一般由不锈钢制成，一端为匙，另一端为叉，中间部位呈螺旋状。用来调和饮料和取放装饰物时使用，叉状一端通常用于叉柠檬片、樱桃等装饰物，匙状一端主要用于计量和搅拌混合，或捣碎配料	图2-18
4	调酒杯	mixing glass	一种厚玻璃器皿，用来盛冰块及各种饮料成分。典型的调酒杯容量为16~17盎司①	图2-19
5	滤冰器	strainer	滤冰器又称滤网，是一种带网眼的滤冰工具，大多为不锈钢材质。滤冰器呈扁平状，上面均匀排列着滤孔，边缘围有弹簧，倒酒时用来过滤冰块	图2-20
6	冰桶	ice bucket	由不锈钢或玻璃制成，桶口边缘有两个对称双耳。主要用于装冰块，也可用于冰镇酒。用冰桶盛冰可缓解冰块融化速度	图2-21
7	冰夹	ice tong	由不锈钢或塑料制成，夹冰部位呈齿状。主要用于夹取冰块、水果和装饰物等	图2-22
8	冰铲/冰勺	ice scoop	由不锈钢或塑料制成，用于从制冰机或冰桶内勺取冰块，每次取用量较多	图2-23
9	捣碎棒	muddler	由不锈钢（底部是橡胶）或木制成，用来捣碎材料。在制作一些较新鲜的鸡尾酒时会用到，比如经典的莫吉托、薄荷朱莉酒。使用捣碎棒可以将如柠檬、薄荷叶等一些水果压碎的同时保存果泥在杯中	图2-24
10	瓶嘴/酒嘴	pourer	瓶嘴插于酒瓶口，用于倒酒时控制酒液流量。酒液透过酒嘴的定流速能够让调酒师在调酒的过程中更为方便	图2-25
11	鸡尾酒针/酒签	cocktail picks	用于穿插各种水果及装饰物，一般由不锈钢等材质制成	图2-26
12	水果刀	knife	用于切雕鸡尾酒装饰物和制作果盘	图2-27
13	杯垫	coaster	用来垫在出品的鸡尾酒等冰镇饮料或热饮下，防止因冰块融化水珠流到桌面或热饮太烫伤到客人。一般采用吸水性能好的硬纸、硬塑料、胶皮等材料制成。同时，多种的样式也可起到一定的装饰作用	图2-28
14	冰锥/凿冰器	ice chisel	用于制作冰球等不同形状的冰块，有单头、三头等多种型号	图2-29
15	手动榨汁器	manual juicer	用于手动榨取柠檬汁等调酒所需辅料	图2-30

---

① 1盎司=29.57毫升。

图 2-16a 雪克壶

图 2-16b 波士顿壶

图 2-17 量酒器

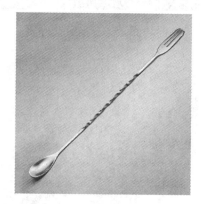

图 2-18 吧匙

图 2-19 调酒杯

图 2-20 滤冰器

图 2-21　冰桶

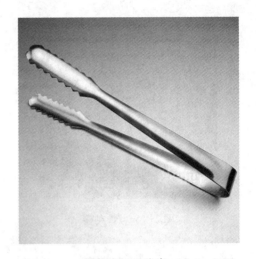

图 2-22　冰夹

图 2-23　冰铲/冰勺

图 2-24　捣碎棒

图 2-25　瓶嘴/酒嘴

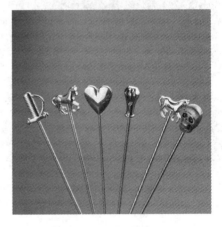

图 2-26　鸡尾酒针/酒签

图 2-27　水果刀

图 2-28　杯垫

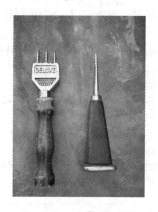

图 2-29　冰锥/凿冰器

图 2-30　手动榨汁器

三、常用酒杯

酒吧中的常用酒杯见表 2-3。

表 2-3　常用酒杯

序号	中文名称	英文名称	功能介绍	图示
1	烈酒杯	shot glass	烈酒杯也叫白酒杯、一口杯，容量一般为 56 毫升，常用于各种烈酒，只限于净饮（不加冰）	图 2-31
2	古典杯	old fashioned glass	古典杯又称威士忌杯、圆冰球专用鸡尾酒杯，容量一般为 224～280 毫升，大多用于喝加冰块的酒喝净饮威士忌，也用于制作一些鸡尾酒	图 2-32
3	浅碟形香槟杯	champagne saucer	用于喝香槟或某些鸡尾酒	图 2-33
4	郁金香形香槟杯	champagne tulip	起泡酒杯，用于喝香槟酒	图 2-34

表2-3（续）

序号	中文名称	英文名称	功能介绍	图示
5	白兰地杯/干邑杯	brandy snifter	净饮白兰地时使用	图2-35
6	高球杯/海波杯	highball glass	一般用来盛特定的鸡尾酒或混合饮料，容量为240~340毫升。高球杯比古典杯高，而且较宽	图2-36
7	柯林杯	collins glass	直身水杯、长饮杯。用于各种烈酒加汽水等软饮料、各类汽水、矿泉水和一些特定鸡尾酒（如各种长饮）	图2-37
8	鸡尾酒杯	cocktail glass	专门调制鸡尾酒的酒杯，因马天尼鸡尾酒而著名，因此也叫马天尼杯	图2-38
9	玛格丽特杯	margarita glass	专门盛放玛格丽特鸡尾酒的酒杯，杯口宽边的设计便于做雪花盐边装饰	图2-39
10	利口酒杯	liqueur/cordial glass	一般在净饮利口酒时使用，也适用于天使之吻、彩虹酒等餐后鸡尾酒，容量一般为30~90毫升	图2-40
11	雪利酒杯	sherry glass	容量约56毫升，主要用途是盛雪利、波特等甜酒	图2-41a 图2-41b
12	扎啤杯	beer mug	喝生啤用的酒杯，通常都是大、厚、重、带有把手的杯子，方便碰杯和畅饮，不影响啤酒的低温	图2-42
13	皮尔森杯	pilsner	通常用来喝淡啤酒。一般都是又细又长、口大底小圆锥形的杯身，杯壁较薄。可以欣赏皮尔森型啤酒晶莹透彻的色彩，以及气泡上升的过程，另外宽杯口是为了在顶部保留适当的泡沫层	图2-43
14	白葡萄酒杯	white wine glass	喝白葡萄酒的酒杯，杯肚和杯口都偏小，这样容易聚集酒的香气，不至于让香气消散得太快	图2-44
15	红葡萄酒杯	red wine glass	底部有握柄，杯子上身较白葡萄酒杯更深，且更为圆胖宽大	图2-45
14	爱尔兰咖啡杯	irish coffee glass	专门用来盛放爱尔兰咖啡的玻璃杯，外形像红酒杯，但材质不同，可直接放到酒精灯上加热	图2-46
15	提基杯	tiki mug	提基杯也称为夏威夷鸡尾酒杯，外形有图腾，是波利尼希利神话中人类的始祖。一般用来盛放夏日风情饮品	图2-47

图 2-31 烈酒杯

图 2-32 古典杯

图 2-33 浅碟形香槟杯

图 2-34 郁金香形香槟杯

图 2-35 白兰地杯／干邑杯

图 2-36 高球杯/海波杯

图 2-37　柯林杯

图 2-38　鸡尾酒杯

图 2-39　玛格丽特杯

图 2-40　利口酒杯

图 2-41a　雪利酒杯

图 2-41b　雪利酒杯

图 2-42　扎啤杯

图 2-43　皮尔森杯

图 2-44　白葡萄酒杯

图 2-45　红葡萄酒杯

图 2-46　爱尔兰咖啡杯

图 2-47 提基杯

实训任务

任务一 酒吧的市场调查

实训目标：通过对不同酒吧的调研，学生能直观地感受酒吧文化，了解酒吧的布局和经营风格，进而加深对酒吧的类型、功能和行业发展动态的了解。

实训内容：组织学生前往当地不同类型的酒吧进行参观调研，了解酒吧的类型和功能，布局风格和特点，设备、器具和酒水种类，销售品种和经营方式等。

实训方法：教师集中带队外出到现场教学；学生分组外出走访调研；集中分享汇报、教师点评。

实训步骤：

（1）设计酒吧市场调查表（可参考表 2-4）；

（2）开展外出调研活动；

（3）完成调查表和调研报告；

（4）汇报调查结果。

考核要点：

对酒吧的类型、功能、设备、经营和销售的认知。

表2-4　酒吧市场调查表

调查人：　　　　　　　　　　　　　　调查时间：

序号	调查项目	调查情况描述	备注
1	酒吧的名称		
2	酒吧的位置		
3	酒吧的类型		
4	酒吧的功能		
5	酒吧的装潢		
6	酒吧的特色		
7	酒吧的布局		
8	客座容量		
9	酒水销售品种		
10	酒单设计		
11	酒吧的设备、器具		
12	人员配置		
13	顾客来源		
14	经营状况		
15	综合评价		

任务二　酒吧常用器具的识别和使用

实训目标：熟悉酒吧常用器具并能熟练使用，为之后的酒水服务与调制打好基础。

实训内容：常用调酒用具的识别和使用、常用酒杯的识别和用途。

实训方法：教师示范讲解、学生实操练习。

实训步骤：

（1）教师讲解并示范常用调酒用具的使用方法；

（2）教师现场指导学生使用，学生分组操练；

（3）教师介绍常用酒杯及不同酒水载杯的选择；

（4）设计酒杯识别与选择的小游戏，帮助学生区分和记忆不同类型的酒杯及其用法。

考核要点：

（1）常用调酒用具的名称和使用技巧；

（2）常用酒杯的名称及其用途。

◇拓展阅读

知识天地

特色主题酒吧——机器人酒吧 Bionic Bar

皇家加勒比邮轮"海洋量子号"的出现是全球邮轮史上的一次重大飞跃。这艘可容纳4 180名游客，载重量达167 800吨的巨型邮轮，不再仅仅是适合老年人欣赏歌舞表演和享受大餐的度假场所，为了吸引更多年轻游客，"海洋量子号"运用了大量时下极其新潮的科技。游客身处其中，仿若步入未来时空。

皇家加勒比邮轮"海洋量子号"的 Bionic Bar 是世界上第一个采用机器人酒保的酒吧。调酒师是一对机械手臂，不但能标准规范地完成一系列调酒动作，还能完成许多人类无法完成的高难度动作。这对机械手臂便是在2013年 Google I/O 开发者大会上亮相过的Makr Shakr 机器人。

客人可以通过平板电脑点自己想要的东西，只要你能说出名称，电子屏上就能显示出来你所点商品。不管你要点的是"玛格丽特"还是"马天尼"，只要在吧台旁的平板电脑上选定，然后轻轻一刷自己的智能房卡或手环，便可观看机器人酒保为你调制各种鸡尾酒。你可以静静欣赏机器人酒保娴熟地从吧台上取酒、倒酒、摇匀、搅拌……直到一杯美味的鸡尾酒被自动传送到你的面前。

这些机器人酒保的所有调酒动作，都是从芭蕾王子罗伯托·博莱的舞蹈动作演变而来的，并且他们还能做出比真人更为优美的花式调酒动作。仅仅观看调酒过程，也是一种莫大的享受。

酒吧里的机器人可算得上是专业而称职的调酒师了，它带给乘客们的是无穷的科技元素和机械智能的美感。

（资料来源：根据搜狐网《带上家人来量子号游轮体验慢生活》改编）

◇英文服务用语

1. 酒吧设施
bar counter 吧台/立式酒吧
service bar 服务酒吧

lounge 鸡尾酒廊

banquet bar 宴会酒吧

grand bar 多功能酒吧

refrigerator 冰柜

cooler/freezer 冷藏柜

juice extractor 果汁榨汁机

electric blender 电动搅拌机

ice maker 制冰机

crushed ice machine 碎冰机

glass washing machine 洗杯机

frozen glass machine 冰杯机

2. 调酒用具

shaker 摇酒器

jigger 量酒器/量杯

bar spoon 吧匙

mixing glass 调酒杯

strainer 滤冰器

ice bucket 冰桶

ice tong 冰夹

ice scoop 冰勺

muddler 捣碎棒

pourer 酒嘴

manual juicer 手动榨汁器

cocktail picks 鸡尾酒签

coaster 杯垫

straw 吸管

cutting board 砧板

3. 酒杯

shot glass 烈酒杯/子弹杯

old fashioned glass 古典杯

champagne saucer 浅碟形香槟杯

champagne tulip 郁金香形香槟杯

highball glass 高球杯/海波杯

brandy glass 白兰地杯

wine glass 葡萄酒杯

white wine glass 白葡萄酒杯

red wine glass 红葡萄酒杯

liqueur glass 利口酒杯

beer mug 扎啤杯

sherry glass 雪利酒杯

pilsner 皮尔森啤酒杯

margarita glass 玛格丽特杯

martini glass 马天尼杯

julep cup 朱丽普杯

tiki mug 提基鸡尾酒杯

irish coffee glass 爱尔兰咖啡杯

collins glass 柯林杯

◇考核指南

一、理论知识

1. 简述酒吧的起源和发展。

2. 区分酒吧的类型和功能。

3. 熟悉酒吧设施的英文表达。

二、实训任务

1. 识别和使用酒吧设备、调酒器具和酒杯。

2. 熟悉调酒器具、学习酒杯的英文表达。

第三章　酒水认知

◇学习目标

●知识目标

➢了解酒水和酒的概念与分类

➢了解酒的成分与风格

➢了解发酵酒、蒸馏酒、配制酒及非酒精饮料的定义、特点和分类

●能力目标

➢掌握不同酒类的识别方法

➢掌握不同酒类的品鉴技巧

◇课程导入

　　酒水即饮品，又称饮料，在人们生活中扮演了十分重要的角色。"客来敬茶，宴请喝酒"已成为一种礼节、一种文化。酒水的种类品种繁多，各具特色。本章节将重点介绍各类酒水的定义、特点和分类，使同学们对酒水有一个总体的了解，为下一步学习酒水服务和酒水调制打好基础。

理论知识

酒水认知微课

第一节　酒水和酒的认知

一、酒水的概念与分类

（一）酒水的概念

酒水又称为饮料（beverage），指经过加工制造，可供饮用的液态食品。

《英语牛津字典》对酒水的定义为"Any sort of drink except water, e.g. milk, tea, wine and beer."即除水以外的任何一种可饮用的液体，比如，牛奶、茶、葡萄酒、啤酒等。可见，大自然中的水和医用药水不在此列。

（二）酒水的分类

1. 按物理形态分类

（1）液态饮料：液态的所有饮料，如汽水、果汁、啤酒等；

（2）固态饮料：茶、咖啡、速溶饮料等。

2. 按饮料中是否含二氧化碳气体分类

（1）碳酸饮料：含碳酸气体的饮料，如可乐、雪碧等；

（2）非碳酸饮料：不含碳酸气体的饮料，如鲜榨果汁、茶、咖啡等。

3. 按饮料中是否含有酒精（乙醇）分类

（1）含酒精饮料：中国白酒、白兰地等；

（2）无酒精饮料：果汁、汽水等。

二、酒的概念与分类

（一）酒的概念

《现代汉语词典》对酒的定义是："酒是一种用粮食果品等含淀粉或糖的物质，经发酵蒸馏而成的，含乙醇、带刺激性的饮料。"

《韦氏辞典》对酒的定义是："含酒精量在 0.5%~75.5% 的酒精饮料都可以称为酒。"

（二）酒的分类

1. 按生产工艺分类

按生产工艺分类可分为酿造酒（发酵酒，fermented wine）、蒸馏酒（distilled wine）、配制酒（assembled alcoholic beverage）。

（1）酿造酒（发酵酒）：指将酿造原料（通常是谷物与水果汁）直接放入容器并加入酵母发酵酿制而成的酒液。常见的发酵酒有葡萄酒、啤酒、黄酒、米酒、清酒等。

（2）蒸馏酒：指将经过发酵的原料（或发酵酒）加以蒸馏提纯，而获得的含有较高酒精度的液体。常见的蒸馏酒有金酒、威士忌、白兰地、朗姆酒、伏特加、特基酒拉（龙舌兰酒）、中国白酒等。

（3）配制酒：制作配制酒的方法很多，常见的有浸泡、混合、勾兑等几种配制方式。

①浸泡法多用于药酒的酿制。将蒸馏后得到的高度酒或发酵后经过滤清的酒液，按配方放入不同的药材或动物，装入容器密封，浸泡一段时间后饮用。

②混合法是把果汁、蜜糖、牛奶、香料等加入蒸馏酒或发酵酒混合制成。

③勾兑法是将两种酒兑和在一起，得到色香味更完美的酒品。如将不同产地、不同度数、不同年份的酒勾兑在一起。

知识拓展

不同生产工艺制作的酒的酒精度数区别

1. 酿造酒：酒度较低，一般不超过 20 度；
2. 蒸馏酒：酒度较高，一般不低于 24 度。

---

2. 按酒精含量分类

按酒精含量分类，酒可分为高度酒（40度<酒精度数）、中度酒（20度<酒精度数<＝40度）、低度酒（酒精度数<＝20度）。

3. 按商业经营性质分类

按商业经营性质分类，酒可分为白酒、黄酒、果酒、药酒、啤酒等。

4. 按酒的香型（中国酒的分类方式）分类

按酒的香型分类，酒可分为酱香型、浓香型、清香型、米香型、兼香型。

5. 按制酒的原料分类

按制酒的原料分类，酒可分为粮食类酒，如啤酒、米酒、白酒等；水果类酒，如葡萄酒、白兰地等。

6. 按配餐方式及饮用方式分类

按西餐配餐的方式，酒水可分为餐前酒（aperitif）、佐餐酒（table wine）、甜食酒（dessert wine）、餐后酒（after dinner drink）。

（1）餐前酒：餐前酒又称为开胃酒，在用餐前饮用，能刺激人的胃口，常用酒水如味美思、苦酒、茴香酒等。

（2）佐餐酒：佐餐酒也称为葡萄酒，是西餐配餐的主要酒类。欧洲人的传统就餐习俗讲究只饮用葡萄酒配餐而不饮用其他酒水。主要包括红葡萄酒、白葡萄酒、玫瑰红葡萄酒。

（3）甜食酒：甜食酒是在西餐就餐过程中搭配甜食饮用的酒品。其口味较甜，常以葡萄酒为基酒加葡萄蒸馏酒配制而成，常用的有波特酒、雪莉酒。

（4）餐后酒：餐后酒一般在餐后饮用，能促进食物消化。餐后酒的酒精含量通常较高，通常为35~50度。餐后酒主要有利口酒、奶酒、薄荷酒、君度酒等。

小知识

甜酒甜品的配对原则

1. 加强
以与甜点相似的口味来加强甜点与甜酒彼此影响力，如晚收型甜白葡萄酒+果酱蛋糕。
2. 平衡
在两种不同的味道里，注入新的味道，以达到口味的平衡。

三、酒的成分与风格

（一）酒的化学成分

酒的主要成分是乙醇（酒精）和水，两者约占总量的98%以上。在酒中乙醇的含量决定了酒的度数，乙醇含量越高，酒的度数也就越高，酒性也就越强烈。乙醇与水，以53%浓度的乙醇与水分子结合得最紧密，因而53度的酒对人体的刺激性相对小。

除乙醇和水外，酒中还有许多其他物质，如总醇类、总醛类、总酯类、糖分、杂醇油、矿物质、微生物、酸类、酚类及氨基酸等。这些物质虽然在酒中所占比重甚小，但是对酒的质量以及风格影响很大，决定了酒与酒之间千差万别的口感。

（二）酒度

酒度即酒精浓度，是指乙醇在饮料中的含量，通常指在20℃时，饮料内酒精（乙醇）的含量。目前国际上酒度有三种表示法。

1. 标准酒度（alcohol by volume）

法国著名化学家盖·吕萨克（Gay Lusaka）发明了标准酒度，它是指在20℃条件下，每100毫升酒液中含有多少毫升的酒精。这种表示法比较容易理解，因而使用较为广泛。标准酒度又称为盖·吕萨克酒度，通常用"% Alc . BY Vol"或其名字缩写"GL"表示。我国酒精度也是以此为标准的，例如在20℃条件下，某种酒含酒精53%，则该酒为53度。

2. 美制酒度（degrees of proof US）

美制酒度的发明早于标准酒度的出现。美制酒度用酒精纯度"proof"表示，一个酒精纯度相当于0.5%的酒精含量。

3. 英制酒度（degrees of proof UK）

英制酒度是18世纪由英国人克拉克（Clark）创造的一种酒度计算方法，现在在一些英联邦国家使用，用"Sikes"表示。

知识拓展

酒度的换算

美制酒度的发明都早于标准酒度的出现，它们都用酒精纯度"proof"来表示。但三种酒度之间可以进行换算：

（三）酒的风格

酒的风格包括四个方面，即酒的色、香、味、体。

1. 酒的颜色

人们对酒的第一感观认识。形成途径有三：酒的颜色一是来自酿酒原料的颜色；二是酒在生产过程中的自然生色；三是人工或非人工增色。

2. 酒的香气

酒的香气成分主要包括醇、醛、酮、酸、酯及芳香族化合物。此外还有某些胺类化合物和硫化物等成分。其中酯类物质决定了酒的主香味。

3. 酒的味道

人们惯常用酸、甜、苦、辣、咸五味来评价酒的口味。但除了以上几种口味外，还有经常与苦味并存的涩味，以及其他与众不同的独特气味。

4. 酒体

酒体并不是酒的风格。酒体是对酒品风格（色、香、味）的综合评价。评价酒体通常使用"酒体完美、精美醇厚、优雅、甘温、较嫩、瘦弱、粗劣"等词语。

酒的风格是对酒品的色、香、味、体四方面的全面综合评价。每一种酒的风格应该是稳定一致的。同类酒中每个品种的风格均存在差别。名酒无一不是以上乘的质量和独特的风格赢得众人的喜爱。酒的风格品评一般会使用"突出、明显、不突出、不明显"等词语。

四、酒的酿造

（一）酒的酿造原理

酒的生产建立在微生物基础之上。酿酒原料中的糖在微生物作用下转化为酒精。

1. 糖化原理

淀粉→麦芽糖→葡萄糖。

2. 酒化原理

葡萄糖→酒精+二氧化碳。

（二）酒的主要生产工艺

1. 发酵工艺

任何酒的生产都要经过发酵。这是酿酒过程中最重要的一步。简单来说，该技术的关键是酿酒原料中淀粉糖化、酒化的过程。

2. 蒸馏技术

蒸馏是酿酒的重要过程，蒸馏原理简单。即根据酒精的理化性质。酒精汽化温度为78.3℃，将发酵后的原料加热到78.3℃以上即可获得酒精气体，冷却后为液体酒精。专家试验表明，用蒸馏方法提高酒度，酒精含量一次可提高3倍。也就是说，一次性蒸馏酒精含量为15度的酒液，可以得到45填充的酒液，但原则上，该方法始终不能得到100%的纯酒精。

3. 熟化工艺

熟化工艺对最终酒产品的形成非常重要。通常，为了促进酒的熟化，形成完美的香气和良好的品质，需要将酒液贮藏在木桶或窖池中放置一段时间。但是，有少数酒不需要熟化，如杜松子酒和伏特加等。

4. 勾兑工艺

勾兑工艺是指将不同酒龄、不同品质特征的酒在装瓶前勾兑，达到统一的良好出品质量。勾兑技术是酒类生产过程中非常重要的一步，酒的最终风格的形成取决于勾兑技术的好坏。

第二节　发酵酒

发酵酒（fermented alcoholic drink），亦称为酿造酒、原汁酒。发酵酒是把酵母加入含有糖分的液体中，进行发酵而产生的含酒精的饮料。它的特点是酒精含量低，一般都在20度以下，刺激性较弱。

发酵酒的主要酿造原料是谷物和水果。所以，发酵酒的主要品种有水果发酵酒（主要以葡萄酒为代表）和谷物发酵酒（以及啤酒、黄酒等）。

一、葡萄酒

（一）葡萄酒的定义

葡萄酒是用新鲜的葡萄或葡萄汁经发酵酿成的酒精饮料。

（二）影响葡萄酒质量的因素

1. 气候条件

气候对葡萄酒的好坏有着直接的影响，好年份意味着好气候，能够产出优质的葡萄酒。影响气候条件的主要因素是阳光、温度和水。葡萄的黄金生长带——温带气候（南北纬38°~53°），更有利于孕育出高品质的葡萄。

2. 土壤条件

土壤对于葡萄生长有着潜移默化的影响，同样的葡萄品种，种植在不同的土壤类型下，酿制出的葡萄酒会蕴含着截然不同的香气类型。土壤的颜色、含有的矿物质种类及含量、水的酸碱度、土壤类型、土层变化，都会影响葡萄的生长以及成长环境带来的个性特点。

3. 葡萄品种

酿酒葡萄与鲜食葡萄不一样，一般选用果粒小、果汁多、果肉少、果皮较厚、高糖高酸、产量适中或较低的欧亚种为主。

4. 酿造技术

葡萄酒酿造过程中酿酒师起着极其重要的作用。如果说人们无法控制葡萄品质的先天条件，但是通过高超的酿酒技术，可以减少甚至扭转葡萄品质的先天不足。工艺上的科技元素应用大大提高了葡萄酒的酿造工艺，但是葡萄酒的酿造是与酿酒师的品位和艺术性息息相关的。目前许多酿酒技术无一定的标准，很大程度上取决于酿酒师的经验和喜好。

知识拓展

葡萄酒的年份越久品质越高吗？

葡萄酒的年份与葡萄酒的质量没有必然的联系，不能说年份越久葡萄酒的品质就越好。因为，葡萄的质量是决定葡萄酒品质的重要因素，如果某一年的气温、降水等各方面条件都比较适合葡萄生长，这一年的葡萄品质就好，用这一年采摘的葡萄所酿造的葡萄酒，品质自然会好。由于不同年份的葡萄质量良莠不齐，所以不同年份的葡萄酒质量也千差万别，而不像人们通常认为的那样，年份标注的时间越久，质量就越好。

（三）葡萄酒的分类

（1）按照颜色分类，可分为红葡萄酒、白葡萄酒、桃红葡萄酒。

（2）按照葡萄酒的含糖量分类，可分为干型葡萄酒、半干型葡萄酒、半甜型葡萄酒、甜型葡萄酒。详细情况见表3-1。

葡萄酒知识及
酿造工艺微课

表 3-1 按葡萄酒的含糖量分类

类别（中文）	类别（英文）	含糖量	口感
干型葡萄酒	dry wine	≤4g/L	尝不出甜味
半干型葡萄酒	semi-dry wine	4g/L~12g/L	能辨别出微弱的甜味
半甜型葡萄酒	semi-sweet wine	12g/L~50g/L	明显的甜味
甜型葡萄酒	sweet wine	≥50g/L	浓厚的甜味

（3）按照国际传统分类，可分为发泡葡萄酒、加汽葡萄酒、强化葡萄酒、加香葡萄酒。

①发泡葡萄酒：发泡葡萄酒所含的二氧化碳气体必须是由发酵所产生的。其瓶内气压在 20℃ 条件下应大于 0.3Mpa，法国香槟酒属于这一类。

②加汽葡萄酒：与发泡葡萄酒相似，但是所含的二氧化碳气体是人工加进葡萄酒内的。

③强化葡萄酒：在葡萄酒发酵之前或发酵中加入白兰地或中性酒精，以提高酒精度并抑制发酵，以留下葡萄汁的自然糖分。

④加香葡萄酒：向葡萄酒中加入果汁、药草、甜味剂等，有的还加入酒精，以强化酒精度。味美思就属于这类酒品。

（四）葡萄酒的酿造工艺

葡萄果实若要转变为瓶中美酒，过程需要经历采摘、破碎、压榨、发酵、陈年和装瓶等步骤，但依据葡萄酒种类、酿造风格和工艺的不同，具体的步骤会进行相应调整。

1. 采收

为了把握好最佳的采收时机，很多酒庄会在葡萄进入转色期后就对其成熟度进行密切的监测。采收的方式分为人工和机器采收两种。为了减少葡萄的氧化，不少酒庄会选择在夜间温度较低时采收葡萄。采摘下来的葡萄会被装在箱子或是托盘上，尽快运送至酿酒厂。

2. 分拣

葡萄果实运送至酿酒厂后，部分酒庄，尤其是酿造高品质葡萄酒的酒庄会选择将果实放在分拣台上进行挑选，以剔除不健康、未成熟或是腐烂的葡萄。

3. 去梗、破碎

这两道工序不是必需的。通过机器采收的葡萄一般不带有果梗，但通过人工采收的葡萄，大多数酒庄也会选择将果梗去除，而这往往由破碎葡萄的机器一并处理。

破碎是由机器将葡萄皮打破，这时候会有一定量的葡萄汁流出，这些汁液即自流汁。破碎的过程需尽可能轻柔，避免破坏葡萄籽，释放出苦油和单宁。

4. 冷浸渍

葡萄经破碎后，一些酿酒师可能会选择在发酵前让果皮和果汁于低温下接触一段时间，这个过程也被称为冷浸渍。一般而言，浸渍的温度控制在 4~15℃，时长几个小时到一周不等，相比白葡萄酒，红葡萄酒的浸渍时间一般更长。

这一过程可以增强白葡萄酒的果味和质感，尤其是对一些芳香性白葡萄品种来说，更是可以从冷浸渍中大获裨益。而对红葡萄酒来说，冷浸渍不仅可以增强其果香，还可以加深酒液的颜色，不过在这一过程中不会提取出单宁。

5. 压榨

压榨即是将葡萄汁与果肉、果皮等固体成分分离的过程，白葡萄酒在发酵前进行该步骤，而红葡萄酒则在发酵后进行。与破碎一样，现代酿酒技术亦崇尚尽可能轻柔的压榨，以获取更精致的酒液。最先和最后压榨得到的葡萄液在质感和口感上会有很大不同。就红葡萄酒来说，随着压榨的继续，酒液的颜色会越来越深，单宁含量也会越来越高。

压榨完成后，白葡萄汁一般会冷静置一段时间，让其中的固体杂质沉积到底部，然后将杂质去除，留下更澄清的葡萄汁进行发酵。

6. 发酵

在这个过程中，酵母将葡萄汁中的糖分转化为酒精和二氧化碳，葡萄汁逐渐转变为葡萄酒。

白葡萄酒的发酵温度比红葡萄酒要低，一般维持在 12~22℃，较低的发酵温度可以减缓发酵过程，有利于产生更多微妙的风味。而发酵一般在几周内可以完成，发酵容器可选择橡木桶、不锈钢罐等。

红葡萄酒的发酵温度较高，一般为 20~32℃，较高的温度有利于提取颜色和单宁。由于果皮和葡萄汁一起发酵，红葡萄酒的发酵一般不会在橡木桶中进行，而是更多地在不锈钢罐等惰性容器中进行。在发酵过程中，酿酒师会选择使用淋皮（pump over）、倒罐并回混（rack and return）、旋转式发酵机（rotary fermenter）等方式帮助葡萄汁与果皮进行更多的接触，促进颜色、单宁和风味物质的提取。

7. 熟化

很多大批量生产的廉价葡萄酒不会经过熟化，但对于许多优质葡萄酒来说，这一过程非常重要。

葡萄酒在不锈钢容器或橡木桶中经过数月，有的长达数年的熟化，可以帮助葡萄酒发展出更复杂、精妙的风味和更柔顺的单宁。

最主要的橡木桶类型为法国和美国橡木桶，法桶可以赋予酒液烘烤、烟熏和坚果风味，而美桶则更多的是香草和椰子风味。

8. 装瓶

当酿酒师认为葡萄酒已经进行了足够时间的陈年，便会考虑进行装瓶。目前市面上的大多数葡萄酒都是用玻璃瓶包装，采用橡木塞封口，但来自澳大利亚和新西兰的葡萄酒更常使用螺旋盖封口。

（五）葡萄酒的存储

葡萄酒的存储条件：

（1）温度：需要满足温度恒定和一致性。

（2）湿度：相对湿度在65%为长久储藏葡萄酒的绝佳环境。

（3）摆放：酒瓶应始终保持平直（横着）摆放。

（4）光度：避免阳光、照明灯光直射。

（5）通风：保持空气流通，勿与有特殊气味的物品并存。

（6）避震：震动会使酒液浑浊。尽量避免过于频繁地搬动葡萄酒。

（六）葡萄酒酒标识别

葡萄酒酒标的内容很重要，通过酒标识别可以基本判断出葡萄酒的品质。要想选购到一瓶心仪的葡萄酒，首先从了解葡萄酒酒标开始。

1. 品牌

阅读酒标第一步要看的当然是品牌，如果你已经很熟悉某品牌，例如，拉菲（LAFITE）、奔富（Penfolds）、贝尔富特（Barefoot）等，你对那瓶酒的了解已经完成了一大半。

2. 产区

产区可能是葡萄酒酒标上最重要的资讯。事实上很多葡萄酒专卖店都根据不同产区将葡萄酒分类陈列。看产区有一个非常实用的诀窍，一般产区越小、越深入，酒会越好，价钱也会越高。图3-1为产自法国波尔多左岸的上梅多克产区的波雅克。

图3-1 产自法国波尔多左岸的上梅多克产区的波雅克

3. 葡萄品种

葡萄酒分新世界和旧世界，两种风格在酒标上就能看出。旧世界的酒标没有标注葡萄品种。这是旧世界传统酿造国家的一贯做法。它们崇尚地域风土，而且很多产区在法律上已经规定只可以种某几款葡萄，也没有标注的必要。新世界一般会标注葡萄品种，没有这么多硬性规定。如果酒标不清楚列明葡萄品种，消费者根本很难知道那是什么酒。

旧世界主要是指欧洲传统酿酒国家，具有几千年的酿酒历史。尊崇自然，主要集中在欧洲，以法国、意大利为代表，包括西班牙、德国等。新世界注重新的工艺，只有几百年的酿酒历史。以美国、智利为代表，还有澳大利亚、南非、阿根廷、新西兰等。

（1）红葡萄品种：

赤霞珠／卡本纳苏维翁（Cabernet Sauvignon）

梅洛／美乐（Merlot）

黑皮诺／贝露娃（Pinot noir）

西哈/西拉子/穗乐仙（Syrah/Shiraz）

品丽珠（Cabernet Franc）

（2）白葡萄品种：

霞多丽/莎当妮（Chardonnay）

长相思/白苏维翁（Sauvignon Blanc）

雷司令（Riesling）

麝香葡萄（Muscat）

琼瑶浆（Gewurztraminer）

4. 年份

酒瓶上标示的年份为葡萄的收成年份。欧洲传统各产区，特别是在北方的葡萄种植区，由于气候不如澳、美等新世界产区稳定，所以品质随年份的不同有很大的差异。在购买葡萄酒时，年份也是一项重要参考因素。由此可知该酒的酒龄。如未标示年份则表示该酒由不同收成年份的葡萄混酿而成。

5. 等级

葡萄酒生产国通常都有严格的品质管制，各国对葡萄酒等级划分的方法也各异，通常旧世界的产品由酒标可看出它的等级高低。但新世界由于没有分级制度，所以没有标出。

6. 装瓶者

装瓶者不一定就为酿酒者。酿酒厂自行装瓶的葡萄酒会标示"原酒庄装瓶"，一般来说会比酒商装瓶的酒来得珍贵。

酒庄装瓶——MIS EN BOUTEILLE AU CHATEAU

产区装瓶——MIS EN BOUTEILLE AU DOMAINE DE

酒商装瓶——MIS EN BOUTEILLE A LA PROPRIETE

一般装瓶——MIS EN BOUTAIILE PAR

7. 酒精度

酒精度是国际通用的标准酒度表示法，前已述及，它是指在 20℃ 时，酒中乙醇的体积百分比。在酒标上，这个百分比的前面或后面可能会出现 vol（Volume，容积的缩写），或者是 alc（alcohol，酒精的缩写）。如一瓶酒精度为 13.5 度的葡萄酒的酒标上可能出现：13.5%（ABV）、13.5% vol. alc.、13.5alc.、13.5% vol. alc. 13.5% by vol. 等。不同类型葡萄酒的酒精度差异较大，一些起泡酒的酒精含量低至 5.5%abv，而一些加强酒则高至 20%abv。常见葡萄酒的酒精度一般是在 8%～15%abv。一般来说，葡萄酒的酒精度高意味着其酿酒葡萄的糖分含量很高，而与葡萄酒品质的高低没有必然联系。即使一款葡萄酒的酒精度高达 15%～16%abv，只要酒款各要素之间能达到和谐平衡，那么这款酒的品质也依旧出色。

知识拓展

葡萄酒常见术语

Extra Brut（绝干）、Brut（干）、Extra Dry（半干）、Sec（微甜）、Demi-Sec（半甜）、Doux（甜）
Blanc：白葡萄酒、Rouge：红葡萄酒、Rose：玫瑰红酒。

（七）葡萄酒的品鉴

葡萄酒品鉴既是一门科学，也是一门艺术。葡萄酒品鉴不仅要了解葡萄酒的历史文化、葡萄的种植和葡萄酒酿造工艺，还需要大量的品酒实践。通常从以下几个步骤进行品鉴：

1. 观色

观色的第一步，就是观察酒液的澄清度，通常情况下，我们所购买的葡萄酒都是清澈的，只有一些存在缺陷的葡萄酒才会出现浑浊的情况。不过，也有例外：一些装瓶前未经过滤或澄清的葡萄酒酒液也可能略显浑浊。

观色的第二步就是观察酒液的颜色，在白色背景下，将玻璃酒杯倾斜 45°最便于观察酒液颜色。

红葡萄酒的颜色一般介于紫红色到棕色之间，红葡萄酒越老越浅，酒液呈紫红色则代表这是一款年轻的酒款，"石榴红色"和"棕色"则表示酒款已在瓶中陈年较长的时间。

但是这并不是绝对的，酒款的质量决定了酒款的陈年潜力，有一些顶级酒款在陈年数十年之后依旧保持着年轻的色泽，而一些陈年潜力低的酒款在储存一两年之后就已经呈现出棕色。

白葡萄酒的颜色则介于青柠色到琥珀色之间，颜色愈深，愈能凸显酒款的陈年状态，若呈琥珀色，则表示该款酒可能曾被刻意氧化，

葡萄酒品鉴技巧微课

或者即将超过适饮期。

对桃红葡萄酒的颜色描述有"粉红色""黄红色"和"橙色"，等等。只有完全呈现出纯正粉色的酒液才可被描述为"粉红色"，其余泛有橙色的酒液应描述为"黄红色"或"橙色"。

2. 闻香

当您在葡萄酒杯中摇动葡萄酒，可以闻到一些不同的香气，如苹果、瓜、柑橘、樱桃、莓果、葡萄干、蜂蜜、桃子、香草、奶油糖、薄荷、甜椒、草、绿橄榄、丁香、甘草、雪松、咖啡和巧克力，等等。

葡萄酒的第一层香气取决于葡萄酒品种，第二层香气主要来源于发酵，第三层香气来源于橡木桶陈酿和瓶内熟成，这种老酒的香气也常被称为酒香或者醇香。

葡萄酒中也会闻到不愉快的气味。像醋的气味是由乙酸造成的，而指甲油味是由乙酸乙酯形成的。橡胶味、毛皮味、臭鸡蛋味或大蒜或者葱味是硫化物副产物。有些木塞可能导致发霉或湿纸板味。

3. 品尝

我们能感觉的大多是四种基本味感：甜、酸、咸、苦。

舌尖对甜最敏感；接近舌尖的两侧对咸最敏感；舌的两侧对酸敏感；舌根对苦最敏感。单宁能让口腔表层皮肤收敛，这种干涩感在上门牙牙龈处最为明显；而酒下肚后，喉咙的灼烧感越强烈，酒精度就越高。

品酒时还需判断酒体轻重和余味长度。

酒精较少的葡萄酒通常酒体较弱，而那些高酒度的葡萄酒，酒体饱满。不管酒中的味觉成分是什么样子，最关键是要平衡。例如，葡萄酒会因为酸低而口感平淡，或者因为丹宁高显得味苦。

葡萄酒质量的另一重要指标是它的回味。如果回味短，通常品质一般，回味长是高品质葡萄酒的一个标志。

4. 评价

经过观色、闻香和品酒之后，品酒者此时已经可以对酒款做出相应的评价了。此时我们应该将酒的平衡度、浓郁度、余味长度和复杂度这四个因素考虑在内，从而对酒款的质量做出评价。一款好酒，在香气浓郁、风味复杂的同时，其任何一种香气和风味都不太过突出，口感的甜、酸、涩和酒体之间也能达到平衡，最后的余味亦是悠长而美妙。

二、啤酒（Beer）

（一）啤酒的概念和起源

啤酒是一种以大麦为主要原料，加入啤酒花制成的带有泡沫和特殊香味的、味道微苦的低酒精含量的饮料。

啤酒是人类最古老的酒精饮料，于20世纪初传入中国，属外来酒种。啤酒是根据英语Beer译成中文"啤"，称其为"啤酒"，沿用至今。

啤酒知识
及酿造工艺微课

（二）啤酒的生产原料

啤酒以大麦芽、酒花、水为主要原料，经酵母发酵作用酿制而成的饱含二氧化碳的低酒精度酒。水是啤酒的血液、麦芽是啤酒的核心，啤酒花则是啤酒的灵魂。

大麦——酿造啤酒的主要原料，选用颗粒饱满的原料最佳。

酒花——也叫啤酒花。酿酒时能赋予啤酒特殊的香气和爽口的苦味，有抑制杂菌的繁殖和澄清麦芽汁的能力，同时使啤酒有健胃、利尿、镇静等药用效果。

水——无色透明、无异味、无沉淀、不含有妨碍糖化、发酵以及有害于酒的色、香、味的物质。

酵母——啤酒酵母是一种单细胞细菌，它的作用是把麦芽糖转化成酒精、二氧化碳和其他副产品。分为上发酵酵母和下发酵酵母。

（三）啤酒的分类

1. 按杀菌情况分类

①生啤酒（draught beer）

生啤酒即人们称的鲜啤酒。生啤是指不经过传统高温杀菌的啤酒，这类啤酒一般就地销售，保存时间不宜太长（一般 7 天左右）。相比传统啤酒，生啤口味更加纯正、清爽，清醇透亮的金黄色泽和洁白细腻的泡沫，更让人感觉滴滴新鲜的品质。扎啤是这种啤酒的俗称，即高级桶装鲜啤酒。

②熟啤酒（pasteurized beer）

熟啤是经过巴氏消毒法（pasteurization）灭菌处理后的啤酒，稳定性好，保质期可长达 60~90 天，而且便于运输。但口感不如鲜啤酒，超过保质期后，酒体会老熟和氧化，并产生异味、沉淀、变质的现象。熟啤酒均以瓶装或罐装形式出售。

2. 按颜色分类

①淡色啤酒（pale beers）

啤酒产量最大的一种，分为淡黄色啤酒、金黄色啤酒。淡黄色啤酒口味淡爽，酒花香味突出。金黄色啤酒口味清爽而醇和，酒花香味也突出。

②浓色啤酒（brown beers）

色泽呈红棕色或红褐色。麦芽香味突出、口味醇厚、酒花苦味较轻。

③黑色啤酒（dark beers）

色泽深红褐色乃至黑褐色，产量较低。麦芽香味突出、口味浓醇、泡沫细腻，突出麦芽香味和麦芽焦香味，略带甜味，酒花的苦味不明显。

3. 按麦芽汁浓度分类

表 3-2　啤酒按麦芽汁浓度分类

类别	麦芽汁浓度	酒精度
低浓度啤酒（small beer）	7~8°	2%vol
中浓度啤酒（light beer）	11~12°	3.1%vol~3.8%vol
高浓度啤酒（strong beer）	14~20°	4.9%vol~5.6%vol

4. 按酒精含量分类

①低醇啤酒（low-alcohol beer）

酒精含量少于 2.5%vol 的啤酒为低醇啤酒。低醇啤酒是啤酒家族新成员之一，它也属低度啤酒。一般啤酒的糖化麦汁的浓度是 12° 或是 14°，酒精的含量为 3.5°。而低醇啤酒糖化麦汁在 7° 以下，酒精度只有 1.15°。低醇啤酒含有多种微量元素，具有很高的营养成分。

②无醇啤酒（non-alcohol beer）

又名"不醉啤酒"（alcohol-free beer），是指酒精度小于 0.5%vol，原麦汁浓度大于等于 3.0°P。无醇啤酒即按传统生产方法，生产过程后期增加了提纯和恢复原口味等特殊加工工艺，使该产品既保持原有口味不变，酒精含量又大大降低，只有普通啤酒的 1/8 ~ 1/7。由于其既具有啤酒的风味，又具有多饮不醉的优点，符合当今消费者日益重视身体健康的消费趋势，加上妇女及酒精过敏男士对低醇啤酒的喜爱，无醇啤酒具有很大的市场开发前景。

5. 按发酵形式分类

①上面发酵/顶部发酵啤酒（top fermenting / top fermentation，又称为 Ale）。

上面发酵啤酒，是用"上面酵母"进行发酵制成。上面酵母指发酵结束时，酵母悬浮在发酵液上面，也叫"顶面酵母"，其形态特征是酵母细胞多呈圆形。上面发酵啤酒多采用浸出糖化法制取麦汁，适宜较高的发酵温度，发酵周期短、成熟快，成品有独特的风味。常见的有：爱尔（Ale）、司都特（Stout）、波特（Porter）、威特（Weiss）。

②下发酵型/底部发酵啤酒（bottom fermenting / bottom fermentation，又称为 lager）。

下面发酵啤酒在发酵过程中采用下发酵酵母。下面发酵啤酒发酵结束后酵母聚集沉降于发酵液底部。其酒液澄清度好，呈金黄色，泡沫细腻，口味较重，保存期长。常见的有：拉戈（lager）；皮尔森（pilsner）；慕尼黑（munich）；包克啤酒（bock）。

（四）啤酒的酿造工艺

啤酒酿造工艺过程为：麦芽制造→麦芽汁制造→发酵→过滤灭菌→装瓶。

1. 麦芽制造

选择优质的大麦，将其放到水里浸泡 2~3 天，之后放置于发芽室进行发芽，得到绿麦芽。将绿麦芽烘干脱水、备用。

2. 麦芽汁制造

将干麦芽磨碎，加温水磨制成麦芽浆。作为谷物类原料，一般都是需要进行糖化的。在适宜的温度下，利用麦芽本身的酶化剂进行糖化。糖化之后经过滤，得到澄清的、有甜味的麦芽汁。在麦芽汁中加入啤酒花，然后加热煮沸，使得啤酒花的苦味和香味融入麦芽中去。

3. 发酵

在冷却的麦芽汁中加入酵母发酵。经过 8~10 天的发酵周期，麦芽汁中的糖在酵母的作用下，转化为酒精和二氧化碳，这个过程被称为主发酵。此时啤酒是十分生涩的。将生涩的啤酒放入调酒罐中静置 2 个月。发酵中所产生的二氧化碳会逐渐溶解到酒液当中，而悬浮在酒液当中的物质也慢慢沉淀，啤酒开始变得成熟，酒液变得澄清。此过程被称为后发酵。

4. 过滤灭菌

发酵成熟后的啤酒，经过过滤去除杂质后，得到澄清的啤酒，此时为生啤酒。把啤酒经过巴氏灭菌法进行灭菌后灌入经过消毒的酒瓶中，经过灭菌的啤酒称为熟啤酒。此时的啤酒就耐储存了。

5. 装瓶

经过过滤灭菌的啤酒，完成检测就可以进行包装销售了。灌装是啤酒生产的最后一道工序，对啤酒的质量和啤酒的商品外观形象有直接影响。灌装后的啤酒应符合卫生标准，尽量减少 CO_2 损失和减少封入容器内的空气。啤酒的包装形式通常有三种：罐装、瓶装、桶装。

知识拓展

巴氏灭菌法

巴氏灭菌法（pasteurization），亦称低温消毒法，冷杀菌法，来源于法国生物学家路易·巴斯德（Louis Pasteur）解决啤酒变酸问题的尝试。它是一种利用较低的温度既可杀死病菌又能保持食品中营养物质风味不变的消毒法，常常被广泛地用于杀灭各种病原菌。

（五）啤酒的品鉴

1. 闻味道

优质的啤酒应该有和谐稳定的香气，酒花香、麦芽香、发酵产生的香味，而不应该有酸味、生青味、臭鸡蛋味等不好的味道。闻的时候注意避免嗅觉疲劳。闻酒的时间不宜过长，只要把啤酒杯端起，深吸一口，而且环境空气一定要清新、无异味，如果你的第一感觉是浓浓的麦香，以及略带味苦的啤酒花香，啤酒花被誉为啤酒皇冠，其味道应略苦，绵柔，还有甜感。

2. 看酒液外观

啤酒的种类不同，色泽、浑浊度、泡沫自然不同。标准的啤酒酒液颜色是略显浑浊的，而且泡沫细腻、持久、饮酒后杯壁有泡沫附着。

3. 品尝

先小喝一口，让酒精在口腔内停留和转动一下，再咽下去，感受二氧化碳的刺激度、酒体柔和、醇厚、口味纯正。同时口味协调性好，喝起来舒服，口感柔软；与淡爽不同，它是一种综合感觉，有再饮的欲望，清爽、利索。饮后有滋味，不是淡而无味，有大量的二氧化碳刺激、新鲜感、麻舌。

4. 大口喝酒

啤酒饮用不比品啤酒，不能细品慢酌，只有大口喝酒才能体验到啤酒中二氧化碳带来的刺激、酒体的爽口、打嗝带来的啤酒香气的回味和快感。

三、黄酒

（一）黄酒的定义

黄酒，就是以粮食为主要原料，通过特定的加工过程，在酒药、曲（麦曲、红曲）和浆水（浸米水）等不同种类的霉菌、酵母和细菌共同作用下，经过糖化和发酵酿制的一种低度酒。

（二）黄酒的分类

黄酒的分类方式有很多种，按照原料和酒曲或者说是地域划分，可以将黄酒划分为：

1. 麦曲稻米黄酒（南方黄酒）

麦曲稻米黄酒以糯米、粳米酿造，以小曲和麦曲为糖化发酵剂，多产于浙江省绍兴地区，也称南方黄酒。由于原料配比、工艺操作、酿酒时间等方面不同，形成不同风格的酒品。著名的有元红酒、加饭酒、花雕酒、香雪酒等。

2. 红曲稻米黄酒（福建黄酒）

红曲稻米黄酒以糯米、大米为主要原料，用红曲和白曲为主要的糖化发酵剂，多产于福州和龙州。虽然浙江、台湾等地也有类似的酒品，但此类黄酒仍被称作"福建黄酒"。其酒液色泽褐红鲜艳。著名酒品有沉缸酒、乌衣红曲黄酒等。

3. 北方黍米黄酒（北方黄酒）

北方黍米黄酒用黍米（俗称黏黄米、糯黄米或糯小米）酿制，酒色呈深棕色，清凉透明，有突出的焦米香，饮后回味悠长。主要以山东即墨老酒、山西黄酒为代表品种。

4. 大米清酒

大米清酒以粳米为原料，米曲为糖化剂，酵母味发酵剂酿造，酒色淡黄透明，具有清酒特有的清香。以吉林清酒、即墨特级清酒为代表，如杏花村清酒。

（三）黄酒的饮用方法

（1）温酒饮用：这是传统的饮用方式。选用陶瓷酒杯或小型玻璃酒杯盛载，冬天最好是隔水温酒之后饮用，夏天则常温饮用。

（2）时尚的饮用方式：在黄酒中加入话梅饮用。

（3）其他方式：作为烹饪调味原料使用，来增加菜肴的风味。

知识拓展

为什么发酵酒的酒度一般比较低呢？

发酵酒酒度低有两方面原因：一是发酵过程中酒度达到13~15度的时候，酒液当中的乙醇可以抑制酵母的活动，最终终止发酵。二是酒度由发酵原料的含糖量决定。葡萄酒12度、啤酒4度，原因是参与发酵的糖分少，转化出来的酒精也少，当糖分耗尽的时候，发酵就终止了。

第三节　蒸馏酒

蒸馏酒是指以糖或淀粉为原料，经糖化、发酵、蒸馏而成的酒。蒸馏酒酒精浓度常在40%以上，因酒精含量较高，故被称为烈酒。世界上蒸馏酒的品种著名的有白兰地、威士忌、金酒、朗姆酒、伏特加酒、特基拉酒、中国白酒等。

一、白兰地（Brandy）

（一）白兰地的定义

烈酒的基础
知识微课

白兰地，最初来自荷兰文 gebrande wijn 或 burned wine，意为"烧制过的酒"。从狭义上讲，白兰地是指葡萄发酵后经蒸馏而得到的高度酒精，再经橡木桶贮存而成的酒。白兰地是一种蒸馏酒，以水果为原料，经过发酵、蒸馏、贮藏后酿造而成。

我们通常所说的白兰地专指以葡萄为原料，经过发酵蒸馏制成的酒。而其他通过同样方法制成的酒，会在"白兰地"酒名称前加上水果原料的名称，如以苹果为原料酿造的白兰地，称之为"苹果白兰地"。

（二）白兰地的特点

白兰地酒度在40~43度（勾兑的白兰地酒在国际上一般标准是42~43度），虽属烈性酒，但由于经过长时间的陈酿，其口感柔和，香味纯正，饮用后给人以高雅、舒畅的享受。白兰地呈美丽的琥珀色，富有吸引力，其悠久的历史也给它蒙上了一层神秘的色彩。

色泽金黄晶亮，具有优雅细致的葡萄果香和浓郁的陈酿木香，口味甘洌，醇美无瑕，余香萦绕不散。

（三）白兰地的分类

世界上生产白兰地的国家很多，但以法国出品的白兰地最为驰名。而在法国产的白兰地中，尤以干邑地区生产的最为优美，其次为雅文邑（亚曼涅克）地区所产。除了法国白兰地以外，其他盛产葡萄酒的国家，如西班牙、意大利、葡萄牙、美国、秘鲁、德国、南非、希腊等国家，也都有生产一定数量风格各异的白兰地。

白兰地以产地、原料的不同可分为：干邑、雅文邑、法国白兰地、其他国家白兰地、葡萄渣白兰地、水果白兰地六大类。

1. 干邑（Cognac）

干邑白兰地是世界上最著名的白兰地，它来自法国西南部的城镇。就像香槟一样，这里的烈酒受到严格生产规范的"地理名称"的保护——葡萄必须来自干邑地区的六个区之一，并且必须存放在利木赞木桶中至少 2 年。

2. 雅文邑（Armagnac）

法国蒸馏的最古老的白兰地，作为葡萄制的白兰地，雅文邑在世界上的主要竞争者其实就在法国，就是离他们不远的干邑（Cognac）。但由于产量小，不如干邑白兰地受欢迎。为保证这两种白兰地的品质，自 1935 年 7 月起，法国制定法律，对葡萄的产地、品种及制作方法做出严格规定。它们都是法国及欧洲最早的原产地命名产品之一。

3. 法国白兰地（Franch Brandy）

除干邑和雅文邑以外的任何法国葡萄蒸馏酒都统称为白兰地。这些白兰地酒在生产、酿藏过程中政府没有太多的硬性规定，一般不需经过太长时间的酿藏，即可上市销售，其品牌种类较多，价格也比较低廉，质量不错，外包装也非常讲究，在世界市场上很有竞争力。

4. 水果白兰地

它通常是通过蒸馏葡萄以外的水果或发酵的水果泥来制作的。不要把这些和注入水果的白兰地酒混淆，白兰地酒通常是带有水果味道的葡萄白兰地。这些白兰地实际上是从各种水果中提取出来的，如覆盆子（framboise）和樱桃（kirsch）。其中一些在甜点和消化方面非常有效。在德国南部，一些甜酒是用桃子、梨和苹果等水果制成的。

5. 葡萄渣白兰地

酒渣也能经过蒸馏产生白兰地，被称为葡萄渣白兰地，同样也在橡木桶中陈酿许多年。在勃艮第、阿尔萨斯赫隆河谷地，都可以找到非常不错的葡萄渣白兰地。

6. 其他国家出产的白兰地

其他国家也有十分优秀的白兰地，如美国白兰地（American brandy），以加利福尼亚州的白兰地为代表。西班牙白兰地（Spanish brandy），主要被用来作为生产杜松子酒和香甜酒的原料。意大利白兰地（Italian Brandy），是生产和消费大量白兰地的国家之一，同时也是出口白兰地最多的国家之一。德国白兰地（German Brandy），莱茵河地区是德国白兰地的生产中心。还有葡萄牙的康梅达（Comeda）、希腊的梅塔莎（Metasha）、亚美尼亚的诺亚克（Noyac）、加拿大的安大略（Ontario）等国家的白兰地，以及我国在 1915 年巴拿马万国博览会上获得金奖的张裕金奖白兰地，也是比较好的白兰地品牌之一。

（3）意大利白兰地（Italian Brandy）

意大利是生产和消费大量白兰地的国家之一，同时也是出口白兰地最多的国家之一。名品有：布顿（Buton）、斯托克（Stock）、维基亚·罗马尼亚（Vecchia Romagna）等。

（4）德国白兰地（German Brandy）

莱茵河地区是德国白兰地的生产中心，其著名的品牌有：阿斯巴赫（Asbach）、葛罗特（Goethe）和贾克比（Jacobi）等。

除以上生产白兰地的国家外，还有葡萄牙的康梅达（Cumeada）、希腊的梅塔莎（Metaxa）、亚美尼亚的诺亚克（Noyac）、加拿大的安大略小木桶（Ontario）、基尔德（Guild）等国家生产质量较好的白兰地，以及我国在1915年巴拿马万国博览会上获得金奖的张裕金奖白兰地也是比较好的白兰地品牌之一。

（四）法国白兰地的等级划分

法国政府为了确保干邑白兰地的品质，对白兰地，特别是干邑地区产的白兰地的等级有着严格的规定。该规定是以干邑白兰地原酒的酿藏年数来设定标准，并以此为干邑白兰地划分等级的依据。具体如下：

1. 三星白兰地（Very Superior，V.S.）

V.S.又叫三星白兰地，属于普通型白兰地。法国政府规定，干邑地区生产的最年轻的白兰地只需要18个月的酒龄。但厂商为保证酒的质量，规定在橡木桶中必须储藏两年半以上。

2. V.S.O.P.（Very Superior Old Pale）

属于中档干邑白兰地，享有这种标志的干邑至少需要储藏4年半。然而，许多酿造厂商在装瓶勾兑时，为提高酒的品质，适当加入了一定量的10~15年的陈酿干邑白兰地原酒。

3. 精品干邑（Luxury Cognac）

法国干邑地区多数大作坊的生产质量卓越的白兰地，被称为精品干邑。这些名品有其特别的名称，如：人头马V.S.O.P.、拿破仑X.O.、马爹利蓝带干邑白兰地，等等。依据法国政府规定，此类干邑白兰地原酒在橡木桶中必须储藏6年半以上，才能装瓶销售。

法国白兰地的标签如表3-3所示：

表3-3 法国白兰地的标签

序号	标识	表示意义
1	★	3年陈，储藏期不少于2年
2	★★	4年陈
3	★★★	5年陈
4	V.O.	多年陈酿
5	V.S.O.D.	精制多年深色陈酿
6	V.S.O.P	精制多年浅色陈酿，一般至少储藏4.5年

表3-3(续)

序号	标识	表示意义
7	F.O.V	30~50年陈
8	X.O.	未知龄
9	E	excellent，优良
10	O	old，老陈
11	P	pale，浅色、清澈的，指未加焦糖色
12	S	superior，优越的，或 soft 即柔顺的
13	V	very，很好
14	X	extra，格外的、特高档的
15	C	cognac，干邑
16	F	fine，好的、精美的

注：这些标记的含义并不是很严格，不仅所代表的酒龄没有严格的确定，相同的标记在不同的地区和厂家所代表的确切意义也不尽相同。

（五）白兰地的品鉴

1. 观色

刚蒸馏出来的原白兰地是无色的，存入橡木桶后，吸收了橡木桶的成分，酒液逐渐上色。好的白兰地呈晶莹剔透的金黄色，随着桶藏时间的增加，颜色也会加深，呈琥珀色或更深。

轻轻摇晃酒杯，观察酒液沿玻璃壁流动的形状和滑动速度，优质的白兰地略浓，滑行速度较慢。

但是，颜色不是鉴别白兰地陈酿时间的唯一标准，也不能仅通过颜色的深浅去判定一款白兰地的好坏，因为白兰地的颜色与储存时用的橡木桶以及调配时加的焦糖色有很大关系。

2. 闻香

白兰地的香气十分丰富，不同等级、不同品牌的白兰地，也会有不同的香气。比如，可雅桶藏15年XO白兰地，它就拥有400多种香气，被称为男人的香水。

白兰地的芳香成分是非常复杂的，既有优雅的葡萄品种香，又有浓郁的橡木香，还有在蒸馏过程和贮藏过程中获得的酯香和陈酿香。所以在品鉴白兰地的时候，我们一般会闻一闻它的香气，感受它的馥郁芳香。

3. 品味

品鉴白兰地的时候，先喝一点点，从舌尖，舌边到舌根，感受不同味蕾的味道，同时也会知道自己对白兰地的接受程度，让我们的感官习惯白兰地的味道。然后，就可以大口喝，品味白兰地特有的醇厚甘柔了。

好的白兰地，入口后可以感受到它的酒香、滋味和特性：协调、醇和、甘洌、沁润、细腻、丰满、绵延、纯正。喝完后，余味悠长。

二、威士忌（Whisky/Whiskey）

（一）威士忌的定义

威士忌其名源自英文"Whiskey"的音译，是用大麦、黑麦、玉米等谷物为原料，麦芽作糖化剂，经糖化、发酵、蒸馏，最后在橡木桶中进行陈酿老熟，酒精含量在 40%～43%vol 的酒精饮料。

（二）威士忌的特点

威士忌属于蒸馏酒的一种，也是全球最烈的酒之一，经过多道蒸馏程序和发酵工艺酿造而成，具有口感醇厚和后味悠长的特点。英国人称之为"生命之水"。威士忌经过发酵之后需要放到橡木桶中进行陈酿，经过陈酿之后的威士忌，除了散发浓郁的农作物香气之外，还夹杂着淡淡的橡木清香，比较适合大部分男性饮用。

苏格兰生产的威士忌是世界上最好的威士忌之一，其产品有独特的风格，色泽棕黄带红，清澈透明，气味焦香，带有一定的烟熏味，具有浓厚的苏格兰乡土气息。苏格兰威士忌具有口感干冽、醇厚、圆润、劲足、绵柔的特点。

（三）威士忌的分类

1. 普通分类

威士忌的分类主要以原料、贮存时间、酒精度数、国家产地进行区分。

（1）根据原料的不同，威士忌可分为纯麦威士忌酒和谷物威士忌，以及黑麦威士忌等。

（2）按照威士忌在橡木桶的贮存时间，它可分为数年到数十年等不同年限的品种，所有的苏格兰威士忌有一个要求，需要在橡木桶中陈酿时间不少于 3 年。

（3）根据酒精度，威士忌酒可分为 40～60 度等不同酒精度的威士忌酒。

2. 各国工艺分类

其代表性的威士忌分类方法是依照生产地和国家的不同可将威士忌分为苏格兰威士忌、爱尔兰威士忌、美国威士忌和加拿大威士忌四大类和日本威士忌、其他国家威士忌等。

（1）苏格兰威士忌（Scotch whisky）

苏格兰威士忌在使用的原料、蒸馏和陈年方式上各不相同，可以分为四类：单麦芽威士忌（SingleMalt）、纯麦芽威士忌（Pure Malt）、调和性威士忌（Blend）、谷物威士忌（GrainWhisky）。

苏格兰威士忌起码要在苏格兰贮存 3 年以上，15～20 年为最优质的成品酒，超过 20 年的质量会下降。

（2）美国威士忌（American Whisky）

美国威士忌分类的主要方法有：

按照基本生产工艺划分可分为纯威士忌、混合威士忌、清淡威士忌；

按照使用的谷物划分可分为波本威士忌、黑麦威士忌、玉米威士忌、小麦威士忌、麦芽威士忌；

按照发酵的过程划分可分为酸麦威士忌、甜麦威士忌；

按照过滤的过程划分可分为田纳西威士忌；

按照国家监管体系划分可分为保税威士忌；

按照个性特点划分可分为单桶威士忌、小批量波本威士忌、年份威士忌。

装瓶时加入一定数量蒸馏水加发稀释，美国威士忌没有苏格兰威士忌那样浓烈煌烟味，但具有独特的橡树芳香。

（3）爱尔兰威士忌（Irish Whiskey）

爱尔兰威士忌的种类可以分为四类：壶式蒸馏威士忌（WhiskeyPotstill）、谷物威士忌（GrainWhiskey）、单麦芽威士忌（WhiskeySingleMalt）、混合威士忌（Blended Whiskey）。

其特点是柔和，好像在口中燃烧。原产于爱尔兰，用小麦、大麦、黑麦等的麦芽作原料酿造而成，再经过三次蒸馏，然后入桶陈酿，一般需 8~15 年。

（4）加拿大威士忌（Canadian Whisky）

加拿大威士忌主要由黑麦、玉米和大麦混合酿制，采用二次蒸馏，在木桶中贮存 4 年、6 年、7 年、10 年时间不等。出售前要进行勾兑掺和。加拿大威士忌气味清爽，口感轻快、爽适、不少北美人士都喜爱这种酒。

（四）威士忌的品鉴

1. 观色

酒的颜色体现出酒款的风格。通常说来，明亮的黄色和金色意味着清爽、更多花蜜和谷物类香气；深色则意味着你会闻到烘焙味道，比如焦糖、太妃糖、辛香料、烟熏或者核桃的味道。

威士忌的
品鉴技巧微课

2. 闻香

将酒杯凑近鼻子，轻嗅之后，自己决定是否晃动酒杯，让酒香溢出。但不要剧烈摇杯，这样很容易让酒精味散开。反复闻几次后，便能感受到一杯威士忌的特别风味。注意鼻子勿伸进酒杯，保持换气，以免刺鼻的酒精味麻痹嗅觉细胞。

威士忌的香气种类丰富，有谷物香、玉米香、酵母发酵带来的饼干味，泥煤的咸味甚至消毒药水味；还有在陈酿过程中获得的花香、草药香，核果类、柑橘类香气，橡木桶提供的焦糖、香草、烟熏类香气等。不同原材料、工艺和风格的威士忌，香气差异千差万别。

3. 品味

在威士忌里兑入蒸馏水能稀释酒液，缓解威士忌灼热的口感，但同时也冲淡了很多迷人的滋味，降低了品尝的乐趣。品尝威士忌时，可小啜一口，让酒液足够滑过舌头而不至于浸没味蕾，让酒香在口中散发开来。让酒液在口腔里来回流动 3~5 秒，当咽下这口威士忌时，感受威士忌的余味和悠长且复杂的回味。

三、伏特加（Vodka）

（一）伏特加的定义

伏特加源于俄文的"生命之水"一词，当中"水"的发音"Voda"。约从 14 世纪开始，伏特加成为俄罗斯传统饮用的蒸馏酒。但在波兰，也有更早便饮用伏特加的记录。

伏特加酒以谷物或马铃薯为原料，经过蒸馏制成高达 95° 的酒精，再用蒸馏水淡化至 40~60°，并经过活性炭过滤，使酒质更加晶莹澄澈，无色且清淡爽口。

（二）伏特加的特点

伏特加无色无味，使人感到不甜、不苦、不涩，只有烈焰般的刺激，其口味烈，劲大刺鼻，这形成了伏特加独具一格的特色。伏特加所含杂质极少，口感纯净，并且可以以任何浓度与其他饮料混合饮用，所以经常用于做鸡尾酒的基酒。因此，在各种调制鸡尾酒的基酒之中，伏特加酒是最具有灵活性、适应性和变通性的一种酒。

（三）伏特加的分类

1. 俄罗斯伏特加

俄罗斯伏特加最初用大麦为原料，以后逐渐改用含淀粉的马铃薯和玉米，制造酒醪和蒸馏原酒并无特殊之处，只是过滤时将精馏而得的原酒，注入白桦活性炭过滤槽中，经缓慢的过滤程序，使精馏液与活性炭分子充分接触而净化，将所有原酒中所含的油类、酸类、醛类、酯类及其他微量元素除去，便得到非常纯净的伏特加。俄罗斯伏特加酒液透明，除酒香外，几乎没有其他香味，劲大冲鼻，火一般地刺激。

2. 波兰伏特加

波兰伏特加的酿造工艺与俄罗斯相似，区别只是波兰人在酿造过程中，加入了草卉、植物果实等调香原料，所以波兰伏特加比俄罗斯伏特加酒体丰富，更富韵味。

3. 其他国家的伏特加

俄罗斯是生产伏特加酒的主要国家，但德国、芬兰、波兰、美国、日本等国也都能酿制优质的伏特加酒。特别是在第二次世界大战开始时，俄罗斯制造伏特加酒的技术传到了美国，使美国也一跃成为生产伏特加酒的大国之一。

（四）伏特加的品鉴

1. 观色

伏特加是经过多次蒸馏提纯的透明液体，无色透明，晶莹剔透。经过冰镇后的液体具有一定黏性，口感也会更纯净。但不是所有伏特加都是无色透明的，市面上也生产一些加味伏特加：一种向伏特加中加入各种颜色、各种风味的水果、香草或者香料制成的伏特加产品。

2. 闻香

好的伏特加酒的味道会很软腻、顺滑。它闻起来有谷物的味道，冻起来后，质地会变硬。品质差的伏特加是涩的、苦的、水汪汪的，闻起来像药。如果伏特加喝起来感觉在燃烧你的味觉，它可能不是好品质的伏特加。

3. 品味

浅抿一口，感受它的质感。有品质的伏特加将是平滑而不灼口的感觉。然后把酒全部都咽下去来体会它特有的感觉。高品质的伏特加会有一定的品质特色，这种品质与它蒸馏和过滤过程中所用的原料与口感不一样。

四、朗姆酒（Rum）

（一）朗姆酒的定义

朗姆酒，是以甘蔗糖蜜为原料生产的一种蒸馏酒，是用甘蔗压出来的糖汁，经过发酵、蒸馏而成。朗姆酒也称为糖酒、兰姆酒、蓝姆酒。

朗姆酒原产地在古巴，其名称源于西印度群岛词汇 Rumbullion，词首 Rum 有"大声喧哗，极度嚣张"之意。而在加勒比海地区，朗姆酒有"海盗之酒"的绰号，因而"Rum"恰如其分地表达了朗姆酒的特点，它代表了冒险和富有激情的浪漫。

（二）朗姆酒的特点

朗姆酒是否陈年并不重要，主要看其原产地。它分为清淡型和浓烈型两种风格。

清淡型朗姆酒是用甘蔗糖蜜、甘蔗汁加酵母进行发酵后蒸馏，在木桶中储存多年，再勾兑配制而成。酒液呈浅黄到金黄色，酒度为45~50度。清淡型朗姆酒主要产自波多黎各和古巴，它们有很多类型并具有代表性。

浓烈型朗姆酒是由搀入榨糖残渣的糖蜜在天然酵母菌的作用下缓慢发酵制成的。酿成的酒在蒸馏器中进行2次蒸馏，生成无色的透明液体，然后在橡木桶中熟化5年以上。其酒液呈金黄色，酒香和糖蜜香浓郁，味辛而醇厚，酒精含量45~50度。浓烈型朗姆酒以牙买加的为代表。

（二）朗姆酒的分类

一般情况下朗姆酒按颜色可以分为三类，银朗姆、金朗姆和黑朗姆。

1. 银朗姆（Silver Rum）

银朗姆又称白朗姆，是指蒸馏后的酒需经活性炭过滤后入桶陈酿一年以上。该酒酒味较干，香味不浓。

2. 金朗姆（Gold Rum）

金朗姆又称琥珀朗姆，是指蒸馏后的酒需存入内侧灼焦的旧橡木桶中至少陈酿三年。该酒酒色较深，酒味略甜，香味较浓。

3. 黑朗姆（Dark Rum）

黑朗姆又称红朗姆，是指在生产过程中需加入一定的香料汁液或焦糖调色剂的朗姆酒。该酒酒色较浓（深褐色或棕红色），酒味芳醇。

（四）朗姆酒的品鉴

1. 观色

朗姆酒酒色十分独特，无色透明的朗姆酒称为白朗姆，黄色为金朗姆，褐色为黑朗姆。

2. 闻香

英国以糖蜜酿造为主，分为淡香、中浓和浓香三种类型。淡香无色透明，中浓和浓香为金色和褐色两个种类。

浓香具有独特的柔和芳香，随着酿制年份的增加酒质也会更加醇厚浓郁，以牙买加和圭亚那为主要产地；淡香是一种清爽易饮的类型，最为著名的是古巴的百加得朗姆酒；中浓介于浓香和淡香之间。

3. 品味

好的朗姆酒具有细致、甜润的口感，芬芳馥郁的酒精香味。有分酒体轻盈，酒味干的；酒体丰厚、酒味浓烈的和酒体轻盈，酒味芳香的。

五、金酒（Gin）

（一）金酒的定义

金酒，又名杜松子酒或琴酒，最先由荷兰生产，在英国大量生产后闻名于世，是世界第一大类的烈酒。金酒是以大麦芽与稞麦等为主要原料，配以杜松子莓为调香材料，经过发酵、蒸馏、陈酿、勾兑、装瓶而成的一种酒。

（二）金酒的特点

金酒酒液无色透明，气味奇异清香，口感醇美爽适，既可单饮，也可与其他酒混合配制或作鸡尾酒的基酒，故有人称金酒为鸡尾酒的心脏。金酒不用陈酿，但也有的厂家将原酒放到橡木桶中陈酿，从而使酒液略带金黄色。金酒的酒度一般为 35~55 度，酒度越高，其质量就越好。比较著名的有英国金酒、荷兰金酒和美国金酒。

（三）金酒的分类

金酒的独特香味因各生产商的配方而异。其品牌甚多，按口味风格可分类如下：

（1）辣味金酒（干金酒）：质地较淡、清凉爽口，略带辣味。

（2）老汤姆金酒（加甜金酒）：在辣味金酒中加入 2% 的糖，使其带有怡人的甜辣味。

（3）荷兰金酒：除了具有浓烈的杜松子气味外，还具有麦芽的芬芳。

（4）果味金酒：在干金酒中加入了成熟的水果和香料，如柑橘金酒，柠檬金酒、姜汁金酒等。

（四）金酒的品鉴

1. 观色

金酒基本是清澈无色的，但也有例外。比如，一些陈年金酒或风味金酒。

2. 闻香

把杯子摇晃几下，感受一下是否有地道的杜松子芳香。品质好的金酒，不论它的其他香料是什么，都可以感受到杜松子的存在。品质好的金酒虽然酒精含量较高，但是它仍然非常柔和；而且干爽之后的第二次芳香感非常美妙。优质金酒带给你一种自然的和谐气息，低端的金酒则有比较强烈的合成香水味道。

3. 品味

浅浅地喝一口金酒，让其在口腔中滚动后再咽下去。首先，感受一下酒精在味蕾上的温暖感觉，在味蕾被充满后，留意感受一下药本香料植物的存在；然后继续让金酒沾满味蕾，用鼻子深深地呼吸。优质金酒的感觉应该是顺滑、柔和的。最后把金酒咽下去，细细感受它的回味。

六、龙舌兰酒（Tequila）

（一）龙舌兰酒的定义

龙舌兰酒是以龙舌兰的植物鳞茎为原料，经过蒸煮、挤压，发酵、蒸馏、活性炭过滤而成的一种高浓度的蒸馏酒。

特基拉酒是龙舌兰酒的一种。正如香槟地区生产的气泡酒才叫作香槟，非指定产区酿制的酒就不能称为特基拉酒，只能叫作麦斯卡尔酒（Mezcal）。墨西哥人甚至把这一点写到法律里，让法律来保护它。Tequila 这个名称，除了表明产地之外，它还是品质的象征。特基拉酒可以细分为很多不一样的品种。其中最优质的是蓝色龙舌兰，以此为原料酿成的酒，才配得上 Tequila 这个名字。龙舌兰酒是墨西哥的国酒，被称为墨西哥的灵魂。

（二）龙舌兰酒的特点

龙舌兰酒度数较高，带有辛辣的草本植物味道，口感强劲，喉咙有焦灼感，味道凉中带苦，香气很独特。不同类型的龙舌兰口感也会略有不同。白龙舌兰通常是一种经短暂陈酿或未经陈酿，在蒸馏完成后就直接装瓶的酒，其口感通常会带有胡椒、蜂蜜和甜香料的风味。而微陈龙舌兰则带有肉桂、蜂蜜、香草和烟熏的风味。陈年龙舌兰则质地更光滑、更复杂，带有甜味、巧克力、干果和烟熏橡木的味道。龙舌兰既可纯饮，也可用来当作基酒调制各种鸡尾酒，常见的鸡尾酒有特基拉日出、斗牛士、霜冻玛格丽特等。

（三）龙舌兰酒的分类

龙舌兰酒的分类相对比较简单，只是依照颜色不同而划分为金色龙舌兰酒和银色龙舌兰酒，但对于品质和名气都非比寻常的特基拉酒来说，其等级划分就要复杂得多了。

按照墨西哥官方的规定，特基拉酒通常可分为：

1. 银色龙舌兰（Blanco 或 Plata）

"Blanco"是西班牙语"白色"的意思，而"Plata"则是"银色"的意思。这种品级的酒是没有经过陈年处理的透明新酒，口感比较辛辣，带有明显的不够成熟的植物气味。

2. 金色龙舌兰（Jovenabocado）

"Jovenabocado" 是西班牙语"年轻而爽口"的意思，也叫作"Oro"（金色的）。金色龙舌兰的颜色并不是经过陈年后得到的，而是通过调色制成的。

3. 香醇龙舌兰（Reposado）

"Reposado" 是西班牙语"休息过的"的意思，这种酒的陈年期不超过一年，口味较之前两种要醇厚很多，酒色也是经橡木桶着色自然生成的，是目前世界上销售最广泛的特基拉酒。

4. 陈酿龙舌兰（Anejo）

Anejo 是西班牙语"陈年的"意思，是指在橡木桶陈化超过一年以上的酒。这种品级的酒政府管理更加严格，必须是在容量不超过 350 升的橡木桶贮存，装桶后由政府监管人员亲自贴上封条，以最大限度地保证其质量。对于特基拉酒来说，陈化期超过四五年已属罕见，因为长时间的陈化会造成酒液大量挥发，而极少的经过 8 年乃至 10 年陈化保存下来的酒则被视为酒中极品。

（四）龙舌兰酒的品鉴

1. 观色

龙舌兰酒的颜色有白色（透明）和金色，区别在于是否经过陈酿过程，金色龙舌兰酒是经过橡木桶陈酿一年以上，颜色慢慢变深；白色龙舌兰酒则是没有经过陈酿，或者时间少于 2 个月，颜色不变。龙舌兰酒的颜色可以通过酒液的清澈度、透明度来辨别，或是通过色泽（如暗黄色、金黄色、金褐色）进行辨别。不同的色泽透露出来一个信息，就是要么这瓶龙舌兰酒是陈酿的，要么是加入了少量的焦油。

2. 闻香

举起酒杯，在你的鼻子下轻轻摇晃几下，轻闻其芳香。一般越是清淡、精致的龙舌兰酒，它的龙舌兰芳香就越淡。如果闻到泥土、橡木等香气，那么酒的香气就越复杂。酒香可以分为轻微、适中、厚重三种。慢慢品尝，可体会到香气的复杂感。

3. 品味

当你喝下一口龙舌兰酒时，看看它是否也在味蕾上让你经历了鼻子所感受到的气息。如果你的鼻感强烈，那么这瓶龙舌兰酒肯定也让你的味觉感受颇多，回味也更悠长、复杂。品酒即将结束时，你也可以感受到酒的回味了。在这时你可以留意一下它的回味是否持久，几秒或几分钟过后是否还留有某种特殊的气息。

七、中国白酒

（一）中国白酒的定义

中国白酒历史悠久，品种繁多，与白兰地、威士忌、伏特加、朗姆酒、金酒、龙舌兰酒齐名，被称为世界七大蒸馏酒之一。由于其工艺独特，酒质别具一格，因而在世界酒海中久负盛誉。

中国白酒是以淀粉含量高的谷物、薯类为原料，在酿酒工艺中加入一定的稻壳、谷壳等辅料，通过酒母或酒曲发酵，经由蒸馏、陈酿等工艺生产而成的酒水。因酒水无色，故被称为"白酒"，酒度为38°~60°。各种白酒的制曲方法不同，发酵、蒸馏的次数不同和勾兑技术不同，从而形成了不同风格的中国白酒。在谈到中国白酒的时候，常常习惯将其按照地域来进行划分，人们对白酒的品牌和文化认知也常常带有强烈的地域属性。

（二）中国白酒的特点

中国白酒在工艺上比世界各国的蒸馏酒都复杂得多，原料各种各样，酒的特点也各有风格，酒名也五花八门。

中国白酒与世界其他国家的白酒相比，具有特殊的不可比拟的风味。酒色洁白晶莹、无色透明；香气宜人，五种香型的酒各有特色，香气馥郁、纯净、溢香好，余香不尽；口味醇厚柔绵，甘润清冽，酒体谐调，回味悠久，那爽口尾净、变化无穷的优美味道，给人以极大的欢愉和幸福之感。

中国白酒的酒度早期很高，有67°、65°、62°之高。度数这样高的酒在世界其他国家是罕见的。后来国家提出降低白酒度数，有不少较大的酒厂，已试制成功了39°、38°等低度白酒。低度白酒出现市场初期，大多数消费者不太习惯，饮用起来总觉着不够味，"劲头小"。20世纪90年代初，城市消费者已经开始习惯低度白酒，其在宴席上逐渐成为一个较好的品种了。

（三）中国白酒的分类

1. 按照原料分类

白酒使用的原料主要为高粱、小麦、大米、玉米等，所以白酒又常按照酿酒所使用的原料来冠名，其中以高粱为原料的白酒是最多的。

2. 按照使用酒曲分类

（1）大曲酒：是以大曲做糖化发酵剂生产出来的酒，主要的原料有：大麦、小麦和一定数量的豌豆，大曲又分为中温曲、高温曲和超高温曲。一般是固态发酵，大曲酒所酿的酒质量较好，多数名优酒均以大曲酿成，如泸州老窖、老酒坊、紫砂大曲等。

（2）小曲酒：是以小曲做糖化发酵剂生产出来的酒，主要的原料有为稻米，多采用半固态发酵，南方的白酒多是小曲酒。

（3）麸曲酒：是以麦麸做培养基接种的纯种曲霉做糖化剂，用纯种酵母为发酵剂生产出的酒，以发酵时间短、生产成本低为多数酒厂所采用，此类酒的产量也是最大的。

3. 按照发酵方法分类

（1）固态法白酒：在配料、蒸粮、糖化、发酵、蒸酒等生产过程中都采用固体状态流转而酿制的白酒，发酵容器主要采用地缸、窖池、大木桶等设备，多采用甑桶蒸馏。固态法白酒酒质较好、香气浓郁、口感柔和、绵甜爽净、余味悠长，国内名酒绝大多数是固态发酵白酒。

（2）液态法白酒：以液态法发酵蒸馏而得的食用酒精为酒基，再经串香、勾兑而成的白酒，发酵成熟醅中含水量较大，发酵蒸馏均在液体状态下进行。

4. 按照香型分类

（1）浓香型白酒：也称为泸香型、窖香型、五粮液香型，属大曲酒类。其特点可用六个字、五句话来概括：六个字是香、醇、浓、绵、甜、净；五句话是窖香浓郁，清洌甘爽，绵柔醇厚，香味协调，尾净余长。以粮谷为原料，经固态发酵、贮存、勾兑而成，典型代表有泸州老窖、老酒坊、紫砂大曲等。

（2）酱香型白酒：也称为茅香型，酱香突出、幽雅细致、酒体醇厚、清澈透明、色泽微黄、回味悠长。

（3）米香型白酒：也称为蜜香型，以大米为原料小曲作糖化发酵剂，经半固态发酵酿成。其主要特征是：蜜香清雅、入口柔绵、落口爽冽、回味怡畅。

（4）清香型白酒：也称为汾香型，以高粱为原料清蒸清烧、地缸发酵，具有以乙酸乙酯为主体的复合香气，清香纯正、自然谐调、醇甜柔和、绵甜净爽。

（5）兼香型白酒：以谷物为主要原料，经发酵、贮存、勾兑而酿制成，酱浓谐调、细腻丰满、回味爽净、幽雅舒适、余味悠长。

（四）中国白酒的品鉴

1. 斟酒

将白酒慢慢倒到酒杯 1/3 处，观察斟酒时的酒线。好酒追求酒线绵长，酒花均匀且消散缓慢。

2. 观色

倒好酒后掂起酒杯杯脚，慢慢摇晃酒液，观察其颜色。好酒追求色泽微黄透明，没有悬浮物和沉淀。同时观察酒体的挂壁情况，好酒酒体应是绵密且不易消散。

3. 闻香

将酒杯放到鼻子下 1~3 厘米的地方，闻酒香。好酒追求酱香味在焦香、糊香组成的复合香气中突出。反复嗅闻 3~5 次会更加准确。

4. 品味

酒液入口 1~2 毫升，用舌尖感受甜味，舌的两侧感受酸味，舌根感受苦味。让酒香充盈整个口腔。好酒咽下时，应是顺滑、香气浓郁，并能从鼻腔中溢出。

5. 空酒杯

酒杯中的酒喝完后，静置 10~15 分钟。优质的酱酒依然能够在这个时候酱香突出，沁人心脾，甚至隔夜依然能够在杯中闻到酒香，有"空杯更比满杯香的说法"。

知识拓展

蒸馏酒的生产工艺

蒸馏酒的生产工艺主要可分为以下四个步骤：发酵→蒸馏→陈化→勾兑。

1. 发酵

发酵是酿酒过程中最重要的一步，其关键在于将酿酒原料中的淀粉糖化、继而酒化的过程。

2. 蒸馏

蒸馏是利用了酒精的汽化温度为78.3℃的物理特性，将发酵后的原液加热，获得酒精气体后，将之冷却为液体酒精的方法，可以将原汁酒的酒精含量一次性提高3倍。

3. 陈化

陈化对最终酒品的形成非常关键。通常将酒液存储在木桶或窖池中静置一段时间，以促进酒液的成熟，从而得到有着更完美香气和品质的酒液。但是有少数酒不需要陈化，如金酒、伏特加等。

4. 勾兑

勾兑是将不同酒龄、不同品种特点的酒在装瓶前去除杂质、协调香味、平衡酒体，让其保持特有风格的一项专业技术。酒的最终风格的形成有赖于此项工艺。

第四节　配制酒

配制酒又称为浸制酒、再制酒，是以发酵酒、蒸馏酒或食用酒精为基酒，配以其他原料（香草、香料、果实、药材等），经勾兑、浸制、混合等特定的工艺手法调制成的酒。酒度一般在 22 度左右，不超过 40 度。

在过去的几个世纪中，配制酒在民间被当作药剂来使用。配制酒的品种繁多，风格各有不同，划分类别比较困难，较流行的分类法是将配制酒分为四大类：开胃类配置酒、佐甜食类配置酒、餐后用配制酒、中国配制酒。

一、开胃类配置酒（aperitif）

（一）开胃类配置酒的定义

开胃类配置酒也称餐前酒，是为了增加食欲而在餐前饮用的酒。

随着饮酒习惯的演变，开胃类配置酒逐渐被专指为以葡萄酒和某些蒸馏酒为主要原料的配制酒。

（二）开胃类配置酒的特点和分类

开胃类配置酒主要有三种类型味美思（vermouth）、比特酒（bitter）、茴香酒（anise）。

1. 味美思

"vermouth" 可能是从古德语 "wermut" 演变过来的，指一种叫苦艾的植物。味美思是以葡萄酒为酒基，加入植物、药材等物质浸制而成，酒度在 18 度左右。它的香味来自多种香料：一些草本植物、根须植物、种子、花卉、皮果等。例如，苦艾草、大茴香、苦橘皮、菊花、小豆蔻、肉桂、白术、白菊、花椒根、大黄、龙胆、香草等，经过搅拌、浸泡、冷却、澄清后装瓶。最好的味美思来自法国和意大利。

从颜色上分类，味美思可以分为白味美思和红味美思。白味美思含糖比例为 10%～

15%，色泽金黄。红味美思需加入焦糖调色，其含糖比例为15%，色泽为琥珀黄色。

从含糖比例来看，味美思有特干、干、甜三种类型。

常用的味美思品牌有意大利的仙山露（Cinzano）、马天尼（Martini），法国的诺瓦丽（Noilly）三大品牌。

2. 比特酒

比特酒由古药酒演变而来，用葡萄酒或某些蒸馏酒作为基酒，加入植物根茎和药材配制而成。酒精度为16~45°。味道苦涩、药香气浓、助消化，具药用滋补及兴奋功效。法国产的比特酒最为著名。

比特酒可以分为清香型和浓香型两类。常用的品牌有产自南美洲的安哥斯杜拉（Angostura），产自意大利的金巴利（Campari）、西娜尔（Cynar），产自法国的杜本内（Dobonnet）、苏滋（Suze）、亚玛·匹康（Amer Picon）。

3. 茴香酒

茴香酒是从茴香中提取茴香油，与食用酒精或蒸馏酒配制而成的酒。其特点光泽度好，茴香馥郁，味重刺激，酒度在25°左右，有无色与染色之分。法国产的茴香酒较为著名。

常用品牌有法国产的"理察"（Ricard）、"培诺"（Pernol），西班牙产的"奥作"（Ouzo）、意大利产的"亚美利加诺"（Americano）。

二、佐甜食类配置酒（dessert wine）

（一）佐甜食类配置酒的定义

佐甜食类配置酒可以简称为甜食酒，又称餐后甜酒，是佐助西餐的最后一道食物——餐后甜点时饮用的酒品。佐甜食类配置酒通常以葡萄酒作为酒基，加入食用酒精或白兰地以增加酒精含量，故又称为强化葡萄酒，口味较甜。

（二）佐甜食类配置酒的特点和分类

甜食酒常见的有波特酒、雪莉酒、玛德拉酒和马萨拉酒等。

1. 波特酒（Port）

波特酒是典型的甜葡萄酒，酒味浓郁芬芳，酒香和果香协调，在世界上享有很高的声誉，是葡萄牙的国酒。酿造波特酒时，在发酵过程中加入了高酒精度的白兰地，因而在保证高糖度的同时，酒度提升到了15~20°。波特酒也以陈化时间长为佳，通常在商标纸上标有陈化年份。较有名的牌子有：道斯（Dow's）、泰勒（Taylor's）、西法（Silva）、方斯卡（Fonseca 或译作"方瑟卡"）、桑德曼（Sandeman）。

2. 雪莉酒（Sherry）

雪莉酒产于西班牙加的斯省，是西班牙的国酒。雪莉酒是该酒的英文名称，这类酒在西班牙被称呼为加的斯（Jerez）。一般情况下雪莉酒可以分为干型的菲诺类（Fino）雪莉酒和芳香型的奥鲁罗索类（Oloroso）雪莉酒。菲诺类雪莉酒可以搭配小吃和汤。奥鲁罗索类雪莉酒是最好的餐后甜酒。名品有潘马丁（Pemartin）、布里斯托（Bristol）等。菲诺类雪莉酒可以在喝汤时饮用，也可以当作开胃酒，奥鲁罗索类雪莉酒是最好的餐后甜酒。雪莉酒在饮用前一般需要冰镇。

3. 玛德拉酒（Madeira）

玛德拉酒，出产于大西洋上西班牙属地玛德拉岛。玛德拉葡萄酒多为棕黄色，酒精度为 16~18 度，属于干型白葡萄酒。玛德拉酒有舍赛尔（Sercial）、韦尔德罗（Verdelho）、布阿尔（Bual）和玛尔姆赛（Malmsey）四类。前两类多用作开胃酒和佐餐，后两类是很好的甜食酒。著名品牌有甘霖（Rain Water）、南部（South Side）、法兰加（Franca）等。

三、餐后配置酒（liqueur）

餐后配置酒主要是指利口酒。

（一）利口酒的起源与特点

利口酒由英文 liqueur 译音而得名，又译为"力娇酒"。目前市场上，liqueur 一般指的是欧洲国家出产的利口酒，而美国产的利口酒则被称为 cordial。利口酒含糖量高，相对密度大，色彩艳丽丰富，气味芬芳，一般用作给鸡尾酒调色增香，或用来制作冰激凌、布丁等甜点，可以在餐后饮用利口酒通常是以蒸馏酒为基酒，加入果汁、调香物品或香料植物，经过蒸馏、浸泡、熬煮等过程，再经过甜化处理而制成。

（二）利口酒的分类

按照制作利口酒的原材料类型可以分为水果利口酒、草本利口酒、种子利口酒、乳脂类利口酒四大类。

（1）水果类利口酒：以水果的果实或果皮为原料制成的利口酒，代表性酒水有柑香酒、君度、椰子利口酒等。

（2）种子类利口酒：以种子果实制成的利口酒，代表酒水有茴香利口酒、咖啡利口酒、榛子利口酒等。

（3）草本类利口酒：以花、草为原料制成的利口酒，如杜林标酒、修道院酒、修士酒等。

（4）乳脂类利口酒：以各种香料和乳脂调配而成的利口酒，如爱尔兰雾酒、百利甜奶油酒、鸡蛋利口酒等。

鸡尾酒调制常用利口酒有柑香酒、杜林标酒、波士樱桃白兰地、波士蓝橙酒、波士薄荷酒、马利宝椰子酒等。

四、中国配制酒

（一）中国配制酒的定义

中国的配制酒最早用于医疗药用，与其他国家的配制酒相比风格迥异。配制酒的酒基为白酒或黄酒。在酒基中加入中医药材，尤其是动物性材料，如虎骨、鹿茸、海螵鞘等动物性原料，制成滋补性、疗效性配制酒，具有较高的医疗价值。

（二）中国配制酒的特点和分类

依据所用的香料和药材，可以将中国配制酒分为以下五类：

1. 花类配制酒

花类配制酒是以各种花卉的花叶根茎为原料，采用黄酒、葡萄酒、白酒或食用酒精等为酒基配制而成的酒。其特点为具有明显的花香。代表酒类为桂花酒、玫瑰露酒。

2. 果类配制酒

果类配制酒是指采用在不同的酒基中加入果汁或者用酒来浸泡破碎后的果实配置而成的酒。这类酒果香突出，酒度、糖度都不高，甘甜爽口，如山楂酒、蜜橘酒、青梅酒等。

3. 芳香植物类配制酒

芳香植物类配制酒是在酒基中加入花卉植物之外的芳香植物，通过直接浸泡或者浸泡后再蒸馏的方法制成。这类配制酒所加入的植物香料绝大部分属于中药材，故又称为药香型配制酒，如山西竹叶青、莲花白酒等。

4. 滋补型配制酒

此类酒多采用黄酒或白酒为酒基，加入动物性或植物性药料，用浸渍法或药材单独处理，最后混合配制而成，如人参酒、椰岛鹿龟酒、蛤蚧酒等。

5. 其他类配制酒

此类别主要指我国仿制的一些国外蒸馏酒如威士忌、金酒、伏特加等，在我国的商业习惯中，将此类酒归为配制酒。

第五节　非酒精饮料

非酒精饮料是指不含有酒精成分的饮料，通常指碳酸饮料、果蔬汁饮料、咖啡、茶饮料等。茶与咖啡、可可并称为世界三大无酒精饮料。

一、茶（tea）

（一）茶的定义

我们通常讲的茶是指用山茶科的茶树的嫩叶和芽加工而成，可以用开水直接冲泡的一种饮品。

（二）茶的特点和分类

如今茶的品种和口味、功能日益丰富，我们日常接触到的茶品基本可以分为两大类：六大基础茶品和再加工茶。

1. 白茶

白茶为轻发酵茶，常选用芽叶上白茸毛多的品种制成。成品白茶满披白毫，形态自然，汤色黄亮明净，滋味鲜醇。代表茶品有银针白毫、寿眉、白牡丹等。

2. 绿茶

绿茶为不发酵茶，是我国产量最多的一类茶，具有清汤绿叶的品质特征。嫩度好的新茶，色泽绿润，芽锋显露，汤色明亮。其代表茶品有龙井、碧螺春等。

3. 黄茶

黄茶为轻微发酵茶，黄叶黄汤，香气清悦，滋味醇厚，其制作过程中有特殊工艺环节"闷黄"，如君山银针，其芽叶茸毛披身，金黄明亮，也称为"金镶玉"，汤色杏黄明澈。

4. 青茶

青茶又叫乌龙茶，为半发酵茶，色泽青褐如铁，因此也称它为青茶。典型的乌龙茶的叶体中间呈绿色，边绿呈红色，素有"绿叶红镶边"的美称。汤色清澈金黄，有天然花香，滋味浓醇鲜爽。其代表茶品有铁观音、大红袍、冻顶乌龙等。

5. 黑茶

黑茶为后发酵茶。叶色油黑凝重，汤色橙黄，叶底黄褐，香味醇厚。黑茶主要压制成紧压茶供边区少数民族饮用。代表茶品有六堡茶、普洱茶、茯砖等。

6. 红茶

红茶为全发酵茶。红叶红汤，这是经过发酵以后形成的品质特点。叶色泽乌润，滋味醇和浓，汤色红亮鲜明。红茶有工夫红茶、红碎茶和小种红茶三种。著名的红茶茶品有祁红、宁红、滇红等。世界的四大红茶是：祁门红茶、阿萨姆红茶、大吉岭红茶、锡兰高地红茶。

7. 再加工茶类

六大茶类经过第二次加工形成的茶叫再加工茶，如花茶（花草茶）、紧压茶、萃取茶、药用保健茶、茶饮料、果味茶、茶食品等。

二、咖啡

（一）咖啡的定义

咖啡是用经过烘焙的咖啡豆制作出来的饮料。

（二）咖啡的分类与特点

迄今被发现的咖啡品种已逾120种，其中最主要的两个品种为阿拉比卡种和罗布斯塔种。此外还有一些次要的品种，如利比里亚种，但市场上并不多见。它们之间存在着显著的差异，如表3-10所示。

表3-10　咖啡三大原生种的特征

特征	阿拉比卡种	罗布斯塔种	利比里亚种
香气、口味	优质的香气和酸度	似炒麦香，酸度不明显	苦味重
豆子的形状	扁平、椭圆	较圆	汤匙状
每树收成量	相对较多	多	少
栽培海拔	600~2 000 米	600 米以下	200 米以下

表3-9（续）

特征	阿拉比卡种	罗布斯塔种	利比里亚种
适合温度	不耐低温、高温	耐高温	耐低温、高温
适合雨量	不耐多雨、少雨	耐多雨	耐多雨、少雨
结果期	3年	3年	5年
占世界产量比例	70%	20%~30%	不到5%

1. 阿拉比卡种

阿拉比卡咖啡树原产地为埃塞俄比亚，是最古老的咖啡树种、高处生长品种，通常种植在山区、高原或火山的斜坡上。最适宜的生长高度在海拔600~2 000米，海拔越高，品质越好，其咖啡豆产量占全世界产量的70%。世界著名的蓝山咖啡、摩卡咖啡等，几乎全是阿拉比卡种。

阿拉比卡种的特点：酸度较高，含咖啡因少，颜色为红色，油脂少，只有在海拔600米以上才能生长，有浓烈的香气和各种不同的口味，味道更纯正，口感润滑。

2. 罗布斯塔种

罗布斯塔咖啡树原产地在非洲的刚果，目前世界上大部分罗布斯塔咖啡树来自非洲的西部和中部，东南亚和巴西，它们生长在海拔600米以下的土地上。罗布斯塔种的咖啡树可以在平地生长，对环境的适应性极强，能够抵抗恶劣气候和病虫侵害，在除草、剪枝时也不需要太多人工照顾，可以任其在野外生长，是一种容易栽培的咖啡树。

罗布斯塔种的特点：相对于阿拉比卡种，罗布斯塔种酸度低、风味少，咖啡因含量高，颜色为褐色，油脂厚，被广泛应用于速溶咖啡和一些传统的咖啡店。

3. 利比里亚种

利比里亚咖啡树原产地为非洲的利比里亚，它的栽培历史比其他两种咖啡树短，所以栽种的地方仅限于利比里亚、苏里南、盖亚那等少数几个地方，因此产量占全世界咖啡豆产量不到5%。利比里亚咖啡树适合种植于低地，所产的咖啡豆具有极浓的香味及苦味。

三、其他软饮料

（一）碳酸饮料

1. 碳酸饮料的定义

碳酸饮料俗称汽水，是指在一定条件下充入 CO_2 气体的饮料制品，一般是由水、甜味剂、酸味剂、香精香料、色素、二氧化碳及其他辅料组成。通常将 CO_2 称为碳酸气。汽水因含有大量的 CO_2 气体，能将人体内的热量带走，产生清凉爽快的感觉，同时能使饮料风味突出，口感强烈，是一种很好的清热解渴的饮料。

2. 碳酸饮料的特点和分类

根据《碳酸饮料（汽水）》（GB/T10792-2008），可将碳酸饮料分为果汁型、果味型、可乐型和其他型四种。

（1）果汁型碳酸饮料

果汁型碳酸饮料含有 2.5% 以上天然果汁的碳酸饮料，如橘汁汽水、橙汁汽水、菠萝汁汽水等。这类果汁汽水，具有果品特有的色、香、味。它不仅可以消暑解渴，还有一定的营养作用，因而属于高档汽水，一般可溶性固形物为 8%~10%，含酸量 0.2%~0.3%，含 CO_2 2~2.5 倍。由于加入果汁的体态不一，还可分为澄清果汁汽水和混浊果汁汽水。

（2）果味型碳酸饮料

果味型碳酸饮料是以果味香精为主要香气成分，含有少量果汁或不含果汁的碳酸饮料，如百事公司推出的芬达等。

（3）可乐型碳酸饮料

可乐型碳酸饮料是指含有可乐香精或类似可乐果、焦糖色，果香混合而成的碳酸饮料。我国的可乐型碳酸饮料产业是在 20 世纪 70 年代末，随着我国引进可口可乐、百事可乐生产线后，逐渐发展起来的。百事、七喜、美年达是三个著名可乐型碳酸饮料品牌。

（4）其他型碳酸饮料

其他型碳酸饮料是指其他的具有特殊风味的碳酸饮料，如苏打水、盐汽水、姜汁汽水等。

（二）果蔬汁饮料

1. 果蔬汁饮料的定义

果蔬汁是指以新鲜或冷藏果蔬（也有一些采用干果）为原料，经过清洗、挑选之后，采用物理的方法如压榨、浸提、离心等得到的果蔬汁液，因此果蔬汁也有"液体果蔬"之称。它含有新鲜果蔬中最有价值的成分，无论在风味和营养上，都是十分接近新鲜果蔬的一种制品。以果蔬汁为基料，通过加糖、酸、香精、色素等调制的产品，称为果蔬汁饮料。

2. 果蔬汁饮料的特点和分类

按照果蔬汁制品状态和加工工艺可以分为非浓缩果汁、浓缩果汁和果汁粉三类。

（1）非浓缩果汁是从果蔬原料榨出的原果汁略行稀释或加糖调整及其他处理后的果蔬汁。

（2）浓缩果蔬汁是采用物理方法从果汁中除去一定比例的水分，加水复原后使其具有果蔬汁应有特征的制品。部分水分的脱除使浓缩果蔬汁具有了体积小、包装和运输费用低、产品质量稳定和不添加防腐剂却具有较长保藏期的特点，使其在饮料中的比例日益增大，尤其是饮料生产加工向主剂化生产发展，浓缩果蔬汁的需求随之增加。在国际贸易中，浓缩果蔬汁比较受欢迎，生产量和贸易量也在逐年增加。

（3）果汁粉是在天然果汁中添加蔗糖，经干燥制得。由于未加入蔗糖，果汁粉可保持原有的天然风味、特点。用此法制得的果汁粉还可做各种食物的调料，用途十分广泛。

（三）乳品饮料

1. 乳品饮料的定义

乳品饮料通常是指以牛奶或乳制品为主要原料（含乳30%以上），加入水与适量辅料如果汁、果料和蔗糖等物质，经有效杀菌制成的具有相应风味的含乳饮料。根据国家标准，乳品饮料中的蛋白质及脂肪含量均应大于1.0%。

2. 乳品饮料的特点和分类

在我国，含乳饮料分为两类：配制型含乳饮料和发酵型含乳饮料。

配制型含乳饮料的主要品种有咖啡乳饮料、可可乳饮料、果汁乳饮料、巧克力乳饮料、红茶乳饮料、蛋乳饮料、麦精乳饮料等。

发酵型含乳饮料是指以乳或乳制品为原料，在经乳酸菌等有益菌培养发酵制得的乳液中加入水以及食糖和（或）甜味剂、酸味剂、果汁、茶、咖啡、植物提取液等的一种或几种调制而成的乳蛋白质含量不小于1%的饮料。例如，最常见的早餐奶。

（四）矿泉水

1. 矿泉水的定义

矿泉水是指从地层溢出地面的含有大量矿物质的天然泉水。这些矿物质除含有氯化钠、碳酸钠、碳酸氢钠、钙盐、镁盐外，还有许多对人体有益的微量元素。

不是所有的矿泉水都能喝，它必须具备几个条件：一是风味佳，有独特的口感；二是含有对人体健康有益的成分；三是要符合卫生要求，其中的有害成分、放射性物质、致病菌都不能超出国家规定的标准。

2. 矿泉水的特点和分类

从国内外矿泉水的生产状况来看，矿泉水可分为天然矿泉水和人造矿泉水两大类。

（1）天然矿泉水。天然矿泉水是指通过人工钻孔的方法引出的地下深层未受污染的水。这种矿泉水常以原产地命名，并在矿泉所在地直接生产包装。由于受产地地质结构和水文状况的影响，这种水在矿物质成分含量上差别很大。

（2）人造矿泉水。将普通的饮用水经过人工的方法过滤、矿化、除菌等过程加工而成的水属于人造矿泉水。人造矿泉水所含的成分可通过人为选择来调整，并使其成分保持相对稳定。

优质矿泉水有以下特点：

（1）水体清澈透明，无色、无味，没有任何沉淀物。

（2）外包装商标明确、端正，各种标识清晰完整。优质矿泉水多用无毒塑料瓶包装，造型美观，做工精细；瓶盖用扭断式塑料防伪盖，有的品牌还有防伪内塞；表面采用全贴商标，彩色精印，商品名称、厂址、生产日期齐全，写明矿泉水中各种微量元素及含量，有的还标明检验、认证单位名称。

（3）口味清爽，微带咸味，二氧化碳微微刺舌，无异味。

实训任务

任务一　酒标识别

实训目标：通过本次实训，学生能够初步了解葡萄酒和国外六种蒸馏酒的常见品牌，熟悉其酒标特征并能正确地识别。

实训内容：葡萄酒和六大基酒酒标识别。

实训方法：教师演示、讲解，学生分组识别酒标，撰写实训报告，分组汇报。

实训步骤：

1. 教师讲解识别酒标技巧；

2. 学生寻找葡萄酒和六大基酒的代表性酒品，并填写酒标识别报告表3-11、表3-12；

3. 分组讨论并总结。

考核要点：

1. 葡萄酒和六大基酒的识别；

2. 葡萄酒和六大基酒酒标的具体信息的认知（见表3-11、表3-12）；

表 3-11　葡萄酒酒标识别报告表

序号	酒品品牌	产地	酒厂（酒庄）	酒度	容量	年份	葡萄品种	等级
1								
2								
3								
4								
5								
6								
7								
8								

表 3-12　六大基酒酒标识别报告表

序号	酒品名称（中英文）	原料	产地	酒度	容量	年份	品牌	其他
1								

表3-12(续)

序号	酒品名称 （中英文）	原料	产地	酒度	容量	年份	品牌	其他
2								
3								
4								
5								
6								
7								
8								

3. 通过酒标对酒的评价。

任务二　酒水品鉴

实训目标：通过本次实训，学生初步掌握发酵酒和蒸馏酒的品鉴技巧，培养学生酒水品鉴的基本技能，为后续侍酒服务和鸡尾酒调制的学习打下基础。

实训内容：品鉴葡萄酒、啤酒和六大基酒。

实训方法：教师演示、讲解，学生分组品尝酒品，撰写实训报告，分组汇报。

实训步骤：

1. 教师讲解品鉴技巧；

2. 学生品鉴，并填写酒水品鉴报告表3-13、表3-14、表3-15；

3. 分组讨论并总结。

考核要点：

1. 掌握不同酒类的品鉴方法；

2. 能把握不同酒类的主要特点；

3. 会使用专业术语进行酒的评价。

表3-13　葡萄酒品鉴报告表

序号	酒品名称	品牌	酒度	颜色	香味	口感	综合评价
1							
2							
3							
4							

表3-13(续)

序号	酒品名称	品牌	酒度	颜色	香味	口感	综合评价
5							
6							
7							

表 3-14　啤酒品鉴报告表

序号	酒品名称	品牌	麦汁浓度/酒度	颜色	香味	口感	综合评价
1							
2							
3							
4							
5							
6							
7							

表 3-15　六大基酒品鉴报告表

序号	酒品名称	品牌	酒度	颜色	香味	口感	综合评价
1							
2							
3							
4							
5							
6							
7							

◇拓展阅读

葡萄酒著名产区

一、法国

葡萄酒的法语表达为 Vin。法国的葡萄酒不仅产量大、品种多，而且以其卓越的品质闻名于世。法国葡萄酒举世著名的产区是波尔多、勃艮第、香槟区这三个地区。风行世界的优秀葡萄酒 50%产于此区域。

1. 波尔多

波尔多地区位于法国西南部。该地生产红葡萄酒、白葡萄酒、玫瑰红葡萄酒及葡萄汽酒，其中陈酿红葡萄酒名气最大。波尔多有五个著名产区：美度、圣艾美农、格雷夫斯、苏太尼和波梅罗。

2. 勃艮第

勃艮第位于法国东部，是最引人瞩目的高级葡萄酒产地。勃艮第主要生产白葡萄酒、红葡萄酒，其中红葡萄酒最负盛名。勃艮第的葡萄园种植面积小于波尔多。由于历史原因，勃艮第的城堡均已毁坏，所以勃艮第葡萄酒没有以古堡命名的名称。勃艮第分为三大产区，即夏布利、金坡地和南勃艮第。

3. 香槟区

香槟区位于法国北部，其葡萄酒产地主要集中在马恩省境内。其三个最著名的产区为兰斯山地、马尔尼谷地、白葡萄坡地。其中以兰斯山地区出产的香槟酒最有名气。

二、意大利

意大利是世界上最大的葡萄酒生产国和消费国。意大利葡萄酒种类繁多，风格各异，主要以佐餐红葡萄酒、白葡萄酒为主。意大利北部所产的葡萄酒最佳，尤以皮埃蒙特、托斯卡纳两省出产的葡萄酒最为著名。意大利葡萄酒品牌名称常以产地、葡萄品种或业主自定的名称命名，较为复杂。著名品牌有：巴罗洛红葡萄酒、巴巴莱斯库红葡萄酒、奇安蒂红葡萄酒等。

三、德国

德国酿酒历史悠久，技术卓越，质量管理严格，产品在全球范围享有较高声誉，尤以生产白葡萄酒著称。德国葡萄酒主要采用雷司令、西万尼、米勒杜尔高三个葡萄品种为原料。德国著名葡萄酒产区主要集中在莫泽尔和莱茵河两岸。

四、其他国家

1. 西班牙

西班牙的葡萄酒产量仅次于意大利和法国，居世界第三位。早在 14 世纪，英国就已经进口西班牙葡萄酒了。西班牙主要生产红葡萄酒、白葡萄酒、玫瑰红葡萄酒，其中以红葡萄为酒基生产的雪莉酒名气最大。西班牙的主要葡萄酒产区有：阿里坎特、拉曼查、里奥哈、加泰罗尼亚、纳瓦拉、巴伦西亚。

2. 阿根廷

阿根廷是世界第五大产酒国，是新世界葡萄酒的代表国家之一。著名的产酒区有圣约翰、拉里奥哈、里奥内格罗和萨尔塔。

3. 美国

相对而言，美国的葡萄酒生产业属于新兴产业。其生产主要集中在加利福尼亚州和纽约州。美国最好的葡萄酒均产自加利福尼亚州，主要产区为纳帕山谷、索罗山谷和俄罗斯河山谷、威廉美特山谷。而纽约州是美国国内仅次于加利福尼亚州的葡萄酒生产州，其中最有名的是芬格湖地区。

4. 澳大利亚

澳大利亚同美国、阿根廷一样，也属于葡萄酒新世界产区。其气候、降雨量等自然环境得天独厚。澳大利亚著名的葡萄酒产地主要集中在南海沿岸，主要有新南威尔士州的亨特河谷、澳大利亚南部的麦克拉伦、维多利亚的格莱特·威士顿、西澳大利亚、昆士兰等。

啤酒著名产区

一、德国

德国是世界上啤酒生产和消费的主要国家之一，最著名品牌有卢云堡、鲍克啤酒。

二、捷克斯洛伐克

捷克斯洛伐克以生产比尔森啤酒著称。

三、丹麦

丹麦能生产世界上最好的啤酒，也是唯一使用了木桶制作啤酒的国家。丹麦的啤酒生产始于 15 世纪，丹麦著名的啤酒品牌是嘉士伯啤酒。1876 年丹麦成立了著名的嘉士伯实验室，由嘉士伯实验室培养的汉逊酵母至今仍被各国啤酒业界使用，嘉士伯啤酒工艺一直是啤酒业的典范之一，它重视原材料的选择和严格的加工流程以保证其质量一流。自 1904 年开始，嘉士伯啤酒被丹麦皇室许可作为指定用酒，其商标亦多了一个皇冠标志。

四、荷兰

荷兰是世界著名啤酒——喜力啤酒的产地。

五、比利时

比利时啤酒产量大，品种多，质量高。著名的啤酒有斯苔拉·阿多瓦。

六、爱尔兰

爱尔兰以生产著名的健力士啤酒而闻名于世，健力士啤酒又被称为"男子汉的饮料"。

七、美国

美国以百威啤酒著称，其他品牌还有安德克、奥林匹亚、库斯、米勒等。

八、日本

日本著名啤酒品牌有麒麟、札幌、朝日、三得利等。

九、中国

作为世界啤酒生产及消费大国，中国的啤酒品牌有很多，如著名的青岛啤酒、雪花啤酒、哈尔滨啤酒等。

十、新加坡

新加坡以虎牌啤酒著称。

十一、澳大利亚

澳大利亚的著名啤酒品牌有福士达、天鹅拉戈。

◇英文服务用语

一、无酒精饮料

lipton 立顿

black tea 红茶

white tea 白茶

oolong tea 乌龙茶

yellow tea 黄茶

dark tea 黑茶

jasmine tea 茉莉花茶

mugi-cha 大麦茶

herbal tea 花草茶

espresso 浓缩咖啡

Espresso Macchiato 玛奇朵

Americano 美式咖啡

Caffè Latte 拿铁

Cappuccino 卡布奇诺

Caffè Mocha 摩卡

Irish Coffee 爱尔兰咖啡

fruit juice 果汁饮料

lemon juice 柠檬汁

lime juice 青柠汁

orange juice 橙汁

pineapple juice 菠萝汁

grape juice 葡萄汁

mineral water 矿泉水

soda water 苏打水

sparkling water 汽水

quinine water 奎宁水

ginger water 干姜水

Coca Cola 可口可乐

tonic water 汤力水

Indian Lassi 印度奶昔

ice cream 冰激凌

二、酒精饮料

Brandy 白兰地

Whisky 威士忌

Gin 金酒

Vodka 伏特加

Rum 朗姆酒

Tequila 龙舌兰酒/特基拉酒

aperitif 餐前酒

table wine 佐餐酒

dessert wine 甜食酒

Cognac 干邑白兰地

Armagnac 雅文邑白兰地

French Brandy 法国白兰地

Johnnie Walker Black Lable 尊尼获加黑标

Scotch whisky 苏格兰威士忌

Single Malt 单麦芽威士忌

Pure Malt 纯麦芽威士忌

Blend 调和性威士忌

Grain Whisky 谷物威士忌

American Whisky 美国威士忌

Irish Whiskey 爱尔兰威士忌

Silver Rum 银朗姆

Gold Rum 金朗姆

Dark Rum 黑朗姆

Blanc 白葡萄酒

Rouge 红葡萄酒

Rose 玫瑰红酒

pale beers 淡色啤酒

brown beers 浓色啤酒

dark beers 黑色啤酒

Ale 爱尔

Stout 司都特

Porter 波特

Munich 慕尼黑

Bock 包克啤酒

beer 啤酒

wine 葡萄酒

liqueur 利口酒

aperitif 开胃酒

◇考核指南

一、理论知识

1. 酒水和酒的概念与分类。

2. 酒的成分与风格。

3. 发酵酒、蒸馏酒、配制酒及非酒精饮料的定义、特点和分类。

二、实训任务

1. 六大基酒的酒标识别方法。

2. 葡萄酒、啤酒和六大基酒的品鉴技能。

第四章　酒水服务技巧

◇**学习目标**

●知识目标

➢了解各类酒水的服务特点和要求

➢熟悉各类酒水的服务流程和要点

➢掌握酒水服务的技巧和操作规范

●能力目标

➢能根据不同酒水的特点正确地选择酒水服务方式

➢能根据不同客人的要求正确、规范、熟练地进行酒水服务

➢能达到侍酒师考证操作要求及酒水服务类职业技能比赛要求

◇**课程导入**

　　酒水服务是酒水经营的重要环节，主要包含餐厅或酒吧预订、引座、写酒单、开瓶、斟酒、酒水制作、结账等服务项目。酒水服务质量与酒水质量一起构成酒水产品质量。顾客到酒吧或餐厅不仅要消费酒水，还需要享受酒水服务，体验独特的仪式感。优秀的酒水服务人员应以顾客需求为目标，呈现出积极向上、高效周到、朝气蓬勃的精神状态，在酒水服务的各项程序和方法上精益求精，体现服务价值，给顾客留下深刻和良好的印象。

理论知识

第一节　葡萄酒服务

一、服务准备

（一）侍酒温度

红葡萄酒：通常不用冰镇，10~20℃保存为最佳。

白葡萄酒：白葡萄酒都应冷冻后上桌，味清淡者温度可略高一点，在10℃左右；味甜

者冷冻至 8℃ 为宜。此外，由于白葡萄酒的芬芳香味比红葡萄酒容易挥发，白葡萄酒都只有在饮用时才可开瓶。饮前把酒瓶放在碎冰内冷冻，但不可放入冰箱内，因为急剧的冷冻会破坏酒质及白葡萄酒的特色。

（二）酒杯的选择

持杯柄的葡萄酒杯，因杯肚不同，大致分为六种：波尔多杯、勃艮第杯、白葡萄酒杯、起泡酒杯、甜酒杯、ISO 杯。

1. 波尔多杯

波尔多杯是最典型、最常见的一种杯型。较长的杯身和较大较圆的杯肚，可以给酒液较大的空气接触面积，帮助其氧化，提升口感（俗称醒酒）。较窄的杯口则可以将酒香聚拢在杯口。这种杯型比较适合香气浓郁、风格强劲的红葡萄酒，如赤霞珠、美乐、西拉、桑娇维塞、丹魄等，如图 4-1 所示。

图 4-1　波尔多杯

2. 勃艮第杯

和波尔多杯相比，勃艮第杯的杯肚更圆更大，这是因为黑皮诺的香气并不像赤霞珠那么浓郁，一个更聚拢的杯口和更宽大的肚子，可以更好地聚拢香气；酒液与空气接触的面积也更大。勃艮第杯比较适合风格轻盈、香气复杂细腻的酒，如黑皮诺、佳美、内比奥罗、巴贝拉等，如图 4-2 所示。

图 4-2　勃艮第杯

3. 白葡萄酒杯

白葡萄酒杯比较小，看上去更像个小号的波尔多杯。这是因为白葡萄酒的风格更加轻盈清爽，不太需要氧气接触来醒酒，与之对应的酒杯也就没有设计成大杯肚的样子。更重要的是，白葡萄酒在饮用时，大多是要冰镇的。酒瓶可以放在冰桶里冰镇，但酒杯不行，因此小一点的酒杯每次可以少倒一点，尽量保证杯子里的酒一直处在最合适的温度范围内。白葡萄酒杯几乎适合所有白葡萄酒，如雷司令、长相思、灰皮诺等，如图 4-3 所示。

图 4-3　白葡萄酒杯

4. 起泡酒杯

和其他杯型不同，起泡酒杯的设计理念，主要是为了喝酒的人可以通过长长的杯壁，看到气泡向上漂浮的轨迹。近几年，越来越多的香槟生产者建议大家用白葡萄酒杯来欣赏香槟的香气，而不是单纯地观察气泡。起泡酒杯（笛形杯/郁金香杯）适用于香槟、普罗塞克、卡瓦，以及所有其他的起泡酒，如图 4-4 所示。

图 4-4　起泡酒杯

5. 甜酒杯

甜酒杯通常是用来喝波特、雪莉、马德拉这样酒精度较高的葡萄酒。它的收口狭窄，可以更好地收束香气，降低酒精的影响；杯身也较小，主要是为了方便饮用者控制量。甜酒杯适用于波特酒、雪莉酒、马德拉酒，以及苏玳等所有甜型酒，如图4-5所示。

6. ISO 杯

ISO 杯高六英寸、杯脚矮、杯肚瘦，呈郁金香型，杯口内收充分。这种杯型是葡萄酒杀手，再好的酒到了 ISO 杯里，也会难以释放精妙的香气。这种设计是为了给所有类型的酒款一个完全相同的环境，以便对比品鉴。这种酒杯主要用于教学和商务宴请，日常生活中很少用到，如图4-6所示。

图4-5　甜酒杯

图4-6　ISO 杯

（三）工具准备

1. 酒单

确保酒单干净整洁，酒单信息准确无误。

2. 玻璃器皿

准备好水杯、葡萄酒杯、醒酒器等，保持器皿干净整洁无异味。

3. 酒布、餐巾或口布

酒布、餐巾或者口布干净、折叠整齐，美观大方。口布材质为棉质或者易吸水的面料。

4. 开瓶器

准备好开酒瓶用的开瓶器，如海马刀或者蝶形开瓶器，一般准备至少2把海马刀，以备不时之需。

5. 辅助工具

辅助工具一般为干净或者抛光过的托盘、冰桶等。

二、服务流程

点单→示酒→开瓶→验酒→试酒→斟酒→添酒

1. 点单

利用酒单协助主客点酒，根据客人需求、偏好及所点菜肴提供恰当的配酒建议，善用专业知识和销售技巧提升服务质量。点单结束后，与客人确认酒款。

2. 示酒

将葡萄酒取出，用一块口布托住葡萄酒底部，将商标朝向客人以展示酒水，由客人确认该酒是否为客人所点。如有差错，则应立即更换，直到客人认可。同时，询问客人现在是否可以开瓶。

3. 开瓶

一般选用海马刀开瓶。操作过程中，酒瓶不能旋转、晃动。木塞要完好，尽量不要破损。用干净的餐巾擦拭瓶口，以去除木塞屑。

4. 验酒

取下木塞后，侍酒师应检查有无异味，并将木塞放在碟中送至点酒客人面前查看，如发现该酒不宜饮用，则应立即更换。

5. 试酒

征询点酒客人同意后为其斟倒酒杯 1/5 的酒让其试尝。斟酒前可用口布围住瓶颈，避免滴酒。

6. 斟酒

当点酒客人品尝后，对酒表示满意，即可按女士优先、先宾后主的原则，在客人的右手边进行斟酒。圆桌的情况下，可从主客左手边的客人开始，顺时针方向斟酒。开瓶后，用右手握住瓶子的底部或者凹槽，不要挡住酒的正标。倒酒时，瓶口要在杯口上方 2 厘米处的位置，注意不要碰到酒杯。一般来说，斟酒量在杯身的 1/3~1/2。斟酒过程中应避免酒液滴洒。当杯中酒到达合适的容量后，轻微旋转酒瓶底部，快速收瓶，避免滴酒。

7. 添酒

在客人进餐的过程中，随时观察客人酒水饮用情况并为客人添酒，当客人杯中酒少于1/3 时应征询客人，及时续酒。如酒瓶中还有酒，就不能使客人的酒杯空着。如果酒瓶中的酒已饮用完毕，询问主客是否点第二瓶酒。服务第二瓶酒时，应按照服务标准流程进行，注意第二瓶酒应及时更换新的葡萄酒杯。

三、操作要点

（一）葡萄酒开瓶技巧

1. 开瓶器选择

根据葡萄酒酒塞特点选择不同的开瓶器，一般侍酒师大多选用海马刀。海马刀由手柄、卡位、锯齿小刀、螺旋钻头四部分组成，如图 4-7 所示。

葡萄酒开瓶技巧微课
（2022 年广西教学能力微课
比赛三等奖作品）

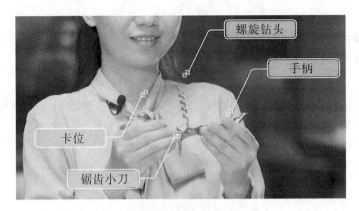

图 4-7　海马刀的组成

2. 擦瓶口

用干净的餐布将瓶口擦干净。

3. 割酒帽

打开内置小刀，握住瓶身，用刀沿着瓶唇下沿顺时针划过半圈，再逆时针划过另外半圈，以完全切断瓶封，如图 4-8 所示。

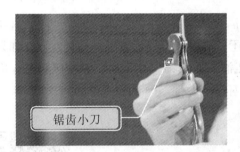

图 4-8　割酒帽的使用方法

注意：请勿转动酒瓶，且酒标对客，如图 4-9 所示。

图 4-9　转动酒瓶的错误割法

4. 擦瓶口

再次用干净的餐布将瓶口擦干净。

5. 钻螺旋钻

以 45 度角将螺旋钻的尖端插入软木塞中心位置，逐渐旋转至其直立。按顺时针方向旋转，螺旋钻外露部分剩下约一环时停止旋转，如图 4-10 所示。

图 4-10　钻螺旋钻的使用方法

6. 卡位、提拉

一级卡位卡住瓶口，一手固定住卡位，另一手握住手柄缓缓地向上提起，直到木塞无法上移。二级卡位卡住瓶口，重复上个步骤，如图 4-11 所示。

图 4-11　卡位、提拉的操作方法

7. 拔软木塞

软木塞即将完全拔出时，用手握住木塞，轻轻晃动将其取出，如图 4-12 所示。

图 4-12　拔软木塞的操作方法

8. 脱离软木塞

一手握住软木塞，另一手逆时针旋转酒刀，直至软木塞脱离，如图 4-13 所示。

图 4-13　脱离软木塞的操作方法

知识拓展

海马刀——开瓶器之王

海马刀是最受侍酒师青睐的开瓶器。它因形状酷似海马而得名。因其独特的设计，开瓶时既能体现专业性又具备优雅性，是侍酒服务的首选，被称为"开瓶器之王"。

海马刀开瓶重难点记忆口诀

45 度角切入旋转至直立；
顺时针旋转至一环时停止；
离刀头进的一级卡位卡口向上提；
再换二级卡位重复操作即成功。

（二）葡萄酒斟酒技巧

1. 擦净瓶口

用一块干净的餐布将葡萄酒瓶口擦拭干净，避免开瓶遗留
的杂质掉入酒液，影响口感，如图 4-14 所示。

葡萄酒斟酒技巧微课
（2022 年广西教学能力微课
比赛三等奖作品）

图 4-14　擦净瓶口

2. 口布包瓶

（1）用一块干净的餐巾对折六折成长条形；

（2）将折好的餐巾绕住瓶颈，餐巾封边朝上，一侧向后翻折塞紧，轻轻拉紧长的一
端，包瓶就完成了，如图 4-15 所示。

图 4-15　口布包瓶的操作方法

3. 站位规范

服务员站在客人的右后侧，身体稍向前倾，不贴靠餐桌，右脚在前，左脚在后，成"丁"字步站立，如图4-16所示。

图4-16　站位规范

4. 斟酒规范

（1）酒标正面朝向客人，如图4-17所示。

（2）左手拿餐巾背在身后，如图4-18所示。

（3）瓶口距离杯口2cm，如图4-19所示。

（4）斟酒酒量为容量1/3处如图4-20所示。

图4-17　酒标正面朝向客人　　　图4-18　左手拿餐巾背在身后

（5）"停"止斟酒，"抬"起瓶口，图4-21所示；

（6）顺"转"45°，如图4-22所示。

（7）起瓶"收"住。

图4-19　瓶口距杯口2cm　　　图4-20　斟酒酒量

图 4-21　"抬"起瓶　　　　图 4-22　顺"转"45°

知识拓展

斟酒服务礼仪

1. 国际标准礼仪：女士优先、宾客优先；
2. 中国传统斟酒礼仪：斟酒顺序为主宾、主人、次宾、其他宾客；在家宴中则先长辈、后晚辈，先客人、后主人。

四、葡萄酒配餐技巧

（一）葡萄酒的五大元素

如果想餐酒搭配得当，就必须要了解葡萄酒的五大元素及食物菜品的特点，以平衡为重点进行选择，避免某一方面过于突出，站在酸、甜、苦、辣、咸五味的中央进行选择。如图 4-23 所示。

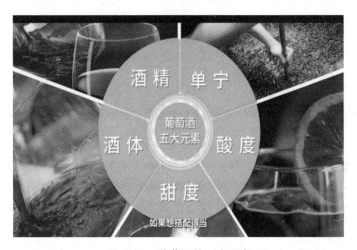

图 4-23　葡萄酒的五大元素

（二）葡萄酒配餐的方法

相近搭配法：是指将食物和酒味进行相近的搭配，如选择甜型葡萄酒搭配甜点。

互补搭配法：是指将食物和酒味进行互补的搭配，如选择单宁较高的红葡萄酒搭配牛排。

（三）葡萄酒配餐的原则

1. 红葡萄酒配红肉

红肉是指生鲜时呈现出红色的肉，如牛、羊、猪等动物的肉。因为红酒中的单宁能化解肉类的油腻，使肉质变得细腻。

2. 白葡萄酒配白肉

白肉是指鱼类、海鲜、贝类食物。因为白葡萄酒的个性特点是酸，这种酸能化解海鲜鱼类中的腥味，同时达到提鲜增香的目的。

葡萄酒配餐技巧微课
（2022 年广西教学能力
微课比赛三等奖作品）

3. 甜型葡萄酒配甜食

冰酒、贵腐酒等带甜的葡萄酒适合佐餐甜点。因为互补的风味可以搭配出层次丰富的口感。

常见配餐公式如图 4-24 所示：

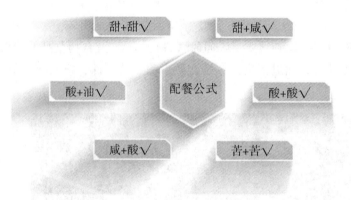

图 4-24　常见的葡萄酒配餐公式

（四）葡萄酒的配餐禁忌

葡萄酒的配餐有如下禁忌：①颜色发紫、口感生涩的红葡萄酒禁忌搭配带甜味的菜，因为单宁和甜味一结合就发苦。②红酒配海鲜。因为酒中的单宁会使鲜嫩的肉变得粗糙不堪，单宁会使海鲜变得很腥，尤其是新涩的红酒，单宁与海鲜和鱼在一起会产生金属味。③葡萄酒与中国的豆腐乳、姜醋汁搭配，会使葡萄酒味寡如水。④葡萄酒兑雪碧或可乐。这样等于加糖和二氧化碳，打破酿酒师精心酿造的葡萄酒的平衡结构。⑤葡萄酒加冰块。因为加冰会稀释葡萄酒的风味和口感、影响葡萄酒的平衡感，如图 4-25 所示。

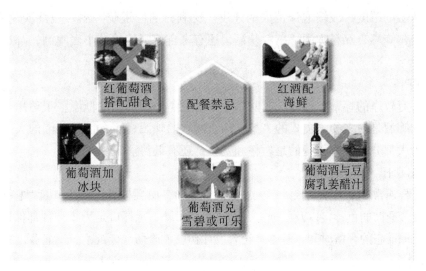

图 4-25 葡萄酒的配餐禁忌

知识拓展

如何适当进行酒水推荐

酒水推荐时，服务员应更专业精准地进行推荐，而不要盲目或纵容客人崇洋媚外，可以多角度介绍和推广我国民族品牌酒水，彰显我国地大物博、物产丰富的特点，同时彰显文化自信。

第二节 啤酒服务

一、服务准备

（一）侍酒温度

啤酒适宜低温饮用，最佳饮用温度是 6～13℃，不能太凉，因为啤酒中含有丰富的蛋白质，在 4℃ 以下会形成沉淀，影响口感。

（二）酒杯的选择

饮用不同类型的啤酒通常会配备不同的啤酒杯，以达到最佳饮用效果。以下为常见的几种啤酒杯：

1. 笛形玻璃杯

因为它狭长的造型在倒注啤酒时能够激起足够的泡沫，且不会很快消失，对于气泡的涌动展现也很好。一般美式淡色爱尔啤酒、法式淡色啤酒、德式淡色啤酒、捷克的皮尔森啤酒都非常适合用这种酒杯。

2. 圣杯

圣杯开口大、深度浅、底部宽平、杯壁较厚，杯子很强调泡沫的表现。能产生两指宽的细腻泡沫的啤酒才使用圣杯盛装，这种宽口较浅的杯子也有助于酒液内更多的气泡生成以补充泡沫层的厚度，减缓泡沫消失的速度。比利时的修道院啤酒、烈性淡色爱尔啤酒、烈性深色爱尔啤酒、双料啤酒、三料啤酒，还有来自德国的柏林小麦啤酒，都适用于这种杯子。

3. 扎啤杯

扎啤杯有较厚的杯壁，即使长时间用手拿着也不影响啤酒的低温，很适用于畅饮。扎啤杯适用的啤酒是最多的，美式的、德式的、欧式的啤酒，还有世界范围的大部分啤酒都适用，因为大部分啤酒都强调的是碰杯和畅饮，还有低温。

4. 皮尔森杯

皮尔森杯通常都是又细又长、口大底小的圆锥形，而且杯身比较薄，因为它强调观看皮尔森啤酒晶莹透彻的色彩，以及气泡上升的过程。另外，宽杯口是为了在顶部保留适当的泡沫层，以及保证它的存留时间，基本上符合设计初衷，透彻、金黄色、气泡多、适合畅饮。

5. 品脱杯

品脱杯一般是接近圆柱形的带有轻度圆锥体特质的造型，杯口会稍大一些，接近杯口处有一圈突起，便于掌握，而且突起处还能够帮助泡沫以及酒产本身产生的气味保留得更长久一些。一般适用于英式啤酒。

6. 郁金香杯

用这种杯子装啤酒是为了捕捉酒本身的香味，让这些味道都留在较小的内杯口，喝酒的时候我们的鼻子会在杯子内闻到啤酒的气味。大杯小口的设计，也便于摇晃酒杯以搅动啤酒，促进啤酒内沉淀物的快速稀释。此杯适用于各类口味比较强烈的带有沉淀物的啤酒，比如美式的大麦酒、比利时的淡色爱尔啤酒等，也有人用这样的杯子喝德式黑啤。

7. 开口郁金香杯

开口郁金香杯在郁金香杯的基础上还强调了泡沫的表现，所以把杯口打开让更多的泡沫体现出来。美式淡色爱尔啤酒、比利时烈性爱尔啤酒、深色爱尔啤酒、法兰德斯红色爱尔啤酒都更适合这种开口的郁金香杯。

8. 直口杯

传统的德国风格直口杯，基本上是又细又长的圆柱体，用来盛透彻的下面发酵啤酒，这种杯可以观察到啤酒内部气泡的涌动，喝起来也比较畅快。这种杯子一般适用于捷克的皮尔森啤酒、德国的下面发酵啤酒，以及一些透彻可以观察气泡上升的酒。

9. 小麦啤酒杯

一个属于德国小麦啤酒风格的啤酒杯，它的造型接近小麦的造型——细长、底窄、头宽，开口还有闭合，强调展示小麦啤酒本身的云雾外观和颜色。顶部大、开口小是为了让更多的泡沫留在上面，并存住小麦啤酒特有的水果香味。

10. 黑啤杯

黑啤杯一般只适用于德国的下面发酵黑啤酒，受众较少。它的造型比较有特色：底部细短，顶部宽大，是非常便于手持的一个设计。底部的细短设计是让你观察黑啤本身的颜色，而顶部宽大是为了留存更多的泡沫。

各类酒杯的形状如图 4-26~图 4-27 所示。

笛形玻璃杯　　　　圣杯　　　　扎啤杯　　　　皮尔森杯　　　　品脱杯

图 4-26　各类酒杯的形状 a

郁金香杯　　　开口郁金香杯　　　直口杯　　　小麦啤酒杯　　　黑啤杯

图 4-27　各类酒杯的形状 b

（三）工具准备

酒单。确保酒单干净整洁，酒单信息准确无误。

啤酒杯。准备好啤酒杯，保持酒杯干净整洁无异味，如杯上沾有油渍，会影响泡沫的形成，更影响泡持久性，若杯上有残留洗涤剂，会使泡沫消失快，甚至不挂杯。

口布。口布干净、折叠整齐。口布材质为棉质或者易吸水的面料。

开瓶器。准备好开酒瓶用的开瓶器，一般准备至少 2 个，以备不时之需。

辅助工具。干净的托盘、冰桶、杯垫等。

二、服务流程

点单→取出杯垫→示酒→开瓶→斟酒→添酒

（一）点单

双手递送酒水单，接受客人点单，确认客人点单情况。

（二）上杯具

将杯垫放在客人面前，取出经过冰镇的啤酒杯，将其置于杯垫上。

（三）示酒

左手掌心放置叠成 12（平方厘米）的口布，将啤酒瓶底放在口布上，右手扶住酒瓶上端，并呈45°倾斜，商标朝向客人，向客人展示。询问客人是否是客人所点的酒，并跟客人确认是否现在开瓶。

（四）开瓶

得到客人的允许后，可当着客人的面开瓶，也可在备餐区开瓶。用干净的餐布将瓶口擦干净，使用开瓶器将瓶盖打开。

（五）斟酒

采用桌斟方式。注意酒瓶的商标朝向客人，控制好酒液的流速，以十分满为标准，其中八分为酒液，二分为泡沫。

（六）添酒

将未倒完的啤酒瓶放在客人的右手侧，置于杯垫之上，商标朝向客人。如客人点的是干型啤酒（如科罗纳啤酒），应注意征询客人是否在酒杯内添加柠檬片。客人饮用过程中应注意观察，随时为其添加啤酒。当客人瓶中的啤酒仅剩1/3时，应主动询问客人是否需要再添加一瓶啤酒。注意及时将已倒空的啤酒瓶撤下台面。

三、操作要点

（一）啤酒开瓶技巧

1. 啤酒开瓶器选择

啤酒开瓶器是一种专用于开啤酒瓶盖的小工具，目前常见的材质有金属、ABS、铝合金等。啤酒开瓶器的材质大多采用硬度较大的金属制成，这是因为许多啤酒瓶盖多采用机器压制，非金属材质极有可能在撬动的过程中被损坏。啤酒开瓶器的形状有很多种，如球拍型、人形、"OK"型等。还有一种按压式自动开瓶器，快捷安全，如图4-28所示。

图4-28　啤酒开瓶器

2. 开瓶器原理

啤酒开瓶器是依据"杠杆原理"进行开瓶的。整个开瓶器的中部呈现"中间突起、两边拉宽"的形状，而撬动瓶盖的重点就在于靠近里侧的那一个金属凸起，当我们把瓶盖边缘放在这个突起的上面时，只需要手腕稍稍使劲，就能把瓶盖薄薄的一层贴片施压变形，从而打开啤酒。

3. 开瓶步骤

第一步，拿起啤酒瓶，避免摇晃，要让啤酒瓶静置一会儿。

第二步，将开瓶器的中空圆环对准啤酒盖，并套在啤酒瓶盖上，然后握住开瓶器的把手，往啤酒瓶盖上用力撬，建议采用"两段式"开瓶法，开瓶器第一次先打开瓶盖 1/2 让瓶中压力先疏散，也可避免啤酒满出四溢，之后再完全将瓶盖打开。若是易开罐式啤酒，也建议分两段式打开拉环，如图 4-26 所示。

第三步，使用开瓶器顺势将瓶盖取下，避免瓶盖掉落或飞出。

4. 注意事项

（1）保持手柄干燥。如果手柄上沾有水或者其他液体，手柄容易滑动，难以开瓶，也容易受伤。

（2）在开启酒瓶盖时，不能将酒瓶朝向客人，且自己的脸部一定要远离瓶盖的位置，因为啤酒开瓶器的力量会使瓶盖弹起来，操作不好的话容易导致瓶盖飞起弹伤自己或客人。

（3）打开啤酒瓶时要避免手劲过大，否则可能会挂掉啤酒瓶上的涂层，对瓶子造成损伤。

（二）啤酒斟倒技巧

理想的泡沫层对顾客很有吸引力。斟酒时，通常使泡沫缓慢上升并略高于杯子边沿 1.3cm 左右为宜，一般八分为酒液，二分为泡沫。如果杯中啤酒少而泡沫太多并溢出，或无泡沫，都会影响啤酒的香气与口感。

1. 瓶装或罐装啤酒

如采用标准啤酒杯服务，应先将瓶装或罐装啤酒呈递给客人，客人确认后，当着客人的面打开，将酒杯直立，用啤酒瓶或罐来代替杯子的倾斜角度，慢慢把杯子倒满，让泡沫刚好超出杯沿 1.3cm 左右（图 4-29）。若用直身杯代替啤酒杯时，应先将酒杯微倾 45°（图 4-30），顺杯壁倒入 2/3 的无泡沫酒液，再将酒杯放正，采用倾注法，使泡沫产生。如果是浑浊型精酿啤酒，当瓶中的酒倒到只剩最后一点时，瓶底还会沉淀一些酵母，富含独特的风味和营养，这时需轻轻晃动酒瓶，让酵母与酒液充分混合，再继续倒满这杯酒，如图 4-31。

2. 桶装啤酒

桶装啤酒斟注时，将酒杯倾斜成 45°，打开开关，注入 3/4 杯酒液后，将酒杯放于一边，待泡沫稍平息，然后再注满酒杯，如图 4-28 所示。

衡量啤酒服务操作的标准是，注入杯中的酒液清澈，二氧化碳含量适当，温度适中，泡沫洁白而厚实。

图 4-29　啤酒泡沫出杯沿 1.3cm 左右

图 4-30　将直身杯微倾 45°

图 4-31　啤酒的斟倒技巧

四、配餐技巧

啤酒的配餐虽没有葡萄酒这么讲究，但其具有的独特风味，层次丰富的口感，与食物搭配在一起也有很多惊喜。在做啤酒的餐酒搭配的时候，一般推崇以下三个原则：

（一）匹配原则

匹配原则关注的是食物和啤酒浓度的一致性，目的是让两种味道很接近，而不希望某个味道特别"抢戏"。比如，用清爽怡人的百威啤酒搭配龙虾沙拉，酒液透亮，顺滑的口感搭配龙虾的鲜嫩更加美味。

（二）衔接原则

衔接原则是将多种风味进行重组融合，诠释出一种全新的味觉。比如，用时代啤酒搭配鲜香诱人的糯米鸡。淡金色酒液，口感清新。酒花的风味遇上糯米鸡荷叶的清香，相得益彰。再比如，用口感清爽顺滑，泡沫细腻的福佳白啤搭配麦香油爆虾。小麦啤酒的天然麦香和菜的菜香完美契合。这种搭配让各种味觉之间不会起任何冲突，反而相辅相成、彼此衬托。

（三）对比原则

对比原则是将食物和啤酒的质地和味道做对比，比如啤酒中的二氧化碳产生的沙口感与食物的油腻感形成对比。当我们在享用牛肉的时候，一杯酒花香气四溢的印度淡以艾啤酒（IPA）就与红肉中的油脂味道形成了对比。而食物和啤酒之间还有苦味、甜味的对比，等等。

知识拓展

啤酒大口喝还是小口喝好

啤酒应该大口大口地喝，一杯啤酒应该尽快喝完。原因是：
（1）啤酒的醇香和麦芽香刚刚倒入杯中是很浓郁、很诱人的，若时间放长，香气就会挥发掉。
（2）刚倒入杯中的啤酒，有细腻洁白的泡沫，它能减少啤酒花的苦味，减轻酒精对人的刺激。

第三节　蒸馏酒服务

烈酒服务技巧微课

一、威士忌服务

（一）服务准备

1. 侍酒温度

最佳的威士忌饮用温度是室温，这样威士忌才能够完全释放出香气。常见的品饮方法可加纯净水和冰块，能降低威士忌入口后的灼烧感。

2. 酒杯的选择

威士忌品鉴越来越受到现代都市人的喜爱，面对品类丰富、风格各异的威士忌酒，学会选用不同类别的酒杯来品尝更能体现其专业性和获得更佳的品鉴感受。

（1）协会酒杯：苏格兰麦芽威士忌协会（SMWS）制作的杯子，玻璃材质，本质上也是格兰凯恩杯，杯身闻香表现比较优异。

（2）凯恩杯：杯型从下到上先放后收，能凝聚香气，使酒香浓郁。

（3）Norlan 双层水晶杯：口微收，具有汇聚香气的作用。

（4）"侍"系列威士忌杯：形似郁金香杯，但杯口较收，杯身的"转折"没那么大。凝香功能佳，能凸显花果香气。

（5）Riedel Rock：富有质感，散发酒香比较快。因为酒精挥发得快，所以香气会更迅速地散发出来，但后劲不足。

（6）月亮杯：杯口较敞，使香气散发，丰满而柔美。

（7）Riedel Single Malt：比较专业的威士忌杯，水晶材质，外观上很有讲究。有Riedel 系列一贯的透明轻盈，薄且灵巧，闻香表现中规中矩。

以上杯形如图 4-32 所示。

协会杯　　凯恩杯　　Norlan　　侍　　Riedel Rock　　月亮杯　　Riedel Single Malt

图4-32　盛放威士忌的各类酒杯

3. 工具准备

准备酒杯、托盘、杯垫、搅拌棒、冰块、酒、矿泉水和其他饮料，检查杯具是否清洁，酒水是否过期等。根据客人选择的饮用方式准备好酒杯，酒杯应洁净、无破损、无水渍、无污渍。

（二）服务流程

点单→示酒→开瓶→酒水制作→酒水服务。

1. 点单

利用酒单协助客人点酒，根据客人需求、偏好选择饮用方式。

2. 示酒

向客人展示酒水，让客人确认该酒是否为客人所点，客人表示认可后，询问客人是否开瓶。

3. 开瓶

威士忌大部分都是使用螺旋塞封瓶的，把包装上的锡箔纸撕开，拧开瓶盖就可以。如果有些威士忌是使用木塞的，直接把木塞拔出即可。

4. 酒水制作

根据客人需要制作相应的酒水，有净饮、加冰、加水、加汽水等不同饮用方式。

5. 酒水服务

给客人呈递酒水，按先宾后主、女士优先的原则从客人的右侧为客人服务。冰镇酒水需给客人垫上杯垫。随时观察客人酒水饮用情况，当客人即将空杯前应征询客人是否续酒。

（三）酒水制作

1. 净饮

净饮可以获得威士忌最本真的口感。可以根据威士忌的品类和客人不同的需求选择酒杯。斟酒量一般为威士忌杯的 1/4 或 1/5。

2. 加冰

前已述及，加冰既能降低酒精的刺激又不会过多稀释酒液。制作威士忌饮品通常使用古典杯较多。冰块的选用从以前常用的方冰发展到现在十分流行的水晶球冰块。将冰块削成晶莹剔透的"水晶球"，在金黄的酒液中旋转，会给人带来美的享受。

3. 加水

加水是较常见的威士忌饮用方式。加适量的水能让酒精味变淡，引出威士忌潜藏的香气。一般而言，1∶1 的威士忌加水的比例，最适用于 12 年威士忌；低于 12 年的，水量要增加；高于 12 年，水量要减少；如果是高于 25 年的威士忌，建议是加一点水，或是不需要加水。

4. 加汽水

以 Whisky Highball 来说，加可乐调制普遍用于美国威士忌，至于其他种类威士忌，大多是用姜汁汽水等其他的苏打水调制。

5. 苏格兰传统热饮法

Hot Toddy 的调制法相当多样，主流调配法多以苏格兰威士忌为基酒，调入柠檬汁、蜂蜜，再依各人需求与喜好加入红糖、肉桂，最后加入热水，即成御寒又好喝的调制酒。

二、白兰地服务

（一）服务准备

1. 侍酒温度

白兰地适合在正常室温下饮用，即 16~20℃，对于一些经过长期陈化的干邑白兰地，可以用手掌包住酒杯，让手掌的温度传递给酒液，提高其温度，好让它散发出更浓郁的香气。

2. 酒杯的选择

白兰地杯（图 4-33）为杯口小、腹部宽大的矮脚杯。实际容量虽然大（240~300 毫升），但倒入的酒量不宜过多（30 毫升左右），以杯子横放后酒在杯腹中不流出为宜。持杯时，应用手掌往上包住杯身，让手的温度传到酒液中，使其散发出酒的香醇。

图 4-33　白兰地杯

3. 工具准备

准备酒杯、托盘、杯垫、搅拌棒、冰块、矿泉水和其他饮料，检查杯具是否清洁，酒水是否过期等。白兰地的饮用应使用白兰地杯，酒杯应洁净、无破损、无水渍、无污渍。

（二）服务流程

点单→示酒→开瓶→酒水制作→酒水服务。

具体服务流程参考威士忌服务。

（三）酒水制作

1. 净饮

白兰地的传统饮法是在室温下净饮，每份白兰地的服务量为 30 毫升。另外可以给客人配一杯冰水。冰水的作用是：每喝完一小口白兰地，喝一口冰水，清新味觉能使下一口白兰地的味道更香醇。喝白兰地时用手掌握住白兰地杯壁，让手掌的温度经过酒杯稍微暖和一下白兰地，让其香味挥发，充满整个酒杯。边闻边喝，才能真正地享受饮用白兰地酒的奥妙。

2. 加冰、加水

目前我国在饮用白兰地时，一般是加冰或加水饮用。在白兰地酒杯中加入三块方冰块，再将白兰地酒淋于冰块之上；或将白兰地倒于白兰地酒杯中，再加入适量的矿泉水，适当搅拌。这样的喝法能够稀释酒精浓度，使口感更加的绵软。

3. 加汽水

在喝白兰地的时候，可以在白兰地当中加入一点汽水，如雪碧或可乐就是白兰地的最佳搭档。将雪碧和白兰地按照 1∶0.8 的比例调和，搅拌均匀后就可以直接饮用了。也可以用摇壶摇和，等雪碧或可乐的泡泡出来后，将酒倒入杯中喝下，可感受喉咙和胃里酒精与气泡挥发的混合冲击。

4. 加咖啡、热茶或热糖水

白兰地也很适合热饮，可以加入咖啡、热茶或热糖水，具体配比可参考：2/3 的热咖啡+1/3 的白兰地（比较像爱尔兰咖啡的口味）；1/2 的热糖水+1/2 的白兰地；2/3 的热茶+1/3 的白兰地。

三、伏特加服务

（一）服务准备

1. 侍酒温度

伏特加的传统饮法是冷冻后饮用。在俄罗斯和芬兰等国，当地居民习惯将伏特加放入冰柜，在零下5~8摄氏度冰冻至液体黏稠状。这时取出饮用时，那种入口冰爽，在喉咙处发热的酒精刺激是最爽的，也更贴合伏特加的本质，外表纯净，内在奔放热烈。

2. 酒杯的选择

净饮时通常选用古典杯或一口杯。

3. 工具准备

准备酒杯、托盘、杯垫、搅拌棒、冰块、矿泉水和其他饮料，检查杯具是否清洁，酒水是否过期等。

（二）服务流程

点单→示酒→开瓶→酒水制作→酒水服务。

具体服务流程参考威士忌服务。

（三）酒水制作

1. 净饮

净饮分两种，一种是常温饮用，一种是冷冻后直接饮用。常温饮用时，给客人配一杯冰水。冷冻饮用注意控制好温度，待酒液出现黏稠状即可斟倒给客人饮用。伏特加用古典杯饮用时斟酒量约为1/4杯或1/5杯。如选用一口杯需斟倒9分满。伏特加一般可作为佐餐酒或餐后酒。

2. 加冰

直接加冰块也是伏特加常饮用的方式之一。与零下冷冻不同，加冰块没有那种冰冻到刺激的口感，相对比较柔和，也能一定程度上降低酒精的刺激感。

3. 燃烧着喝

使用一口杯，在杯中加入2/3的百利甜酒，再加入1/3的伏特加，用火点燃上层的伏特加，插上一根吸管，一口气喝完，感受冰火两重天的感觉。这种饮法类似于B52轰炸机的做法。

4. 加牛奶或可可

在酒杯中倒入伏特加，再放入适量的牛奶或可可，也可以再加点冰块，充分调和后喝，整体酒液散发着浓浓的奶油香和可可香味，适合女孩子饮用。

5. 疯狂喝法

这是龙舌兰酒+盐+柠檬的伏特加版本。准备几片又腥又辣的生姜。先将伏特加倒入一口杯中，再将黑胡椒撒进伏特加。喝的时候先咬一口生姜，然后迅速把伏特加倒入嘴里，一口饮下，那种强烈的刺激感让很多人情有独钟。

四、朗姆酒服务

（一）服务准备

1. 侍酒温度

朗姆酒的饮用温度可以根据客人的喜好来调整，常温饮用的话一般控制在 18°左右，冰镇饮用的话一般降到 0°左右。

2. 酒杯的选择

净饮时可以选用古典杯，也可以选用白兰地杯或威士忌品鉴杯，杯口偏小可以聚香，能够清楚分辨朗姆酒的香气与风味。

3. 工具准备

准备酒杯、托盘、杯垫、搅拌棒、冰块、矿泉水和其他饮料，检查杯具是否清洁，酒水是否过期等。

（二）服务流程

点单→示酒→开瓶→酒水制作→酒水服务。

具体服务流程参考威士忌服务。

（三）酒水制作

1. 净饮

在出产国和地区，人们大多喜欢喝纯朗姆酒，不加以调混。实际上这是品尝朗姆酒最好的做法。朗姆酒斟倒量一般为古典杯或威士忌杯的 1/4 或 1/5 杯，白兰地杯约 30ml。

2. 加冰或水

朗姆酒加冰，是常见的一种喝法。先将冰块（冰球）放入酒杯中，再将朗姆酒沿着杯壁缓缓倒入，入口清凉，别有一番风味！

3. 加苏打水

苏打水饮法适合用来喝清淡型的朗姆酒，酒精度为 40% 左右的朗姆酒最适合这种喝法。将朗姆酒与苏打水按照 1：2 的比例混调，再挤入一点鲜的柠檬汁，朗姆酒的酒体会变得柔软，有点类似陈年的啤酒，口感柔和且复杂。

4. 加可乐

朗姆酒最时尚的喝法，即朗姆酒加可乐。这原本是墨西哥流行的喝法，后来传遍世界。

因为可乐有焦糖的香味，与甘蔗酿造的朗姆酒搭配在一起，酒精与软饮的结合，相得益彰，既没有损坏酒原有的味道，又提高了入口的口感。可乐要沿着杯壁，往加了冰块的朗姆酒中慢慢倒入，再缓缓摇动下杯子。千万不要将可乐直接倒在冰块上，会使口感变硬，层次不丰富。

5. 加椰汁

朗姆酒加椰汁是加勒比人比较喜欢喝法，朗姆酒的回甘，配上椰奶的奶香，口感冰凉、清淡、柔和。

6. 急冻橙汁饮法

将酒精度为 40% 的清淡型朗姆酒放入冰箱的冷冻层，48 小时后再取出。这时的朗姆酒凝结成冰液黏稠状，按照 1∶1 的比例倒入鲜榨橙汁，之后一口喝下，会从喉咙到胃划过一道滋味丰富的冰线。

五、金酒服务

（一）服务准备

1. 侍酒温度

金酒可常温饮用，但冰镇过后效果更好。最佳饮用温度一般为 7～10℃，可将酒放入冰箱冷藏，使瓶子稍稍有些水汽，也可加冰块。

2. 酒杯的选择

净饮时通常选用古典杯或利口酒杯。

3. 工具准备

准备酒杯、托盘、杯垫、搅拌棒、柠檬片、冰块、酒水及其他饮料，检查杯具是否清洁，酒水是否过期等。

（二）服务流程

点单→示酒→开瓶→酒水制作→酒水服务。

具体服务流程参考威士忌服务。

（三）酒水制作

1. 净饮

净饮金酒需选用品质好的酒，才能感受到金酒丰富的香气和纯正的口感，而且也不是所有金酒都适合净饮，如英国金酒，既可净饮，又可作为鸡尾酒的基酒；荷式金酒只适于纯净饮，不宜做混合酒的基酒；美国金酒则很少用于净饮，多用于调制鸡尾酒。荷式金酒在东印度群岛流行在饮用前用苦精洗杯，然后注入荷兰金酒，大口快饮，具有开胃的功效，饮后再饮一杯冰水。干金酒的净饮一般需放入冰箱冰镇后再饮用口感更佳。

2. 加冰

金酒加冰是常见的喝法之一，跟净饮比起来没有那么刺激，口感更顺滑。先将冰块（冰球）放入酒杯中，再将金酒沿着杯壁缓缓倒入。

3. 加汤力水

金酒与味苦的汤力水搭配堪称完美。喝起来清爽，酸甜中略带一点苦涩。先加冰块打底，再以 1∶3 的比例加入金酒和汤力水，最后加入柠檬片。

六、龙舌兰酒服务

（一）服务准备

1. 侍酒温度

龙舌兰酒的饮用温度依据贮藏时间的不同而有不同的选择。贮藏时间在 2 个月到 1 年的龙舌兰酒，最好在冰镇之后饮用；而贮藏时间超过 1 年的奢华高级龙舌兰，品饮温度最好是常温，因为冰镇会使酒体香气转弱。

2. 酒杯的选择

根据饮用不同的品类和方式可选用古典杯、白兰地杯或一口杯。

3. 工具准备

准备酒杯、托盘、杯垫、搅拌棒、柠檬片、盐、冰块、酒水及其他饮料，检查杯具是否清洁，酒水是否过期等。

（二）服务流程

点单→示酒→开瓶→酒水制作→酒水服务。

具体服务流程参考威士忌服务。

（三）酒水制作

1. 净饮

净饮可以品尝到最正宗的龙舌兰酒的味道。依据贮藏时间的不同，选用的品饮酒杯与饮酒温度也不一样。贮藏时间在 2 个月到 1 年的龙舌兰酒称为"Tequila Reposado"，酒体呈现淡淡的黄色，散发出微微的桶香。这个贮藏时间的龙舌兰酒可以说最具有龙舌兰酒的特征，品饮的时候最好在冰镇之后使用古典杯饮用；而贮藏时间超过 1 年的奢华高级龙舌兰，因为具有与白兰地相似的酒体感觉，在净饮的时候最好使用白兰地酒杯，可以聚敛香气，不易使酒香挥发。品饮温度最好是常温。

2. 搭配柠檬和盐的传统饮法

龙舌兰酒在墨西哥的传统喝法十分特别。准备好适量的食用盐和新鲜的柠檬片，在一口杯中斟倒好龙舌兰酒。把食用盐撒在手背的虎口上，柠檬夹在无名指和中指之间，喝龙舌兰酒时，先舔一口虎口上的盐，然后把龙舌兰酒一饮而尽，随后咬一口柠檬片，整个过程需要一气呵成，只有这样才能品尝到龙舌兰酒的真正滋味。

七、中国白酒服务

（一）服务准备

1. 侍酒温度

白酒一般在室温下饮用，但是稍稍加温后再饮，口味较为柔和，香气也浓郁。

2. 酒杯的选择

饮中国白酒通常选择白酒杯。

（二）服务流程

点单→示酒→上酒具→开瓶→斟酒→添酒。

1. 点酒

客人点酒后，向客人确认所点酒的信息，尤其是酒的度数，因为同一品牌的白酒度数会有所不同。

2. 示酒

用托盘或双手捧上客人所点的酒，站在客人右侧，酒瓶呈 45 度倾斜向客人展示，酒标向上。跟客人确认该酒是否为客人所点。如有差错，则应立即更换，直到客人认可。示酒后可向客人询问是否立即开瓶。

3. 上酒具

将白酒杯、分酒器置于托盘上，依次给客人摆放好。

4. 开瓶

开瓶时，可在客人面前开酒，也可在旁边服务台打开。如有外包装盒，要尽量完整地取出。然后平整切掉铝箔，拿掉酒塞（因白酒品种众多，可根据酒瓶瓶盖的不同样式选择不同的开盖方式）。

5. 斟酒

斟酒时先将白酒倒入分酒器或酒壶中（也可直接用酒瓶斟倒）。在客人的右侧进行斟酒，先为主宾斟倒，再到主人，然后按顺时针方向依次斟倒。斟酒量约为 9 分满。如直接用酒瓶斟酒，注意瓶口不要碰触酒杯，酒瓶与酒杯呈 45 度角斟倒。倒完一杯酒时，顺时针方向轻轻转动瓶口，避免酒滴在台面上，并及时用干净的口布擦干瓶口。

6. 添酒

初次服务完毕，将酒放在餐桌上或服务台上。席间注意观察，随时为客人添加酒水。若客人瓶中酒只剩下 1 杯的量时，询问主人是否再加一瓶，如果主人不再加酒，应观察客人，待其喝完酒后，及时将空的酒杯撤掉。

第四节　配制酒服务

一、开胃酒服务

（一）服务准备

1. 侍酒温度

开胃酒一般是在室温下饮用，也可根据个人口味加冰后再饮。

2. 酒杯的选择

开胃酒一般是烈性酒，能刺激胃口，增加食欲。开胃酒大多使用鸡尾酒杯（图 4-34）或古典杯（图 4-35）。

图4-34 鸡尾酒杯

图4-35 古典杯

3. 工具准备

准备酒杯、托盘、杯垫、调酒杯、搅拌棒、冰水和酒水。

（二）服务流程

点单→示酒→开瓶→酒水服务。

1. 点单

利用酒单协助主客点酒，根据客人需求、偏好应做相应介绍和推荐，应记住每位客人所点酒水，以免送错。

2. 示酒

将商标朝向客人以展示酒水，由客人确认该酒是否为客人所点。如有差错，则应立即更换，直到客人认可。

3. 开瓶

如客人示意可以开瓶，则将酒的封盖旋开。

4. 酒水服务

如客人点杯装开胃酒，服务员凭订单去吧台领取制作好的酒水，用托盘给客人奉上。

二、甜食酒服务

（一）服务准备

1. 侍酒温度

白甜食酒要冰镇后饮用，温度在10℃左右，红甜食酒可以常温饮用，也可根据个人口味加冰后再饮。

2. 酒杯的选择

根据甜食酒的种类，选择对应的酒杯。一般选择雪莉杯（图4-36）和波特杯（图4-37）。

图 4-36　雪莉杯

图 4-37　波特杯

3. 工具准备

准备酒杯、托盘、杯垫、搅拌棒、调酒杯和酒水。

（二）服务流程

点单→示酒→开瓶→酒水服务。

具体服务流程参考开胃酒服务。

三、利口酒服务

（一）服务准备

1. 侍酒温度

根据利口酒品种不同，对温度要求也不同。如水果类利口酒饮用最好冰镇；草本类利口酒宜冰镇饮用；种子利口酒常采用常温饮用；奶油类利口酒采用冰桶降温后饮用。

2. 酒杯的选择

饮用利口酒一般选择利口酒杯（图 4-38）。

图 4-38　利口酒杯

3. 工具准备

准备酒杯、托盘、杯垫、搅拌棒、调酒杯和酒水。

（二）服务流程

点单→示酒→开瓶→酒水服务。

具体服务流程参考开胃酒服务。

第五节　咖啡服务

一、服务准备

（一）咖啡准备

准备好不同种类的咖啡豆和咖啡粉，确保咖啡的新鲜度和
保存是否完好。

（二）咖啡杯的选择

咖啡服务微课
（2019 年广西职业院校
技能大赛二等奖选手展示）

根据客人所点的咖啡种类选择不同的咖啡杯。咖啡杯的尺
寸，一般分为三种：

1. 小型咖啡杯（意式咖啡杯）

小型咖啡杯的容量为 60~80ml，一般用来盛装浓烈的意大利式咖啡或单品咖啡，虽然
几乎一口就能饮尽，但徘徊不去的香醇余味，最显咖啡的精致风味，如图 4-36 所示。

2. 中型咖啡杯（标准咖啡杯）

中型咖啡杯的容量为 120~140ml，一般常见的咖啡杯，清淡的美式咖啡多选用这种杯
子，有足够的空间，可以自行调配，添加奶和糖，如图 4-37 所示。

3. 大型咖啡杯

大型咖啡杯的容量约 300ml，一般为马克杯或法式欧蕾专用牛奶咖啡杯。加了大量牛
奶的咖啡，像拿铁、美式摩卡，多用马克杯，才足以包容它香甜多样的口感；而浪漫的法
国人，则惯常用一大碗牛奶咖啡，渲染持续一整个早上的雀跃心情，如图 4-38 所示。

图 4-36　小型咖啡杯（意式咖啡杯）　　图 4-37　中型咖啡杯（标准咖啡杯）

（a）　　　　　　　　　　　　　　　（b）

图 4-38　大型咖啡杯

（三）工具及材料准备

准备好制作咖啡的器具、磨豆机、厨房秤、各类咖啡杯具、托盘、糖盅、奶盅、口布、各类糖包、牛奶、奶油、热水、纯净水等。

二、服务流程

点单→物品准备→制作咖啡→服务咖啡→添加咖啡。

（一）点单

双手递送酒水单，接受客人点单，确认客人点单情况。

（二）物品准备

根据客人点单情况准备所需物品，如服务单品咖啡，需提前摆放好糖奶盅供客人选择是否添加。首先开启鲜奶，在奶盅里装入 2/3 的鲜奶。将备好的糖碟、奶盅放入托盘，优先呈给客人。先放糖碟，再放奶盅，分别置于两位客人中间的位置，注意将奶盅的手柄摆向外，便于客人拿取。

（三）制作咖啡

根据客人点单情况制作咖啡。

（四）服务咖啡

根据客人所点咖啡进行服务，如服务单品咖啡，先在客人面前摆放好咖啡杯具，将咖啡杯置于咖啡底碟上，杯把朝向右侧，咖啡勺置于咖啡碟内，勺把朝右。为客人斟倒咖啡至 8 分满，按先宾后主、女士优先原则服务咖啡。注意提醒客人"小心烫""这里有糖和奶"。

（五）添加咖啡

当客人咖啡杯中的咖啡仅剩 1/5 时，服务员须主动询问客人是否再制作、添加一杯咖啡。添加一杯新的咖啡时，需将空的咖啡杯从客人右手边撤走。观察桌面上糖奶盅的情况，及时补充需要的糖和奶。

第六节　茶饮服务

一、中式茶艺服务

常见茶的冲泡服务：盖碗冲泡茉莉花茶、玻璃杯冲泡绿茶、紫砂壶冲泡乌龙茶。

盖碗冲泡茉莉花茶微课

（二）服务流程

1. 盖碗冲泡茉莉花茶

（1）准备器具

备水：选择纯净水，水烧开后降到85~95℃。

备器：盖碗、茶道组、随手泡、赏茶荷、茶巾、茶盘、茶叶罐。

（2）冲泡流程

取茶、赏茶→翻盏净具→浸润杯具→投茶→润茶→摇香→冲泡→出汤→奉茶。

2. 玻璃杯冲泡绿茶

（1）准备器具

备水：选择纯净水，水烧开后降到70~80℃。

备器：玻璃杯、随手泡、茶拨、赏茶荷、茶巾、废水缸、茶叶罐。

（2）冲泡流程

翻杯→温杯→取茶、赏茶→投茶→温润泡→冲泡→奉茶。

3. 紫砂壶冲泡乌龙茶

（1）准备器具

备水：选择纯净水，沸水烧开至100℃。

备器：紫砂壶、随手泡、品茗杯、闻香杯、茶道组、赏茶荷、茶巾、茶盘、茶叶罐。

（2）冲泡流程

翻杯→取茶、赏茶→温杯具→投茶→洗茶（温润泡）→冲泡→烫洗品茗杯（狮子滚球）→出茶（关公巡城、韩信点兵）→分茶→奉茶。

二、英式红茶服务

（一）服务准备

1. 茶叶准备

在茶的选择上，一般来说正统的英式下午茶多会选用大吉岭茶、伯爵茶或锡兰红茶。都是直接冲泡茶叶，再用茶漏过滤掉茶渣倒入杯中饮用，并且只喝第一泡。至于袋泡茶，基本上当时的上流社会是不会选用的，现代社会为了快捷便利，也会使用袋泡茶。

2. 茶具准备

在英国维多利亚式下午茶传统里，精致的上等茶具非常重要。一套完备的英式下午茶，必须要有陶瓷茶壶、杯具组合、糖罐、奶盅、七英寸个人点心盘、点心架、点心盘、放茶渣的小碗，这些皆为白底描花瓷器。如果只是普通的英式红茶服务，可以只提供基本的茶具组合。

3. 工具及材料准备

准备好陶瓷茶壶、杯具组合、托盘、糖盅、奶盅、口布、各类糖包、牛奶、纯净水和点心餐具等。

（二）服务流程

点单→物品准备→制作红茶→服务红茶→添加红茶。

1. 点单

双手递送酒水单，接受客人点单，确认客人点单情况。

2. 物品准备

根据客人点单情况准备所需物品。需提前摆放好糖奶盅供客人选择是否添加。首先开启鲜奶，在奶盅里装入 2/3 的鲜奶。将备好的糖碟、奶盅放入托盘，优先呈给客人。先放糖碟，再放奶盅，分别置于两位客人中间的位置，注意将奶盅的手柄摆向外，便于客人拿取。如客人点有搭配的点心则需准备好相应的点心餐具。

3. 制作英式红茶

按照瓷壶冲泡红茶的流程现场进行冲泡。

4. 服务红茶

先在客人面前摆放好红茶杯具，将茶杯置于杯托上，杯把朝向右侧，瓷勺置于杯托内，勺把朝右。为客人斟倒红茶至 8 分满，按先宾后主、女士优先原则服务。注意提醒客人"小心烫""这里有糖和奶"。如有点心，则先为客人上餐具，再上点心。

5. 添加红茶

服务员应随时关注，为客人添加茶水。如发现茶壶中茶水只剩下 1/5 时，须主动询问客人是否再冲泡一壶茶。添加新茶时，需将空的茶杯从客人右手边撤走。观察桌面上糖奶盅的情况，及时补充需要的糖和奶。

第七节　职业技能比赛中西式酒水服务

一、中餐宴会酒水服务

场景设定是在中餐宴会厅接待客人的中餐宴会服务，内容重点针对酒水服务，餐食服务不做具体介绍。此项内容依据"2023 年广西职业院校技能大赛高职组'餐厅服务'赛项竞赛规程"并结合参赛经验进行编写（教材主编为 2021 年广西职业院校技能大赛高职组"餐厅服务"赛项一等奖指导老师）。

（一）仪容仪表准备

1. 仪容仪表符合要求

服务前需检查仪容仪表和个人的卫生。着装要符合行业标准，可穿着中式旗袍或餐厅制服。鞋子以舒适为主，男士可穿着深色皮鞋配深色棉袜；女士可以穿着平底鞋或者低跟的深色皮鞋，配肉色丝袜。发型妆容符合职业要求，男士应保持发型"前不及额、发不掩耳、后不及领"的标准，经常修剪胡须鼻毛，保持整洁；女士不可披头散发，刘海不遮眼，通常把头发盘起来。可化淡妆，但避免过于浓艳。男士女士都需保持指甲干净整齐，不涂有色指甲油，不佩戴过于醒目的饰物，不喷浓香水。

2. 服务仪态专业

服务过程中姿态优美，表现专业，展现良好的仪态，仪容仪态可参见以下标准，如表 4-1 所示。

表 4-1　职业技能比赛"仪容仪态"评分标准

任务	M＝测量 J＝评判	标准名称或描述	权重	评分	
E1 仪容 仪态 2分	M	制服干净整洁，熨烫挺括，合身，符合行业标准	0.2	Y	N
	M	鞋子干净且符合行业标准	0.2	Y	N
	M	男士修面，胡须修理整齐；女士淡妆，身体部位没有可见标记	0.2	Y	N
	M	发型符合职业要求	0.2	Y	N
	M	不佩戴过于醒目的饰物	0.1	Y	N
	M	指甲干净整齐，不涂有色指甲油	0.1	Y	N
	J	0：所有的工作中站姿，走姿标准低，仪态未能展示工作任务所需的自信 1：所有的工作中站姿，走姿一般，对于有挑战性的工作任务时仪态较差 2：所有的工作任务中站姿、走姿良好，表现较专业，但是仍有瑕疵 3：所有的工作中站姿、走姿优美，表现非常专业	1.0	0 1 2 3	

（二）餐前准备

1. 检查餐台摆设状态

检查已经摆好的宴会餐台，各部分餐具用品是否齐全，摆放是否标准，是否符合卫生标准，检查桌布、餐椅的摆放等。

2. 服务用品准备

准备好宴会服务的相关用品，确认餐具清洁、无破损，酒水等耗材在保质期内。除就餐所用餐具外，酒水服务需要拿取的酒水器具包括备用的各式杯具、水壶、茶壶、茶杯组合、托盘、开瓶器、口布等。

（三）迎客入座

1. 迎客引位

主动、友好地问候客人，欢迎客人光临。引领客人进入宴会厅，优先引导主宾位客人。

引位距离大概 2 米，带位途中应走在客人右前方 1 米处，步行速度要适中，并需不时地回头关注客人，在引位过程中，语言与手势相结合，语言要亲切，手势要准确。应将手臂伸直，手指自然并拢，手掌向上，以肘关节为轴指向目标。

2. 拉椅

优先为主宾客拉椅入座，其次是主人位，再按顺时针方向为其他宾客拉椅。拉椅时双手扶住椅背用膝盖顶住椅背拉出，待客人即将入座，迅速将椅子推进给客人就座。

3. 开餐巾、拆筷套

优先为主宾客服务，再顺时针依次为客人打开餐巾。按同样的顺序为客人拆开筷套，筷子需放在筷架处。

（四）茶水服务

1. 上杯具

将茶杯、杯托置于托盘上，从主宾位开始顺时针方向给客人上杯具。杯具放置于筷子右侧，茶杯把手呈 45°对客。

2. 斟茶

回到工作台拿茶壶（已经冲泡好茶水），将茶壶和口布放置于托盘上，从主宾位开始顺时针方向给客人斟倒茶水。茶水斟倒 7 分满，无滴洒。斟倒完后如有茶水流出壶嘴，需及时用口布擦拭。

表 4-2 为职业技能比赛"餐前服务"评分标准。

表 4-2　职业技能比赛"餐前服务"评分标准

任务	M=测量 J=评判	标准名称或描述	权重	评分	
C1 餐前 服务 3 分	M	检查餐台摆设状态，查验餐台物品	0.2	Y	N
	M	准备服务用品，工作台摆放合理，完全整齐	0.2	Y	N
	M	主动、友好地问候客人，欢迎客人光临	0.2	Y	N
	M	引领方式正确、规范	0.2	Y	N
	M	为宾客拉椅入座，顺序正确	0.2	Y	N
	M	折餐巾、拆筷套服务客人顺序正确	0.2	Y	N
	M	折餐巾、拆筷套运作正确、熟练、优雅	0.2	Y	N
	M	正确使用托盘上茶	0.2	Y	N
	J	0：选手社交能力欠缺或与客人无交流 1：选手与客人有一定的沟通，在工作任务中展现一定水平的自信 2：选手履现较高水平的自信，与客人沟通良好，整体印象良好 3：选手展现优异的人际沟通能力，自然得体，有关注细节的能力	1.0	0 1 2 3	

（五）酒水服务

1. 介绍酒水

站在主人位右侧，双手为客人递送宴会酒单，并向客人介绍所提供的几款酒水。介绍内容需包含酒品的主要信息。接着询问客人需要上哪款酒水。待向在座宾客确认完后，再重复一次所需酒水以便核对。

2. 调整酒具、撤空杯

按照客人所点酒水的情况，为客人调整酒具。如客人不需要饮用茶水了，可询问后撤走空杯。

3. 侍酒服务

（1）葡萄酒服务

给点了葡萄酒的客人进行葡萄酒的服务。按照示酒、开瓶、验酒、试酒、斟酒、添酒的流程进行服务（具体服务流程可参考第一节葡萄酒服务）。注意白葡萄酒需提前冰镇。

（2）白酒服务

给点了白酒的客人进行白酒的服务。按照示酒、开瓶、斟酒、添酒的流程进行服务（具体服务流程可参考第三节蒸馏酒服务中的中国白酒服务）。

（3）饮料服务

给点了可乐等饮料的客人斟倒。将饮料拿到客人面前，跟客人确认，然后在客人面前开启，给客人斟倒。注意开启时不要面向客人，以防飞溅。在高脚杯中斟倒 8 分满。

表4-3为职业技能比赛"酒水服务"评分标准。

表4-3　职业技能比赛"酒水服务"评分标准

任务	M=测量 J=评判	标准名称或描述	权重	评分	
C3 酒水 服务 7分	M	向客人正确介绍酒水	0.4	Y	N
	M	服务用语恰当	0.4	Y	N
	M	准确提供客人所点酒水	0.4	Y	N
	M	正确调整和更换客人器具	0.5	Y	N
	M	示酒姿势标准，站位正确	0.4	Y	N
	M	正确方式开瓶，安全卫生	0.5	Y	N
	M	正确为客人提供鉴酒服务	0.5	Y	N
	M	按顺利斟倒酒水	0.5	Y	N
	M	斟倒酒量符号标准	0.4	Y	N
	J	0：托盘技术差，有明显失误现象，最终服务效果差，未达到合格标准 1：托盘技术一般，有晃动，斟酒有滴洒，操作动作基本符合规范要求 2：托盘技术稳定，操作动作协调，注重卫生和安全，最终展示效果良好 3：托盘技术稳定，服务流畅，动作优雅，最终效果出色	3.0	0 1 2 3	

（六）餐后服务

1. 征询意见

客人用餐后，主动征询客人对本次宴会的意见。

2. 送客

当客人准备离开时，服务人员可以为客人拉椅子，协助客人起身。热情礼貌地向顾客再次道谢、告别，欢迎顾客再次光临，并提醒客人带好随身物品。

3. 清理卫生

客人离开后尽快收拾客人餐具，服务用具归位，完成撤台工作。

表4-4为职业技能比赛"餐后服务"评分标准。

表4-4　职业技能比赛"餐后服务"评分标准

任务	M=测量 J=评判	标准名称或描述	权重	评分	
C5 餐后 服务 3分	M	主动征询客人意见	0.3	Y	N
	M	提醒客人带好随身物品、检查、确认客人无遗留物品	0.2	Y	N
	M	送客热情，有礼貌	0.5	Y	N
	M	服务用具归位，完成撤台工作	1.0	Y	N
	J	0：选手动作不顺畅，不自信，最终呈现效果较差 1：选手展现一定的自信，最终呈现效果一般 2：选手展现较好的自信，操作顺畅，最终呈现效果较好 3：选手动作熟练，操作规范，有关注细节的能力	1.0	0 1 2 3	

二、西餐休闲餐厅酒水服务

场景设定是在休闲餐厅接待客人的西餐零点服务，内容重点针对酒水服务，餐食服务不做具体介绍。此项内容依据2023年广西职业院校技能大赛高职组"餐厅服务"赛项竞赛规程，并结合参赛经验进行编写（两部分内容的主编为2021年广西职业院校技能大赛高职组"餐厅服务"赛项一等奖指导老师）。

（一）仪容仪表准备

1. 仪容仪表符合要求

服务前需检查仪容仪表和个人的卫生。着装要符合行业标准，可穿着餐厅制服。鞋子以舒适为主，男士可穿着深色皮鞋配深色棉袜；女士可以穿着平底鞋或者低跟的深色皮鞋，配肉色丝袜。发型妆容符合职业

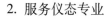

西餐酒水服务微课

要求，男士应保持发型"前不及额、发不掩耳、后不及领"的标准，经常修剪胡须鼻毛，保持整洁；女士不可披头散发，刘海不遮眼，通常把头发盘起来。可化淡妆，但避免过于浓艳。男士女士都需保持指甲干净整齐，不涂有色指甲油，不佩戴过于醒目的饰物，不喷浓香水。

2. 服务仪态专业

服务过程中姿态优美，表现专业，展现良好的仪态。

评分标准与职业技能比赛"仪容仪态"评分标准一致。

（二）餐前准备

1. 正确领取必需的餐具

确认餐具清洁，无破损。除就餐所用餐具外，酒水服务需要拿取的酒水器具包括红葡萄酒杯、白葡萄酒杯、水杯、饮料杯、水壶、咖啡壶、咖啡杯具组合、茶壶、茶杯组合、

糖盅、奶盅、开瓶器、口布等。

2. 正确摆放在备餐台

将领取来的餐具分类摆放在备餐台上，保持整洁干净。

3. 正确摆放在餐桌上

客人入座前需提前摆放好餐台。将领取的餐具按西餐用餐标准摆放整齐，一般先摆两人位餐具，根据客人入座及点菜情况进行撤补。注意摆放餐具的过程中，尽量佩戴手套，保证餐具的洁净。

表4-5为职业技能比赛"餐前准备"评分标准。

表4-5 职业技能比赛"餐前准备"评分标准

任务	M=测量 J=评判	标准名称或描述	权重	评分	
E2 餐前 准备 6分	M	正确领取必需的餐用具，摆放合理	1.0	Y	N
	M	确认餐用具的清洁，确保卫生安全	1.0	Y	N
	M	餐台桌布摆放平整、美观	0.5	Y	N
	M	餐台餐用具摆放整齐、一致，方便客人全用	1.0	Y	N

（三）迎客入座

1. 迎客引位

站立微笑向客人问好，询问客人人数、有无预定，伸手指引客人进入卡座。在座位前询问客人对座位是否满意。引导主人位客人。

引位距离大概2米，带位途中应走在客人右前方1米处，步行速度要适中，并需不时地回头关注客人，在引位过程中，语言与手势相结合，语言要亲切，手势要准确。应将手臂伸直，手指自然并拢，手掌向上，以肘关节为轴指向目标。

2. 拉椅

请客人入座，双手扶住椅背用膝盖顶住椅背拉出，待客人即将入座迅速将椅子推进给客人就座。

3. 开餐巾、递送菜单

（1）打开餐巾方法：站在客人右侧0.5米处按先女后男，先宾后主的顺序依次为客人铺上餐巾。

（2）递送菜单、酒单：打开菜单和酒水单的第一页，身体向前微倾，左手握菜单的右上端，斜靠于左手腕上，右手握住菜单的右下端递给客人，并说："这是我们餐厅的菜单，请您过目。"

（四）接受点单、调整餐具

1. 接受点单

按先宾后主，女士优先原则接受客人点单。首先询问是否可以点单，倾听或向客人推荐菜品和搭配的酒品。记录点单内容，并向客人确认。

2. 调整餐具

根据客人点单情况，为客人调整餐具，撤掉多余餐具、杯具。将剩余餐具调整整齐，保持餐具均衡、协调。餐具拿捏手法正确，操作规范。

（五）酒水服务

1. 冰水服务

一手拿着水壶，一手拿着口布，走向前向客人询问是否需要冰水。按先宾后主、女士优先原则，在客人的右手边给客人斟倒冰水。水量5成，各杯水量均等。

2. 侍酒服务

（1）饮料服务：给点了苏打水等饮料的客人斟倒。将饮料拿到客人面前，跟客人确认，然后在客人面前开启，给客人斟倒。注意开启时不要面向客人，以防飞溅。如是高脚杯斟倒1/2杯，如是直身杯斟倒7分满。

（2）葡萄酒服务：按照示酒、开瓶、验酒、试酒、斟酒、添酒的流程进行服务（具体服务流程可参考第一节葡萄酒服务）。注意白葡萄酒需提前冰镇。给客人斟倒的酒每杯都要均等。

3. 咖啡或茶饮服务

客人用餐快结束时，上前询问客人是否需要咖啡或茶水。根据客人的要求给客人进行咖啡或茶饮服务（具体服务流程可参考第五节咖啡服务和第六节茶饮服务）。

表4-6为职业技能比赛"酒水服务"评分标准。

表4-6　职业技能比赛"酒水服务"评分标准

任务	M=测量 J=评判	标准名称或描述	权重	评分	
E4 酒水 服务 5分	M	向客人询问并提供倒水服务	0.2	Y	N
	M	适时为客人续酒水	0.3		
	M	向客人推销、介绍酒水	0.5	Y	N
	M	提供红葡萄酒的酒水准备、示酒、开瓶和斟酒服务	0.5	Y	N

表4-6(续)

任务	M=测量 J=评判	标准名称或描述	权重	评分
E4 酒水 服务 5分	J	0：服务红葡萄酒流程差，动作不佳，缺乏对客交流 1：服务红葡萄酒流程一般，动作一般，有一定的对客交流 2：服务红葡萄酒流程良好，动作自然得体，对客交流良好 3：服务红葡萄酒流程优秀，包括示酒、开瓶、醒酒、鉴酒和斟酒，动作非常自然得体，对客交流能力强	2.0	0 1 2 3
	J	0：服务白葡萄酒流程差，动作不佳，缺乏对客交流 1：服务白葡萄酒流程一般，动作一般，有一定的对客交流 2：服务白葡萄酒流程良好，动作自然得体，对客交流良好 3：服务白葡萄酒流程优秀，包括酒水准备、示酒、开瓶和斟酒，动作非常自然得体，对客交流能力强	1.0	0 1 2 3

（六）结账送客

当客人准备离开时，服务人员可以为客人拉椅子，协助客人起身。热情礼貌地向顾客再次道谢、告别，欢迎顾客再次光临，并提醒客人带好随身物品。

（七）清理卫生

客人离开后尽快收拾客人餐具，擦拭并整理好桌面，摆放好椅子。

（八）社交技能要求

服务外国客人时需使用流利的英文进行交流。服务过程热情、真诚、自然得体，有关注细节的能力，有专业的知识水平，有优异的人际沟通能力和解决问题的能力。

表4-7为职业技能比赛"社交技能"评分标准。

表 4-7　职业技能比赛"社交技能"评分标准

任务	M=测量 J=评判	标准名称或描述	权重	评分
E3 社交 技能 5分	J	0：全程没有或较少使用英语服务 1：全程大部分使用英语服务，但不流利 2：全程使用英语服务，较为流利，但专业术语欠缺 3：全程使用英语服务，整体流利，使用专业术语	2.0	0 1 2 3
	J	0：与客人交流少，需要客人提醒，服务缓慢、无序 1：有一些交流，呈送菜单，有基本沟通服务 2：与客人交流良好，帮助客人入座，呈送菜单并简单介绍 3：热情且真诚地迎宾，帮助客人入座，呈送菜单并做专业介绍，关注细节，展现良好的服务水平	1.0	0 1 2 3
E3 社交 技能 5分	J	0：选手没有社交能力或与客人无交流 1：选手与客人有一定的沟通，在工作任务中展现一定水平的自信 2：选手展现较高水平的自信，与客人沟通良好，整体印象良好 3：选手展现优异的人际沟通能力，自然得体，有关注细节的能力	2.0	0 1 2 3

实训任务

任务一　葡萄酒服务实训

实训目标：能根据葡萄酒的服务流程与要求进行标准操作。

实训内容：

1. 红葡萄酒服务；

2. 白葡萄酒服务。

实训方法：情景模拟，示范讲解、操作实践、师生点评。

实训步骤：

1. 教师创设模拟场景；

2. 教师示范及讲解操作要点和技巧；

3. 学生分组进行情景模拟实训；

4. 学生互评、教师点评。

操作过程和考核要点如表 4-8~表 4-16 所示：

表 4-8　红葡萄酒服务流程与标准

程序	标准	考核要点	评分
点单	1. 利用酒单协助主客点酒，根据客人需求、偏好及所点菜肴提供恰当的配酒建议，善用专业知识和销售技巧提升服务质量； 2. 点单结束后，与客人确认酒款	1. 是否正确为客人点单； 2. 是否跟客人确认点单情况	
准备工作	1. 客人订完红葡萄酒后，须立即到吧台取酒，不能超过 5 分钟； 2. 准备好酒篮，将一块洁净的口布铺在酒篮中； 3. 将红葡萄酒放在酒篮中，商标须向上； 4. 在客人的饮料杯右侧摆放红葡萄酒杯，间距 1 厘米，酒杯须洁净、无缺口、无破损	1. 能否及时取酒； 2. 能否准备好相应的物品	
示酒	1. 服务员须右手拿起装有红葡萄酒的酒篮，走到主人座位的右侧，向客人展示红葡萄酒。徒手拿酒的话需用一块口布托住葡萄酒底部，将商标朝向客人以展示酒水； 2. 服务员须右手拿酒篮上端，左手轻轻托住酒篮的底部，呈 45 度倾斜，商标向上，请客人看清酒的商标； 3. 由客人确认该酒是否为客人所点。如有差错，则应立即更换，直到客人认可。同时，询问客人现在是否可以开瓶	1. 是否正确拿酒； 2. 是否酒标对着客人，展示角度得当； 3. 是否跟客人确认并询问是否开瓶	
开瓶	1. 得到客人的允许后，可当着客人的面开瓶，也可在备餐区开瓶； 2. 用干净的餐布将瓶口擦干净； 3. 打开海马刀内置小刀，握住瓶身，完整地将酒帽割下，放入小蝶中。其间不能转动酒瓶，且酒标应对向客人。 4. 以 45 度角将螺旋钻的尖端插入软木塞中心位置，逐渐旋转至其直立。按顺时针方向旋转，螺旋钻外露部分剩下约一环时停止旋转。 5. 用一级二级卡位分别卡住瓶口，一手固定住卡位，另一手握住手柄缓缓地向上提起，直到木塞无法上移； 6. 软木塞即将完全拔出时，用手握住木塞，轻轻晃动将其取出； 7. 一手握住软木塞，另一手逆时针旋转酒刀，直至软木塞脱离，并将木塞放入盛放酒帽的小蝶	1. 是否用干净餐布随时清洁瓶口； 2. 是否完整的割下瓶帽； 3. 开瓶过程中是否酒标对着客人，且没有转动酒瓶； 4. 是否正确钻入螺旋钻和卡位； 5. 是否正确优雅地取出软木塞，且无破损	

表4-8(续)

程序	标准	考核要点	评分
验酒	1. 取下木塞后，侍酒师应检查有无异味，并将木塞放在碟中送至点酒客人面前查看； 2. 如发现该酒不宜饮用，则应立即更换	1. 是否查验酒的品质； 2. 是否正确呈递给客人查验	
试酒	1. 用一块干净的餐布将瓶口擦拭干净； 2. 用干净口布正确地包瓶； 3. 征询点酒主客同意后，为其斟倒酒杯1/5的酒让其试尝； 4. 询问对酒的品质满意与否，是否能为其他客人斟酒	1. 是否正确清洁瓶口及包瓶； 2. 是否是为点酒的主客斟酒； 3. 是否斟倒1/5的量； 4. 是否询问主客对酒的品质是否满意，是否能为其他客人斟酒	
斟酒	1. 当点酒客人品尝后，对酒表示满意，即可按女士优先、先宾后主的原则，在客人的右手边进行斟酒；圆桌的情况下，可从主客左手边的客人开始，顺时针方向斟酒； 2. 用右手握住瓶子的底部或者凹槽，不要挡住酒的正标；正确站位，注意斟酒姿势； 3. 倒酒时，瓶口要在杯口上方2厘米处的位置，注意不要碰到酒杯；一般来说，斟酒量在杯身1/3至1/2的位置。斟酒过程中应避免酒液滴洒； 4. 当杯中酒到达合适的容量后，轻微旋转酒瓶底部，快速收瓶，避免滴酒；最后用口布擦拭瓶口	1. 斟酒顺序是否正确； 2. 斟酒量是否正确，且每位客人斟酒量是否均等； 3. 斟酒动作是否规范； 4. 是否正确使用口布，有无滴酒	
添酒	1. 在客人进餐的过程中，随时观察客人酒水饮用情况并为客人添酒，当客人杯中酒少于1/3时应征询客人，及时续酒； 2. 如果酒瓶中的酒已饮用完毕，询问主客是否点第二瓶酒。如果主人不再加酒，即观察客人，待客人喝完酒后，立即撤掉空杯； 3. 如主人同意再添加一瓶，应按照服务标准流程进行，第二瓶酒应及时更换新的葡萄酒杯	1. 能否随时关注客人的饮用情况，并根据客人意愿添酒； 2. 是否及时询问客人是否再开一瓶； 3. 是否及时撤换酒杯	

表4-9　白葡萄酒服务流程与标准

程序	标准	考核要点	评分
点单	1. 利用酒单协助主客点酒，根据客人需求、偏好及所点菜肴提供恰当的配酒建议，善用专业知识和销售技巧提升服务质量； 2. 点单结束后，与客人确认酒款	1. 是否正确为客人点单； 2. 是否跟客人确认点单情况	

表4-9(续)

程序	标准	考核要点	评分
准备工作	1. 客人订完白葡萄酒后，须立即到吧台取酒，不能超过5分钟； 2. 须在冰桶中放入1/3冰桶的冰块，再放入1/2冰桶的水后，将冰桶放在冰桶架上，并配有一条叠成8厘米宽的条状口布； 3. 将白葡萄酒放入冰桶中，商标须向上； 4. 在客人的饮料杯右侧摆放白葡萄酒杯，间距1厘米，酒杯须洁净，无缺口、无破损	1. 能否及时取酒； 2. 能否准备好相应的物品	
示酒	1. 将准备好的冰桶架、冰桶、白葡萄酒、口布条一次性拿到主人座位的右侧； 2. 左手持口布，右手持葡萄酒，将酒瓶底部放在条状口布的中间部位，再将条状口布两端拉起至酒瓶商标以上部位，并使商标全部露出； 3. 右手持用口布包好的酒，左手四个指尖轻托住酒瓶底部，送到客人面前，请客人看酒的商标，并询问客人是否可以开启	1. 是否正确拿酒； 2. 是否正确使用口布，以防冰水滴落； 3. 是否酒标对客，展示角度得当； 4. 是否跟客人确认并询问是否开瓶	
开瓶	与红葡萄酒一致		
验酒	与红葡萄酒一致		
试酒	与红葡萄酒一致		
斟酒	与红葡萄酒一致		
添酒	与红葡萄酒一致		

任务二 啤酒服务实训

实训目标：能根据啤酒的服务流程与要求进行标准操作。

实训内容：啤酒服务。

实训方法：情景模拟，示范讲解、操作实践、师生点评

实训步骤：

1. 教师创设模拟场景；

2. 教师示范及讲解操作要点和技巧；

3. 学生分组进行情景模拟实训；

4. 学生互评、教师点评。

操作过程和考核要点如表 4-10 所示：

表 4-10　啤酒服务流程与标准

程序	标准	考核要点	评分
点单	1. 双手递送酒水单，接受客人点单； 2. 点单结束后，与客人确认酒款	1. 是否正确为客人点单； 2. 是否跟客人确认点单情况	
准备工作	1. 客人订完啤酒后，须立即到吧台取酒，不能超过 5 分钟； 2. 准备好水杯、啤酒杯等，保持器皿干净整洁无异味； 3. 准备好口布，并保持口布干净、折叠整齐； 4. 准备好开酒瓶用的开瓶器，一般准备至少 2 个，以备不时之需； 5. 准备好干净的托盘、冰桶、杯垫等	1. 能否及时取酒； 2. 能否准备好相应的物品	
上杯具	1. 将杯垫放在客人面前； 2. 取出经过冰镇的啤酒杯，将其置于杯垫上	1. 是否正确摆放杯具； 2. 酒杯是否冰镇过	
示酒	1. 左手掌心放置叠成 12 厘米见方的口布，将啤酒瓶底放在口布上，右手扶住酒瓶上端，并呈 45° 倾斜，商标朝向客人，向客人展示； 2. 询问客人是否是客人所点的酒，并跟客人确认是否现在开瓶	1. 是否正确拿酒； 2. 是否酒标对客，展示角度得当； 3. 是否跟客人确认并询问是否开瓶	
开瓶	1. 得到客人的允许后，可当着客人的面开瓶，也可在备餐区开瓶； 2. 用干净的餐布将瓶口擦干净，使用开瓶器将瓶盖打开	1. 是否用干净餐布随时清洁瓶口； 2. 开瓶过程中不能对着客人开瓶，以防瓶盖飞出伤到客人	
斟酒	1. 采用桌斟方式，按照宾客优先、女士优先原则斟倒，注意酒瓶的商标朝向客人； 2. 控制好酒液的流速，以 10 分满为标准，其中 8 分为酒液，2 分为泡沫	1. 斟酒顺序是否正确； 2. 斟酒量是否正确； 3. 斟酒动作是否规范； 4. 有无滴酒	
添酒	1. 未倒完的啤酒瓶放在客人的右手侧，置于杯垫之上，商标朝向客人； 2. 如客人点的是干型啤酒（如科罗纳啤酒），应注意征询客人是否在酒杯内添加柠檬片，客人饮用过程中应注意观察，随时为其添加啤酒； 3. 当客人瓶中的啤酒仅剩三分之一时，应主动询问客人是否需要再添加一瓶啤酒，注意及时将已倒空的啤酒瓶撤下台面	1. 能否随时关注客人的饮用情况，并根据客人意愿添酒； 2. 是否及时询问客人是否再开一瓶； 3. 是否及时撤换酒杯	

任务三　蒸馏酒服务实训

实训目标：能根据六大基酒和中国白酒的服务流程与要求进行标准操作。

实训内容：六大基酒和中国白酒的服务。

实训方法：情景模拟，示范讲解、操作实践、师生点评。

实训步骤：

1. 教师创设模拟场景；

2. 教师示范及讲解操作要点和技巧；

3. 学生分组进行情景模拟实训；

4. 学生互评、教师点评。

操作过程和考核要点如表4-11 表4-12 所示：

表4-11　六大基酒服务流程与标准

程序	标准	考核要点	评分
点单	1. 利用酒单协助客人点酒，根据客人需求、偏好选择饮用方式； 2. 点单结束后，与客人确认酒款	1. 是否正确为客人点单； 2. 是否跟客人确认点单情况	
准备工作	1. 根据客人订单，选取酒水，并检查酒水的完好及是否过期； 2. 准备好相应的酒杯及用具； 3. 酒杯须洁净，无破损、无水迹； 4. 根据客人要求选择相应辅料	1. 能否取用正确的酒水、酒杯及用具； 2. 酒杯及用具是否清洁； 3. 能够根据客人要求选择相应辅料	
示酒	1. 左手托住瓶底，右手扶住瓶颈，左手在前略微向下，右手在后略微抬起，成45°角向客人展示； 2. 让客人确认该酒是否为客人所点； 3. 客人表示认可后，询问客人是否开瓶	1. 是否正确示酒； 2. 是否向客人确认酒的相关信息； 3. 是否询问开瓶时间	
开瓶	1. 用口布擦拭瓶口； 2. 把瓶盖外的锡纸撕掉； 3. 把瓶盖拧开； 4. 如果是木塞封口的，需要把塞子拔起来	1. 是否保持瓶身瓶口的干净； 2. 是否正确开瓶	
酒水制作	根据六大基酒的特点和客人点酒情况进行酒水制作（具体制作方法参照理论知识版块的第三节蒸馏酒服务）	1. 是否选用正确的酒杯和材料； 2. 制作方法是否正确	

表4-11(续)

程序	标准	考核要点	评分
酒水服务	1. 服务员须使用托盘，按先宾后主、女士优先的原则从客人的右侧为客人服务酒水； 2. 冰镇酒水需给客人垫上杯垫； 3. 随时观察客人酒水饮用情况，当客人即将空杯前应征询客人，是否续酒	1. 能否按照正确的顺序斟酒； 2. 能否斟倒合适的酒水，并且不洒溢； 3. 能否注意卫生操作； 4. 能否根据客人喜好添加附加材料	

表4-12　中国白酒服务流程与标准

程序	标准	考核要点	评分
点单	1. 利用酒单协助客人点酒，根据客人需求、偏好选择饮用方式； 2. 点单结束后，与客人确认酒款	1. 是否正确为客人点单； 2. 是否跟客人确认点单情况	
准备工作	1. 根据客人订单，选取酒水，并检查酒水的完好及是否过期； 2. 准备好相应的酒杯及用具； 3. 酒杯须洁净，无破损、无水迹； 4. 根据客人要求选择相应辅料	1. 能否取用正确的酒水、酒杯及用具； 2. 酒杯及用具是否清洁； 3. 能够根据客人要求选择相应辅料	
示酒	1. 左手托住瓶底，右手扶住瓶颈，左手在前略微向下，右手在后略微抬起，成45°角向客人展示； 2. 让客人确认该酒是否为客人所点；客人表示认可后，询问客人是否开瓶	1. 是否正确示酒； 2. 是否向客人确认酒的相关信息； 3. 是否询问开瓶时间	
上酒具	将白酒杯、分酒器置于托盘上，依次给客人摆放好	是否按要求摆放好酒具	
开瓶	1. 开瓶时，可在客人面前开酒，也可在旁边服务台打开； 2. 如有外包装盒，要尽量完整地取出。然后平整切掉铝箔，拿掉酒塞。（因白酒品种众多，可根据酒瓶瓶盖的不同样式选择不同的开盖方式）	1. 是否保持瓶身瓶口的干净； 2. 是否正确开瓶	
斟酒	1. 斟酒时先将白酒倒入分酒器或酒壶中（也可直接用酒瓶斟倒）； 2. 在客人的右侧进行斟倒，先为主宾斟倒，再到主人，然后按顺时针方向依次斟倒； 3. 斟酒量约为9分满； 4. 如直接用酒瓶斟酒，注意瓶口不要碰触酒杯，酒瓶与酒杯成45度角斟倒；倒完一杯酒时，顺时针方向轻轻转动瓶口，避免酒滴在台面上，并及时用干净的口布擦干瓶口	1. 斟酒方法是否正确； 2. 斟倒顺序是否正确； 3. 斟酒量是否正确； 4. 是否滴酒	

表4-12(续)

程序	标准	考核要点	评分
添酒	1. 初次服务完毕,将酒放在餐桌上或服务台上; 2. 席间注意观察,随时为客人添加酒水;若客人瓶中酒只剩下1杯的量时,询问主人是否再加一瓶; 3. 如果主人不再加酒,应观察客人,待其喝完酒后,及时将空的酒杯撤掉	1. 是否及时为客人添加酒水; 2. 是否及时询问客人是否再加酒; 3. 是否正确撤掉空杯	

任务四 咖啡服务实训

实训目标:能根据咖啡的服务流程与要求进行标准操作。

实训内容:咖啡服务。

实训方法:情景模拟,示范讲解、操作实践、师生点评。

实训步骤:

1. 教师创设模拟场景;

2. 教师示范及讲解操作要点和技巧;

3. 学生分组进行情景模拟实训;

4. 学生互评、教师点评。

操作过程和考核要点如表4-13所示:

表4-13 咖啡服务流程与标准

程序	标准	考核要点	评分
点单	1. 双手递送酒水单,接受客人点单; 2. 确认客人点单情况	1. 是否正确为客人点单; 2. 是否跟客人确认点单情况	
准备工作	1. 根据客人订单准备好咖啡杯具,检查杯具的清洁度、完好度; 2. 糖奶盅准备、将白砂糖或黄糖整齐装入糖盅或碟子;准备好鲜奶、淡奶或奶块,注意检查保质期; 3. 咖啡准备、检查咖啡豆或咖啡粉以及制作咖啡的用具是否合格、齐全; 4. 其他工具和材料准备、检查制作咖啡的器具和材料是否准备齐全	1. 能否准备正确的咖啡用具和用品; 2. 是否检查用具清洁度和完好度; 3. 是否正确取用咖啡等用品并检查保质期	
递送糖奶盅	1. 开启鲜奶,在奶盅里装入2/3的鲜奶,在糖碟放好白砂糖和黄糖; 2. 将备好的糖碟、奶盅放入托盘,优先呈给客人;先放糖碟,再放奶盅,分别置于两位客人中间的位置	1. 是否正确准备糖奶盅; 2. 是否正确摆放糖奶盅	

表4-13（续）

程序	标准	考核要点	评分
制作咖啡	根据客人点单情况制作咖啡。（具体咖啡制作方法可参考第四章理论知识中的第五节咖啡服务和第六章实训任务的第二节制作手冲咖啡和爱尔兰咖啡）	是否根据客人点单情况正确制作咖啡	
服务咖啡	1. 在客人面前摆放咖啡杯具，将咖啡杯置于咖啡底碟上，杯把朝向右侧，咖啡勺置于咖啡碟内，勺把朝右； 2. 为客人斟倒咖啡至8分满，按先宾后主、女士优先原则服务咖啡； 3. 提醒客人"小心烫""这里有糖和奶"	1. 是否正确摆放咖啡杯具； 2. 是否正确斟倒咖啡； 3. 是否遵循正确服务礼仪	
添加咖啡	1. 当客人咖啡杯中的咖啡仅剩1/5时，服务员须主动询问客人是否再制作、添加一杯咖啡； 2. 添加一杯新的咖啡时，需将空的咖啡杯从客人右手边撤走； 3. 观察桌面上糖奶盅的情况，及时补充需要的糖和奶	1. 能否随时关注客人的饮用情况，并及时询问并正确添加咖啡； 2. 是否及时撤掉空杯； 3. 是否及时补充糖奶	

任务五　茶饮服务实训

实训目标：能根据茶饮的服务流程与要求进行标准操作。

实训内容：

1. 盖碗冲泡茉莉花茶；

2. 玻璃杯冲泡绿茶；

3. 紫砂壶冲泡乌龙茶；

4. 英式红茶服务。

实训方法：情景模拟，示范讲解、操作实践、师生点评

实训步骤：

1. 教师创设模拟场景；

2. 教师示范及讲解操作要点和技巧；

3. 学生分组进行情景模拟实训；

4. 学生互评、教师点评。

操作过程和考核要点如表4-14~表4-17所示：

表 4-14 盖碗冲泡茉莉花茶服务流程与标准

程序	标准	考核要点	评分
准备用具	1. 备水：选择纯净水，水烧开后降到85~95℃； 2. 备器：盖碗、茶道组、随手泡、赏茶荷、茶巾、茶盘、茶叶罐	1. 能否及时准备好相应的物品； 2. 是否摆放好茶具	
取茶、赏茶	用茶拨将茶叶从茶叶罐中取出放入赏茶荷中。用赏茶荷盛放茶叶，在冲泡前邀请客人鉴赏茶叶外观并向客人介绍茶叶特点	1. 能否正确取茶； 2. 能否正确给客人观赏茶叶	
翻盏净具	用茶针将杯盖轻轻翻开，用沸水逐一烫洗原本干净的盖碗，做到器具冰清玉洁，纤尘不染。同时提高器具温度，利于茶味迅速浸出的同时，以表达茶艺师对客人的尊敬之意	1. 能否正确翻盏； 2. 能否正确烫洗茶具	
浸润杯具	打开杯盖放于杯托上，双手捧住杯子下部，逆时针转动，让热水充分浸润整个杯壁，将水倒掉。经过充分浸润的杯子，受热均匀，温度提升	1. 润杯手法是否正确； 2. 能否保持卫生	
投茶	用茶拨将茶叶缓慢拨入杯中，茶叶的投放量一般为2~3克	1. 投茶动作是否规范； 2. 投茶量是否正确	
润茶	向茶杯中注入少许热水，水温约为95°，起到润茶的作用，使茶香更好地散发	1. 水温是否合适； 2. 注水量是否合适	
冲泡	打开杯盖，用随手泡（茶壶）逆时针内旋一圈后拉高冲茶，使茶叶在杯中上下翻滚，茶汤回荡，花香飘溢。一般冲水至八分满为止，随即盖上杯盖，以防香气散失	1. 注水手法是否正确； 2. 注水量是否合适	
奉茶	敬茶时应双手捧杯，举杯齐眉，注目宾客并行伸手礼	1. 敬茶动作是否规范； 2. 行礼是否正确	

表 4-15 玻璃杯冲泡绿茶服务流程与标准

程序	标准	考核要点	评分
准备用具	1. 备水：选择纯净水，水烧开后降到70~80℃。 2. 备器：玻璃杯、随手泡、茶拨、赏茶荷、茶巾、废水缸、茶叶罐	1. 能否及时准备好相应的物品； 2. 是否摆放好茶具	
翻杯	将茶杯翻开，以示迎客	能否正确操作翻杯	

表4-5-2（续）

程序	标准	考核要点	评分
温杯	将水注入杯中1/3处，缓慢地沿顺时针方向最大限度转动杯子以温润杯壁，保持水不流出	1. 温杯手法是否正确； 2. 能否保持卫生	
取茶、赏茶	取出适量茶叶放到赏茶荷，并给客人观赏	1. 能否正确取茶； 2. 能否正确给客人观赏茶叶	
投茶	用茶拨将茶叶缓慢拨入杯中，茶叶的投放量一般为2~3克	1. 投茶动作是否规范； 2. 投茶量是否正确	
温润泡	注入少量水（刚没过茶叶为宜），缓慢的顺时针方向转动杯子，使茶叶充分浸润	1. 注水量是否合适； 2. 润茶手法是否正确	
冲泡	以凤凰三点头的手法注入水止八分满，让茶叶在水中充分舒	1. 注水量是否合适； 2. 凤凰三点头的手法是否正确	
奉茶	敬茶时应双手捧杯，举杯齐眉，注目宾客并行伸手礼	1. 敬茶动作是否规范； 2. 行礼是否正确	

表4-16　紫砂壶冲泡乌龙茶服务流程与标准

程序	标准	考核要点	评分
准备用具	1. 备水：选择纯净水，沸水烧开至100℃； 2. 备器：紫砂壶、随手泡、品茗杯、闻香杯、茶道组、赏茶荷、茶巾、茶盘、茶叶罐	1. 能否及时准备好相应的物品； 2. 是否摆放好茶具	
赏茶	取出适量茶叶放到赏茶荷，并给客人观赏	1. 能否正确取茶； 2. 能否正确给客人观赏茶叶	
温杯具	将热水注入壶中至八分满，再将壶内的水依次倒入品茗杯和闻香杯中，充分浸润杯具	1. 温杯手法是否正确； 2. 是否充分浸润杯具	
投茶	用茶拨将茶叶缓慢拨入杯中，茶叶的投放量一般为5~8克	1. 投茶动作是否规范； 2. 投茶量是否正确	
洗茶（温润泡）	注水入壶到满为止，盖上壶盖后将水倒掉	洗茶动作是否规范	
冲泡	再次注水入壶到满为止，盖上壶盖后，将闻香杯中水浇淋于壶上，进一步提高壶的温度	1. 注水手法是否正确； 2. 是否将闻香杯中水浇淋于壶上	
烫洗品茗杯（狮子滚球）	利用狮子滚球的手法依次烫洗品茗杯	是否正确操作狮子滚球的手法	

表4-16(续)

程序	标准	考核要点	评分
出茶 （关公巡城、 韩信点兵）	将壶中茶水顺时针方向循环依次倒入闻香杯中至7~8分满，待快倒完壶中茶水时，在每个闻香杯中滴入最后一滴精华	1. 关公巡城、韩信点兵手法是否正确； 2. 倒茶量是否正确	
分茶	将品茗杯倒扣到闻香杯上，再将品茗杯及闻香杯一起倒置，使闻香杯中的茶汤倒入品茗杯中，闻香杯和品茗杯都置于茶托上	1. 倒置过程中是否保持茶水无漏出； 2. 倒出的茶汤刚好7~8分满	
奉茶	敬茶时应双手捧杯，举杯齐眉，注目宾客并行伸手礼	1. 敬茶动作是否规范； 2. 行礼是否正确	

表4-17　英式红茶服务服务流程与标准

程序	标准	考核要点	评分
点单	1. 双手递送酒水单，接受客人点单； 2. 确认客人点单情况	1. 是否正确为客人点单； 2. 是否跟客人确认点单情况	
准备工作	1. 茶叶准备，根据客人订单准备好相应茶叶，检查茶叶的保存情况，是否有过期变质等； 2. 茶具准备，准备好茶壶、茶杯组合，检查茶具的清洁度、完好度； 3. 糖奶盅准备，将白砂糖或黄糖整齐装入糖盅或碟子；准备好鲜奶、淡奶或奶块，注意检查保质期； 4. 其他工具和材料准备，检查制作茶饮的器具和材料是否准备齐全，如客人点了茶点，需做好茶点的准备	1. 能否准备正确的茶饮用具和用品； 2. 是否检查用具清洁度和完好度； 3. 是否确认茶叶、糖奶等用品是否在保质期内	
递送糖奶盅	1. 开启鲜奶，在奶盅里装入2/3的鲜奶，在糖碟放好白砂糖和黄糖； 2. 将备好的糖碟、奶盅放入托盘，优先呈给客人；先放糖碟，再放奶盅，分别置于两位客人中间的位置	1. 是否正确准备糖奶盅； 2. 是否正确摆放糖奶盅	
制作英式红茶	按照瓷壶冲泡红茶的流程现场进行冲泡。（具体制作方法可参考第六节茶饮服务的英式红茶制作）	是否根据客人点单情况正确制作咖啡	

表4-17（续）

程序	标准	考核要点	评分
服务英式红茶	1. 先在客人面前摆放好红茶杯具，将茶杯置于杯托上，杯把朝向右侧，瓷勺置于杯托内，勺把朝右； 2. 为客人斟倒红茶至8分满，按先宾后主，女士优先原则服务； 3. 提醒客人"小心烫""这里有糖和奶"； 4. 如有点心，则先为客人上餐具，再上点心	1. 是否正确摆放红茶杯具； 2. 是否正确斟倒红茶； 3. 是否正确遵循服务礼仪	
添加英式红茶	1. 当客人茶壶中茶水仅剩1/5时，服务员须主动询问客人是否再冲泡一壶茶； 2. 添加新茶时，需将空的茶杯从客人右手边撤走； 3. 观察桌面上糖奶盅的情况，及时补充需要的糖和奶	1. 能否随时关注客人的饮用情况，并及时询问并正确添加红茶； 2. 是否及时撤掉空杯； 3. 是否及时补充糖奶	

任务六　职业技能比赛中西式酒水服务实训

实训目标：能根据职业技能比赛中西式酒水服务流程与标准进行操作。

实训内容：中餐宴会酒水服务、西餐休闲餐厅酒水服务。

实训方法：情景模拟，示范讲解、操作实践、师生点评。

实训步骤：

1. 教师创设模拟场景；

2. 教师示范及讲解操作要点和技巧；

3. 学生分组进行情景模拟实训；

4. 学生互评、教师点评。

操作过程和考核要点如表4-18和表4-19所示：

表4-18　中餐宴会酒水服务流程与标准

程序	标准	考核要点	评分
仪容仪表准备	1. 制服干净整洁，熨烫挺括，合身，符合行业标准； 2. 鞋子干净且符合行业标准； 3. 男士修面，胡须修理整齐； 4. 女士淡妆，身体部位没有可见标记； 5. 发型符合职业要求； 6. 不佩戴过于醒目的饰物； 7. 指甲干净整齐，不涂有色指甲油	1. 仪容仪表是否符合要求； 2. 服务仪态是否专业	

表4-18(续)

程序		标准	考核要点	评分
餐前准备		1. 检查餐台摆设状态。检查已经摆好的宴会餐台，各部分餐具用品是否齐全，摆放是否标准，是否符合卫生标准，检查桌布、餐椅的摆放等。 2. 服务用品准备。准备好即将进行宴会服务的相关用品，确认餐具的清洁，无破损，酒水等耗材在保质期内	1. 是否正确检查餐台摆设状态； 2. 是否正确准备宴会服务用品	
迎客入座	迎客引位	1. 主动、友好地问候客人，欢迎客人光临； 2. 引领客人进入宴会厅，优先引导主宾位客人	1. 使用礼貌用语问候客人； 2. 礼貌引领客人入座	
	拉椅	1. 优先为主宾客拉椅入座，其次是主人位，再按顺时针方向为其他宾客拉椅； 2. 双手扶住椅背用膝盖顶住椅背拉出，待客人即将入座迅速将椅子推进给客人就座	1. 拉椅顺序和方法正确； 2. 服务语言、动作到位	
	开餐巾、拆筷套	1. 优先为主宾客服务，再顺时针依次为客人打开餐巾； 2. 按同样的顺序为客人拆开筷套，筷子需放在筷架处	1. 服务顺序正确； 2. 打开餐巾和拆筷套方法规范	
茶水服务	上杯具	1. 将茶杯、杯托置于托盘上，从主宾位开始顺时针方向给客人上杯具； 2. 杯具放置于筷子右侧，茶杯把手呈45°对客	1. 服务顺序正确； 2. 上杯具方法规范	
	斟茶	1. 回到工作台拿茶壶（已经冲泡好茶水），将茶壶和口布置于托盘上； 2. 从主宾位开始顺时针方向给客人斟倒茶水，茶水斟倒7分满，无滴洒； 3. 斟倒完后如有茶水流出壶嘴，需及时用口布擦拭	1. 斟倒方式正确，无滴洒； 2. 斟倒量正确； 3. 保持茶壶干净	

表4-18(续)

程序		标准	考核要点	评分
酒水服务	介绍酒水	1. 站在主人位右侧,双手为客人递送宴会酒单,并向客人介绍所提供的几款酒水,介绍内容需包含酒品的主要信息; 2. 询问客人需要上哪款酒水; 3. 待向在座宾客确认完后,再重复一次所需酒水以便核对	1. 正确介绍酒水内容; 2. 记录好客人所点酒水情况,并向客人确认	
	调整酒具、撤空杯	1. 按照客人所点酒水的情况,为客人调整酒具; 2. 如客人不需要饮用茶水了,可询问后撤走空杯	1. 撤掉客人不用的酒具; 2. 经询问,撤掉客人不用的茶杯	
	葡萄酒服务	给点了葡萄酒的客人进行葡萄酒的服务。按照示酒、开瓶、验酒、试酒、斟酒、添酒的流程进行服务	参照第一节葡萄酒服务标准	
	白酒服务	给点了白酒的客人进行白酒的服务。按照示酒、开瓶、斟酒、添酒的流程进行服务	参考第三节蒸馏酒服务中的中国白酒服务标准	
	饮料服务	给点了可乐等饮料的客人斟倒。将饮料拿到客人面前,跟客人确认,然后在客人面前开启,给客人斟倒。注意开启时不要面向客人,以防飞溅。在高脚杯中斟倒8分满	1. 斟倒方式正确; 2. 斟倒量正确	
餐后服务	征询意见	客人用餐后,主动征询客人对本次宴会的意见	礼貌征询客人意见	
	送客	1. 当客人准备离开时,服务人员可以为客人拉椅子,协助客人起身; 2. 热情礼貌地向顾客再次道谢、告别,欢迎顾客再次光临,并提醒客人带好随身物品	1. 协助客人起身; 2. 礼貌送别客人,语言、表情、动作恰当	
	清理卫生	客人离开后尽快收拾客人餐具,服务用具归位,完成撤台工作	正确清理,摆放整齐,动作迅速	

表 4-19　西餐休闲餐厅酒水服务流程与标准

程序		标准	考核要点	评分
仪容仪表准备		1. 制服干净整洁，熨烫挺括，合身，符合行业标准； 2. 鞋子干净且符合行业标准； 3. 男士修面，胡须修理整齐； 4. 女士淡妆，身体部位没有可见标记； 5. 发型符合职业要求； 6. 不佩戴过于醒目的饰物； 7. 指甲干净整齐，不涂有色指甲油	1. 仪容仪表是否符合要求； 2. 服务仪态是否专业	
餐前准备		1. 正确领取必需的餐用具，摆放合理； 2. 确认餐用具的清洁，确保卫生安全； 3. 餐台桌布摆放平整、美观； 4. 餐台餐用具摆放整齐、一致，方便客人使用	1. 是否正确领取必需的餐具； 2. 是否正确摆放在备餐台和餐桌上； 3. 是否保持干净、整齐	
迎客入座	迎客引位	1. 站立微笑向客人问好，询问客人人数、有无预定； 2. 伸手指引客人进入卡座，在座位前询问客人对座位是否满意； 3. 引导主人位客人	1. 使用礼貌用语问候客人； 2. 询问客人人数、有无预订等； 3. 礼貌引领客人入座	
	拉椅	1. 为主人或女士拉椅，并示意入座； 2. 双手扶住椅背用膝盖顶住椅背拉出，待客人即将入座迅速将椅子推进给客人就座	1. 拉椅方法正确； 2. 服务语言、动作到位	
	开餐巾、递送菜单	1. 打开餐巾方法：站在客人右侧 0.5 米处按先女后男、先宾后主的顺序依次为客人铺上餐巾。 2. 递送菜单、酒单：打开菜单和酒水单的第一页，身体向前微倾，左手握菜单的右上端，斜靠于左手腕上，右手握住菜单的右下端递给客人，并说："这是我们餐厅的菜单，请您过目。"	1. 按先宾后主、女士优先顺序为客人打开餐巾、方法规范； 2. 使用正确方法向客人递送菜单、酒单	
接受点单、调整餐具	接受点单	1. 按先宾后主、女士优先原则接受客人点单； 2. 首先询问是否可以点单，倾听或向客人推荐菜品和搭配的酒品； 3. 记录点单内容，并向客人确认	1. 按照先宾后主、女士优先顺序接受客人点单； 2. 客人点餐内容准确； 3. 整理点菜记录，填写点菜单，内容完整、清晰	
	调整餐具	1. 根据客人点单情况，为客人调整餐具，撤掉多余餐具、杯具； 2. 将剩余餐具调整整齐，保持餐具均衡、协调	1. 正确撤掉多余餐具； 2. 餐具调整整齐，保持餐具均衡、协调； 3. 餐具拿捏方法正确，操作规范	

表4-19（续）

程序		标准	考核要点	评分
酒水服务	冰水服务	1. 一手拿着水壶，一手拿着口布，走向前向客人询问是否需要冰水； 2. 按先宾后主，女士优先原则，在客人的右手边给客人斟倒冰水； 3. 水量5成，各杯水量均等	1. 水量5成左右； 2. 各杯水量均等	
	饮料服务	1. 给点了苏打水等饮料的客人斟倒； 2. 将饮料拿到客人面前，跟客人确认，然后在客人面前开启，给客人斟倒； 3. 注意开启时不要面向客人，以防飞溅； 4. 如是高脚杯斟倒1/2杯，如是直身杯斟倒7分满	1. 斟倒方式正确； 2. 各杯水量均等，斟倒量正确	
	葡萄酒服务	按照示酒、开瓶、验酒、试酒、斟酒、添酒的流程进行服务	参照第一节葡萄酒服务标准	
	咖啡或茶饮服务	客人用餐快结束时，上前询问客人是否需要咖啡或茶水。根据客人的要求给客人进行咖啡或茶饮服务	参照第五节咖啡服务和第六节茶饮服务标准	
结账送客		1. 当客人准备离开时，服务人员可以为客人拉椅子，协助客人起身； 2. 热情礼貌地向顾客再次道谢、告别、欢迎顾客再次光临，并提醒客人带好随身物品	1. 协助客人起身； 2. 礼貌送别客人，语言、表情、动作恰当	
清理卫生		客人离开后尽快收拾客人餐具，擦拭并整理好桌面，摆放好椅子	正确清理，摆放整齐，动作迅速	
社交技能要求		1. 服务外国客人时需使用流利的英文进行交流； 2. 服务过程热情、真诚、自然得体； 3. 有关注细节的能力，有专业的知识水平，有优异的人际沟通能力和解决问题的能力	1. 使用英语交流； 2. 语言专业、服务用语规范； 3. 有服务专业能力	

◇拓展阅读

思政园地

酒水服务行业的"工匠精神"

2022年，有12位"大国工匠"当选党的二十大代表，品读他们的故事不难发现，从航母下水到首架国产C616大飞机正式交付，从港珠澳大桥跨洋过海到白鹤滩水电站全面投产，从"嫦娥"奔月、"祝融"探火到"天宫"全面建成，甚至神舟十四号、十五号航天员乘组首次实现"太空会师"……这些振奋人心的科技成就、大国重器、超级工程，都离不开"大国工匠"精益求精的"匠心"，钻研创新的"匠智"，锐意进取的"匠力"。

酒水服务行业的高质量发展也需要具有"工匠精神"的高技能人才。一说到工匠精神，我们就会下意识联想到："把一件事情做到极致"，工匠、匠人和匠心，看似简单，实则蕴含深刻的哲学秘密。何为匠人？匠人就是以虔诚之心、行专注之事，精益求精、尽善尽美，蕴含于过程、技艺和产品中的工匠精神、匠人匠心，充斥着直击心灵的力量，是让人震撼的境界与艺术。任何人都可以成为工匠，但是少有人能成为匠人，匠人就是具备高超技艺，高尚人品的工匠。

匠人精神首先需要端正从业心态，要耐得住寂寞，因为成功的背后总是堆积着不为人知的寂寞。酒水服务行业是一个需要不断磨炼意志、心智和体力的行业，要想将看似平凡普通的服务技能做到极致，需要长时间的磨炼。如何有效和长期保持良好的状态，其实最好的办法是对自己赋能，就是找到并对每件事情赋予真正的、有价值的意义。关于赋能和创造意义，最佳方法就是洞察初心、牢记使命，找到或者定义自己做某件事的终极目标，让工作和生活中其他所有小目标都与最终目标保持一致，实现每一个小目标，就有每一个小收获，距离终极目标也更近了。

> 知识天地

服务员推销技巧的三要点

一、餐厅服务员要针对不同用餐者的身份及用餐性质，进行有重点的推销

一般来说，家庭宴席讲究实惠的同时也要有些特色。这时，服务员就应把经济实惠的大众菜和富有本店特色的菜介绍给客人。客人既能吃饱、吃好，又能品尝独特风味。

而对于谈生意的客人，服务员则要掌握客人摆阔气、讲排场的心理，无论推销酒水、饮料、食品都要讲究高档，这样既显示了就餐者的身份又显示了其经济实力。同时，服务员还要为其提供热情周到的服务，使客人感到自己受到重视，在这里用餐很有面子。

二、餐厅服务员要学会察言观色，选准推销目标

餐厅服务员在为客人服务时要留意客人的言行举止。一般外向型的客人是服务员推销产品的目标。另外，若接待有老者参加的宴席，则应考虑到老人一般很节俭，不喜欢铺张，所以不宜直接向老人进行推销。要选择健谈的客人为推销对象，并且以能够让老者听得到的声音来推销，这么一来，无论是老人还是其他客人都容易接受服务员的推销建议，有利于推销成功。

三、餐厅服务员要灵活运用语言技巧，达到推销目的

语言是一种艺术。不同的语气，不同的表达方式会收到不同的效果。例如，服务人员

向客人推销饮料时，可以有以下几种不同的询问方式：一问，"先生，您用饮料吗？"二问，"先生，您用什么饮料？"三问，"先生，您用啤酒、饮料、咖啡或茶？"很显然第三种问法为客人提供了几种不同的选择，客人很容易在服务员的诱导下选择其中一种。可见，第三种推销语言更有利于成功推销。因此，运用语言技巧，可以大大提高推销效率。

推销酒水的基本技巧：

在推销前，服务人员要牢记酒水的名称、产地、香型、价格、特色、功效等内容，回答客人疑问要准确、流利。含糊其词的回答会使客人对餐厅所受酒水的价格、质量产生怀疑。

在语言上也不允许用"差不多""也许""好像"等词语。例如，在推销"××贡酒"时应该向客人推销："先生，您真有眼光，××贡酒是我们餐厅目前销售最好的白酒之一，它之所以深受客人的欢迎，是因为制作贡酒所用的矿泉水来自当地一大奇观'××泉'。××贡酒属于清香型酒，清香纯正，入口绵爽，风味独特，同时还是您馈赠亲朋好友的上好佳品，我相信它一定会令您满意的。"

◇英文服务用语

1. 迎客（welcoming guests）

欢迎光临我们的酒吧。Welcome to our bar.

这边走。This way please.

楼上客满。Full upstairs.

那边有空座位。There are vacant seats.

坐这里可以吗？Would you like to sit here?

您预订座位了吗？Do you have a reservation?

这里可以存包。You can leave your bag here.

2. 点单（taking orders）

您现在要点单吗？Are you ordering now?

可以重复一下您的订单吗？May I repeat your order?

您点的是……Your order is …

请稍等！Just a moment, please!

净饮 straight up

加冰 with ice

不加冰 without ice

加水 with water

出品 presenting

3. 服务客人（servcing the guests）

打扰了！这是您的啤酒（咖啡）。Excuse me! Here is your beer/coffee.

请慢用！Please enjoy your drink!

还需要些什么吗？Would you like anything else?

我可以拿走这个杯子（瓶子/椅子）吗？May I take this glass/bottle/chair away?

再要一轮。One more round.

再要一杯啤酒吗？Would you like one more beer?

对不起，让您久等了。Sorry to have kept you waiting, sir.

我可以过去吗？May I go through?

这是我的荣幸。It's my pleasure.

4. 结账（settle the bill）

这是您的账单，总共是 1 000 元。Here's the Bill. The total comes to 1 000 Yuan.

请您稍等，我给您找钱。Please wait a moment, I will give you change.

先生，这是找给您的钱。Here's your change, sir.

分单还是一张单？Separate bill or one bill?

您是付现金还是刷卡呢？Will you pay in cash or by card?

请签单。Please sign the bill.

5. 送客（seeing the guests out）

希望您在这过得愉快。I hope you enjoy your stay here.

玩得愉快！Have a good time!

晚安，再见！Good night and bye bye.

感谢您的光临。Thank you for your coming.

希望您再次光临！I hope to see you again !

◇考核指南

一、理论知识

1. 各类酒水服务的技巧。

2. 根据酒水的特点表述服务流程。

3. 酒水品鉴的要点。

二、实训任务

1. 酒精饮料的服务技巧及流程。

2. 无酒精饮料的服务技巧及流程。

第五章 鸡尾酒调制

◇学习目标

●知识目标
➢了解鸡尾酒的基本知识
➢了解各种鸡尾酒不同的调制方法
➢了解鸡尾酒的结构及创作原则
➢鸡尾酒装饰物的制作
●能力目标
➢熟练掌握四种调酒的基本手法
➢掌握鸡尾酒的结构及创作思路
➢能够自主创作鸡尾酒

◇课程导入

鸡尾酒来源于欧洲的混合酒饮。鸡尾酒（cocktail）一词最早诞生于1806年。在美国实行禁酒令之后，鸡尾酒的调配创作更加多姿多彩，花样层出不穷，深受大众的喜爱。鸡尾酒经过200多年的发展，派生了许多优秀的鸡尾酒，它被无数人赞誉，传承至今，成为永恒不变的经典。

鸡尾酒，也是想象力的杰作。鸡尾酒的本性，已经决定了它必将是一种最受不得任何约束与桎梏的创造性事物。现代鸡尾酒已不再是若干种酒及乙醇饮料的简单混合物。调酒师可以根据市场的需求和人们口味的变化，设计出不同于经典鸡尾酒的佳作，赋予其独特的想象力和现代的审美观。

本章将带领大家一起学习鸡尾酒的基本知识和调制方法，掌握经典鸡尾酒和创意鸡尾酒的调制要领。本章通过讲授世界鸡尾酒的标准，引导学生发掘中国鸡尾酒文化的特点和优势，不断创新具有中国特色的鸡尾酒文化品牌。

理论知识

鸡尾酒认知
与创作微课

第一节　鸡尾酒认知

一、鸡尾酒的定义

鸡尾酒（cocktail）是一种混合饮品，是由两种或两种以上的酒或
饮料、果汁、汽水混合而成，通常是一种量少且需要冰镇的酒。它是以朗姆酒、金酒、龙
舌兰、伏特加、威士忌等烈酒或是葡萄酒作为基酒，再配以果汁、蛋清、苦精、牛奶、咖
啡、可可、糖等其他辅助材料，通过加冰再搅拌或摇晃调制而成的一种冰镇饮料，最后还
可用柠檬片、水果或薄荷叶作为装饰物。

二、鸡尾酒的分类

鸡尾酒的分类方法有很多。根据鸡尾酒的调制类别，可以分为以下三种：

（一）简单基础类

简单基础类是鸡尾酒调制中最基础的类别。1种酒+1种饮料＝1杯完整的鸡尾酒。简
单是指酒的配方构架简单，但操作起来一点都不简单。常见的酒品有：

威士忌 Whisky+苏打水 soda water＝威士忌苏打 Whisky Soda

朗姆 Rum+可乐 cola＝自由古巴 Cuba Liber

金酒 Gin+汤力水 tonic water＝金汤力 Gin tonic

伏特加 Vodka+干姜水 ginger water＝莫斯科骡子 Moscow Mule

白兰地 Brandy+干姜水 ginger water＝马颈 Horse Neck

（二）酸甜类

酸甜类是鸡尾酒调制中最常见的鸡尾酒类型，在这个基本构架中可以延伸出非常多的风
味鸡尾酒。1份酸+1份甜+1份基酒＝完整口味的鸡尾酒。很多经典鸡尾酒都是以这样的
1+1=1搭配而成的。以柠檬作为酸味，君度作为甜味，再变换不同的基酒，就能变换出几款
不同经典鸡尾酒。所以说在变换基酒之前的酸甜味均衡非常重要。常见的酒品有：

	+白兰地 Brandy＝边车 Side car
君度（甜味）+柠檬汁（酸味）	+ 朗姆 Rum　　＝ XYZ
	+ 伏特加 Vodka＝ 巴拉莱卡 Balalaika
	+ 金酒 Gin　　＝ 白领丽人 White Lady
	+ 朗姆 Rum　　＝ 得其利 Daiquiri
糖浆（甜味）+柠檬汁（酸味）	
	+ 金酒 Gin　　＝ 吉姆雷特 Gimlet

（三）非酸甜类（古典类）

非酸甜类也称为古典类，是指酒体的配方构架中没有加入甜和酸的酒类。这类的酒搭配的灵活度高，难度大，口感也较丰富。常见的酒品有：

金酒 Gin+味美思 Vermouth ＝马天尼 Martini

伏特加 Vodka+咖啡力娇酒 Coffee Liqueur ＝黑俄罗斯 Black Russian

威士忌 Whisky+杏仁甜＝教父 Godfather

威士忌 Whisky+味美思 Vermouth＝曼哈顿 Manhattan

三、鸡尾酒在中国的时代演变

（一）鸡尾酒的起源

欧洲混合酒饮的记载可以追溯到 15 世纪。鸡尾酒（cocktail）一词最早诞生在 1806 年。在美国实行禁酒令之后，人们为了满足酒瘾而不容易被发现，故而将多种果蔬饮料混合了烈酒，口感上不太喝得出。后来人们发现这样的饮品好喝又很有新意。鸡尾酒尤其受到广大女性朋友的喜爱。混合酒饮的鸡尾酒一度盛行，促使鸡尾酒的调配创作多姿多彩，花样层出不穷。

（二）中国鸡尾酒萌芽阶段

中国的鸡尾酒文化兴起于 20 世纪 90 年代，最早出现于国际酒店的酒吧内。因为当时的经济水平及市场条件有限，所以鸡尾酒文化还处于萌芽阶段。

（三）中国鸡尾酒发展阶段

1996—2006 年是花式调酒师与夜店鸡尾酒的繁荣阶段。当时最有名的鸡尾酒有：轰炸机B-52、林宝坚尼、冰火系列酒。那时人们对鸡尾酒的认识就是色彩艳丽、造型夸张。当时酒吧招聘调酒师的标准首要看其是否会抛瓶、会杂耍。

（四）中国鸡尾酒的转折点

2007 年花式调酒达到了巅峰状态，这一年同时也是鸡尾酒发展的转折点。过去由于西方酒吧文化传播的迅猛，避免不了一些认识的局限性和功利性。有的调酒师专注表演甚至超过了调制酒的品质本身，本末倒置。从这一年开始随着鸡尾酒文化的普及，很多人都认识并了解了真正的鸡尾酒文化。

（五）花式调酒没落，英式调酒开始流行

不论花式调酒还是英式调酒抑或日式调酒，终归还是调酒，酒才是本质。人们从只注重调酒的外在开始关注酒品的内在，就是一种进步，一种发展。

（六）数字时代鸡尾酒的创新发展

随着数字化转型的飞速发展，人们的饮酒方式也迎来了新的趋势。例如，数字平台可以预测您最钟爱的鸡尾酒，人们的兴趣将激发下一杯鸡尾酒制作的灵感，利用最新的 AR 技术让客户在家中制作世界级饮品。还有鸡尾酒打印技术，通过独特的自拍解锁下一代的饮品个性化。

第二节 鸡尾酒调制的基本方法

一、调和法

（一）定义

调和法是鸡尾酒调制过程中最常见的方法之一，一般使用吧匙和调酒杯。它可以分为两种：一种是直接调和法（不滤冰），另一种是滤冰调和法。

调和法操作微课
（2019 年广西教学能力
微课比赛一等奖作品）

1. 直接调和法

（1）选取所需的载杯（一般为平底杯）。

（2）在载杯中加入适量冰块。

（3）用量酒器量入酒水。

（4）用吧匙旋转搅动至杯身起霜。

2. 滤冰调和法

（1）调酒杯中加入适量冰块。

（2）用量酒器量入酒水。

（3）用吧匙旋转搅动至杯身起霜。

（4）取出吧匙，在调酒杯口扣上滤网，将调好的酒滤入载杯。

（二）操作方法

左手放平用拇指和食指扶住调酒杯，用右手的中指和无名指夹住吧匙中间带螺纹的柄，用拇指和食指拿住吧匙的上部，用手指轻轻搓动匙柄，巧妙利用冰的惯性，使吧匙背贴杯壁内侧顺时针方向旋转，搅动时只有冰块在转动，搅拌 10 多次即可，如图 5-1、图 5-2、图 5-3 所示。

（a）

（b）

图 5-1 滤冰调和法

图 5-2　直接调和法

图 5-3　手持吧匙方法

二、摇和法

（一）定义

摇和法是鸡尾酒调制过程中最常见的鸡尾酒调制方法之一，也是最能表现调酒师的调酒技巧的一种鸡尾酒调制方法。摇和法有单手摇和双手摇两种方法。一般使用摇酒壶。最常见的两种摇酒壶分别是英式的雪克壶和美式的波士顿壶。雪克壶又称为三段式摇壶，分别由壶身、过滤器、壶盖三部分组成。根据容量大小不同，有 250 毫升、350 毫升和 530 毫升三种规格。它主要用于

摇和法操作微课

摇和一些容易混合，又不需要太多水分予以稀释的鸡尾酒。其特点是空间小，稀释水分少，易操作。波士顿壶又称为花式摇壶，在花式调酒中经常用到。它由上下两厅构成，容量一般为 750 毫升。它主要用于摇和一些分量较大、较难混合的鸡尾酒。其特点是空间大，容易混合起泡。

（二）操作方法

1. 雪克壶摇和法

使用雪克壶要注意，盖壶的时候先盖中间的过滤器，再盖上壶盖。雪克壶的使用一般分为单手摇和和双手摇和。

单手摇和：用右手食指扣住壶盖，中指压住壶颈，其他手指夹紧壶身，手掌心放空，避免热量传递加速冰块熔化。摇壶时，以手腕发力，左右摆动摇壶，同时手臂在身体右侧自然摆动，如图 5-4、图 5-5 所示：

手掌心放空

图 5-4　单手握壶法

图 5-5　单手摇和法

双手摇和：用右手的拇指扣住壶盖，其余手指扶住壶身，左手拇指压住壶颈，其余手指托住壶底及壶身，手掌心放空。摇壶姿势要注意大方美观，不妨碍到客人，可将摇壶拿到身体一侧。双手摇和通常分为一段、二段和四段摇法。一段摇法，摇酒壶向斜上方摇出，向斜下方拉回胸前，摇出拉回的过程中，双手手腕前后摆动，富有节奏地摇晃摇壶，反复摇动。二段摇法是在一段摇法的基础上，由一个点增加到两个点，其运动轨迹为上面一个点摇出拉回，下面一个点再摇出拉回，富有节奏地上下摇晃。四段摇法也叫硬摇法。在二段摇法的基础上，由两个点增加到四个点，其运动轨迹为"上—中—下—中"四个点反复摇出拉回，如图 5-6~图 5-8 所示。

图 5-6　双手握壶法

图 5-7　双手摇和法

（a）

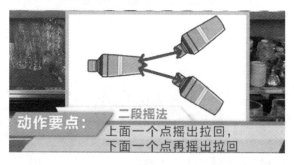

（b）

图5-8（c） 一段（a）、二段（b）、四段（c）摇法图解

2. 波士顿壶摇和法

波士顿壶分为上下两个厅，盖壶的时候要注意上厅的一侧沿着下厅的同一侧，成一条直线盖下去。切不可直套，以免造成摇和过程中酒液飞溅。

因波士顿壶体积较大，通常使用双手摇和。在这里介绍一种常用的手法——捧摇法。握壶时，一手握住下厅底部，一手握住上厅顶部，握牢。摇酒壶的位置在身体侧前方。捧摇法应该上下摇晃，而不是左右摇晃。摇晃时，要有节奏感，可以听到壶中冰块的撞击声，如图5-9所示。

图 5-9　波士顿壶摇和法

三、兑和法

（一）定义

兑和法是使用吧匙将不同密度的酒类分别倒入杯中使其分层的手法。通常用来调制彩虹鸡尾酒（分层鸡尾酒）。

兑和法操作微课

（二）操作方法

将酒水按配方分量直接量入酒杯中，按该款鸡尾酒的要求用酒吧匙搅拌或不搅拌。调制彩虹鸡尾酒（分层鸡尾酒）时，按照鸡尾酒配方要求，先在彩虹鸡尾酒杯中量入第一层酒水的量，然后用酒吧匙贴紧杯壁，将余下的酒按顺序沿酒吧匙缓缓倒入杯中，不能混合。兑和法要求操作时，心境要平静，动作要平稳，不能操之过急，成品要求每层厚度要均匀，每层之间不能混合，分层清晰。见图 5-10。

图 5-10　兑和法

四、搅和法

（一）定义

搅和法是用电动搅拌机进行酒水混合的一种鸡尾酒调制方法，多用来调制难以混合的含有果汁的鸡尾酒。搅和法多用于酒会。因酒会上人数较多，一次性调数量较多的鸡尾酒，相对来说搅和法更方便。

（二）操作方法

第一步，准备好原料，冰块要先加工成碎冰，水果要切成小块。

第二步，在电动搅拌机中加入碎冰和水果块，用量酒器量入各种酒水原料。

第三步，盖上盖子，打开电源开关。

第四步，注意观察搅拌机的情况，当其发出均匀的嗡嗡声时，可关闭开关。

第五步，打开盖子，冰应该搅成粗粒状，水果应搅成果浆状。

第六步，取下电动搅拌机的杯子部分，将饮品盛入载杯中。操作时必须用碎冰，以免损坏电动搅拌机中的刀片；因为电动搅拌机转速很快，因此只能用点击的方法操作，不能长按电动搅拌机开关键，不然很容易烧坏电动搅拌机，如图5-11所示。

图 5-11　搅和法

第三节　鸡尾酒装饰物的制作

一、鸡尾酒装饰物的分类

（一）果蔬类原料

1. 蔬菜类

黄瓜（cucumber）

番茄（tomato）

芹菜（celery）

洋葱（cocktail onion）

2. 水果类

樱桃（cherry）

橙子（orange）

柠檬（lemon）

鸡尾酒装饰物制作微课

菠萝（pineapple）

草莓（strawberry）

西瓜（watermelon）

橄榄（olive）

（二）花草类原料

薄荷（peppermint）

小茴香（cumin）

薰衣草（lavender）

（三）调味类原料

丁香（clove）

豆蔻（nutmeg）

胡椒（pepper）

肉桂（cinnamon）

辣椒（cayenne pepper）

二、鸡尾酒装饰物的制作方法

（一）水果装饰法

将水果洗净消毒，然后削皮成条状挂于杯口或用酒吧签串穿水果挂于杯口。

（二）蔬菜花草装饰法

将蔬菜花草洗净消毒，然后裁剪制作成装饰物。

（三）饰品装饰法

将樱桃串于花色吸管插于杯口；将红樱桃或橙片、橙角用小洋伞插于杯口。

（四）杯口装饰法

将杯口涂抹上一层柠檬汁，然后将杯子翻盖于糖粉或盐粉上，使杯口粘上一层薄薄的糖粉或盐粉。

三、鸡尾酒装饰物的搭配原则

装饰物口味要与鸡尾酒口味相协调；装饰物颜色要与鸡尾酒颜色相协调；装饰物形状要与鸡尾酒的造型相协调。

第四节　经典鸡尾酒

鸡尾酒最初来源于欧洲的混合酒饮，最早诞生于 1806 年。鸡尾酒经过 200 多年的发展，派生了许多优秀的鸡尾酒品类，它被无数人赞誉，传承至今，成为永恒不变的经典。学习经典鸡尾酒的调制需要遵循它有固定的配方，将其与现代人的审美方式相结合。

一、金酒为基酒的鸡尾酒

（一）马天尼 Martini

1. 由来

马天尼鸡尾酒原是金酒与一种酒的混合。马天尼鸡尾酒之所以被称为 Martini，一般认为是由于其中用到了起源于 1863 年的意大利著名威末酒品牌 Martini。

2. 配方及调制方法

马天尼的配方及调制方法如表 5-1 所示。

表 5-1　马天尼的配方及调制方法

酒名	配方		调制方法	载杯	装饰物
干马天尼 （传统马天尼） Dry Martini	金酒 Gin	60ml	滤冰调和法	马天尼 鸡尾酒杯	柠檬皮、 绿橄榄
	干味美思 Dry Vermouth	10ml			
甜马天尼 Sweet Martini	金酒 Gin	30ml			柠檬皮、 红樱桃
	甜味美思 Sweet Vermouth	20ml			
中性马天尼 （完美马天尼） Medium Martini	金酒 Gin	30ml			柠檬皮、 红樱桃
	干味美思 Dry Vermouth	15ml			
	甜味美思 Sweet Vermouth	15ml			

备注：干马天尼、甜马天尼和中性马天尼的基酒和辅料配方可根据载杯的大小按照 6∶1、1.5∶1 和 2∶1∶1 的比例进行调整。

3. 调制流程（干马天尼）

（1）准备调酒物品

调酒杯、吧匙、量酒器、滤冰器、口布、抹布、杯垫、冰桶、冰勺/冰夹、水果夹、酒签、鸡尾酒杯、橄榄、柠檬皮、冰块、酒水。

（2）调制步骤

清洁杯具→冰载杯→冰调酒杯→量取酒液→调和酒液→滤出酒液→放装饰物及喷香→出品。

①清洁杯具。用口布擦拭载杯。

②冰载杯和调酒杯。在载杯和调酒杯中分别加入冰块，用吧匙进行搅拌，使其冷却，并滤掉调酒杯中的冰水。

③量取酒液。用量酒器将干味美思、金酒量入调酒杯内。

④调和酒液。用吧匙进行调和，搅拌约 10~20 次，使酒液降到约零度即可。

⑤滤出酒液。先将载杯里的冰块倒掉，再使用滤冰器配合调酒杯过滤冰块，将酒倒入载杯中约8分满。

⑥制作装饰物及喷香。用水果夹夹取橄榄放入杯内，用黄柠皮喷香。

⑦出品。将调制好的鸡尾酒置于杯垫上，出品给客人。

⑧清洁。清洁器具、清理工作台。

（3）注意事项

马天尼对冰块要求很高，尽量选择大块冰块，不宜选择碎小的冰块以免化水过快。调和时间要控制得当，一般温度降到零度即可。作为基酒的金酒要提前放到冰箱冰冻，以达到最佳口感效果，成品如图5-12所示。

图5-12　干马天尼

干马天尼调制微课

（二）红粉佳人（Pink Lady）

1. 由来

1912年在伦敦上演的戏剧《红粉佳人》大获成功，庆功宴上，女主角黑泽尔·多恩所喝的酒，就是这款"红粉佳人"。从此，红粉佳人名满天下。1944年，在戏剧《生日快乐》中，"美国话剧界第一佳人"——海伦·黑兹所喝的酒，也是"红粉佳人"。可以说，这是一款与舞台缘分颇深的鸡尾酒。

2. 配方及调制方法

红粉佳人的配方及调制方法如表5-2所示，成品如图5-13所示。

表 5-2　红粉佳人的配方及调制方法

酒名	配方		调制方法	载杯	装饰物
红粉佳人 Pink lady	金酒 Gin	45ml	波士顿 壶摇和法	短饮鸡尾 酒杯	红樱桃
	君度利口酒 Cointreau	15ml			
	红石榴糖浆 Grenadine	5ml			
	柠檬汁 Lemon Juice	15ml			
	蛋清 Egg White	1 个			

3. 调制流程

（1）准备调酒物品

波士顿壶、吧匙、量酒器、滤网、口布、抹布、杯垫、冰桶、冰勺/冰夹、水果夹、鸡尾酒杯、红樱桃、鸡蛋、冰块、酒水。

（2）调制步骤

清洁杯具→冰杯→放入蛋清→量取酒液→不加冰一次摇和→加冰二次摇和→滤出酒液→制作装饰物→出品。

①清洁杯具。用口布擦拭载杯。

②冰杯。在载杯中加入冰块，用吧匙进行搅拌，使其快速冷却。

③打蛋清及量取酒液。将一个鸡蛋的蛋清打入波士顿壶中，再用量酒器将金酒、君度利口酒、红石榴糖浆、柠檬汁量取入壶中。

④不加冰，进行一次摇和。不加冰的情况下进行一次摇和，再用提拉手法将酒液在两厅中来回倒，更容易激发泡沫。

⑤加冰，进行二次摇和。往波士顿壶中加入冰块，使用摇和法进行摇和，充分将酒液混合。

⑥滤出酒液。先将载杯里的冰块倒掉，再使用滤网将酒液倒入载杯中。

⑦制作装饰物。用水果夹将红樱桃取出，用刀在其底部划一口子，置于载杯上。

⑧出品。将调制好的鸡尾酒置于杯垫上，出品给客人。

⑨清洁。清洁器具、清理工作台。

（三）注意事项

首先是取蛋清，将鸡蛋从中间敲开，让蛋清从夹缝中慢慢流出，将鸡蛋在左右两边蛋壳中来回倒，以此流出蛋清，切勿使蛋黄流出。其次是波士顿壶的使用。第一，盖壶的方法，上下两厅的一边要沿着一条直线盖好；第二，握壶手法，上下两端握壶，双手尽量不要过多贴住壶身；第三，一次摇和中的提拉手法，要注意流畅性，弧度大而不断。另外，从调酒器中滤酒时，要倒得完全。因为这款酒需要酒面上浮些泡沫，而泡沫往往在最后才能倒出，成品如图 5-13 所示。

图 5-13　红粉佳人

红粉佳人调制微课

（2019 年广西教学能力

微课比赛二等奖作品）

（三）新加坡司令（Singapore Sling）

1. 由来

1915 年，年轻的调酒师严崇文进入新加坡的莱佛士酒店的长乐酒吧工作。当时的新加坡还是英国的殖民地，严崇文很快发现，由于英国社会习俗不允许女士在公共场合饮用含酒精饮料，所以在先生们品味杜松子酒或威士忌时，女士们只能选择果汁饮料或茶。严崇文决定绕过这个禁忌，为女士们调制一款特别的鸡尾酒。他思索了很久后想到一个方案。他用杜松子酒、樱桃酒、法国廊酒、君度橙酒、菠萝汁、柠檬汁、少许安哥斯特拉苦精酒，配以粉红色的石榴糖浆伪装，使其看起来更像水果鸡尾酒。这款酒被命名为"新加坡司令"。

2. 配方及调制方法

新加坡司令配方及调制方法如表 5-3 所示。

表5-3 新加坡司令配方及调制方法

酒名	配方		调制方法	载杯	装饰物
新加坡司令 Singapore Sling	金酒 Gin	30ml	波士顿壶摇和法	柯林杯/ 飓风杯	黑樱桃、 薄荷叶/菠萝
	樱桃白兰地 Cherry Brandy	15ml			
	君度利口酒 Cointreau	7.5ml			
	廊酒利口酒 Benedictine	7.5ml			
	菠萝汁 Pineapple Juice	120ml			
	青柠汁 Lime juice	15ml			
	红石榴糖浆 Grenadine Syrup	10ml			
	安哥斯图拉苦酒 Angostura Bitters	几滴			

3. 调制流程

（1）准备调酒物品

波士顿壶、吧匙、量酒器、口布、抹布、杯垫、冰桶、冰勺/冰夹、水果夹、柯林杯/飓风杯、黑樱桃、薄荷叶/菠萝、冰块、酒水。

（2）调制步骤

清洁杯具→冰杯→量取酒液→加入冰块摇和→滤出酒液→制作装饰物→出品。

①清洁杯具。用口布擦拭载杯。

②冰杯。在载杯中加入冰块，用吧匙进行搅拌，使其快速冷却。

③量取酒液。用量酒器将金酒、樱桃白兰地、君度利口酒、廊酒利口酒、菠萝汁、青柠汁、红石榴糖浆、安哥斯图拉苦酒量入波士顿壶中。

④摇和酒液。往波士顿壶中加入冰块后，使用摇和法进行摇和。

⑤滤出酒液。先用过滤器将载杯里的水倒掉，再将酒液倒入载杯中。

⑥制作装饰物。用水果夹将黑樱桃和菠萝片取出，用刀在其底部划一口子，一起置于载杯上。

⑦出品。将调制好的鸡尾酒置于杯垫上，出品给客人。

⑧清洁。清洁器具、清理工作台。

（3）注意事项

新加坡司令的配方相对复杂，结合了果汁、红石榴糖浆、君度、法国廊酒以及金酒等。调制过程中需注意摇和的手法、力度和时间的把握，使其难以混合的材料能够充分融合，成品如图 5-14 所示。

图 5-14　新加坡司令

二、龙舌兰为基酒的鸡尾酒

（一）玛格丽特（Margarita）

1. 由来

1949 年，美国举行全国鸡尾酒大赛。一位洛杉矶的酒吧调酒师让·杜拉斯（Jean Durasa）参赛。这款鸡尾酒正是他的冠军之作。之所以命名为 Margarita cocktail，是想纪念他的已故恋人 Margarita。1926 年，Jean Durasa 去墨西哥，与 Margarita 相恋，墨西哥成了他们的浪漫之地。然而，有一次当两人去野外打猎时，玛格丽特中了流弹，最后倒在恋人 Jean Durasa 的怀中，永远离开了。于是，Jean Durasa 就用墨西哥的国酒 Tequila 作为鸡尾酒的基酒，用柠檬汁的酸味代表心中的酸楚，用盐霜意喻怀念的泪水。如今，Margarita 在世界酒吧流行的同时，也成为 Tequila 的代表鸡尾酒。

2. 配方及调制方法

玛格丽特的配方及调制方法如表 5-4 所示。

表 5-4　玛格丽特的配方及调制方法

酒名	配方		调制方法	载杯	装饰物
玛格丽特 Margarita	龙舌兰酒 Tequila	45ml	雪克壶摇和法	玛格丽特杯	柠檬片、雪花盐边杯
	君度利口酒 Cointreau	15ml			
	柠檬汁 Lemon juice	15ml			

3. 调制流程

（1）准备调酒物品

雪克壶、吧匙、量酒器、口布、抹布、杯垫、冰桶、冰勺/冰夹、水果夹、玛格丽特杯、盐和柠檬片、冰块、酒水。

（2）调制步骤

清洁杯具→制作雪霜杯盐边→冰杯→量取酒液→加入冰块摇和→滤出酒液→制作装饰物→出品。

①清洁杯具。用口布擦拭载杯。

②制作雪霜杯盐边。用青柠角擦拭酒杯杯口边缘，接着倒置酒杯，让杯口均匀地沾上细盐。

③冰杯。将制作好的酒杯放入冰箱中冰镇待用。

④量取酒液。将龙舌兰、君度、柠檬汁分别量入雪克壶中。

⑤摇和酒液。用吧匙搅拌均匀后在雪克壶中加冰块至8~9分满，盖好壶盖用力摇和，待调酒壶上起白雾即可。

⑥滤出酒液。取出冰镇好的酒杯，快速将酒液倒入杯中。

⑦制作装饰物。将柠檬切片，插在杯口装饰。

⑧出品。将调制好的鸡尾酒置于杯垫上，出品给客人。

⑨清洁。清洁器具、清理工作台。

（3）注意事项

首先是雪霜杯盐边的制作，这道工序看似简单，实则对整体口感影响很大。适中的盐味才能完美地与酒液的味道中和。一定要均匀适中，太厚、太薄都不行。其次是雪克壶的使用。第一，按顺序盖好雪克壶，先盖滤冰器，再盖壶盖。第二，握壶要注意手掌心是中空的，切勿贴住壶身。第三，摇壶时要用手腕用力而非手臂，成品如图 5-15 所示。

图 5-15　玛格丽特

玛格丽特调制微课

（二）特基拉日出（Tequila Sunrise）

1. 由来

以特基拉为基酒的鸡尾酒，最有名的莫过于特基拉日出（Tequila Sunrise）了。在生长着星星点点仙人掌，但又荒凉到极点的墨西哥平原上，正升起鲜红的太阳，阳光把墨西哥平原照耀得一片灿烂。特基拉日出（Tequila Sunrise）中浓烈的龙舌兰香味容易使人想起墨西哥的朝霞。

2. 配方及调制方法

特基拉日出的配方及调制方法如表 5-5 所示。

表 5-5　特基拉日出的配方及调制方法

酒名	配方		调制方法	载杯	装饰物
特基拉日出 Tequila Sunrise	龙舌兰酒 Tequila	45ml	不滤冰直接 调和法、 兑和法	柯林杯/ 飓风杯	橙片、 樱桃
	橙汁 Orange Juice	90ml			
	红石榴糖浆 Grenadine Syrup	约 10ml			

3. 调制流程

（1）准备调酒物品

柯林杯、吧匙、量酒器、口布、抹布、杯垫、冰桶、冰勺/冰夹、香橙片、樱桃、吸管、冰块、酒水。

（2）调制步骤

清洁杯具→冰杯→量取酒液→倒入橙汁→吧匙调和→吧匙引流红石榴糖浆→制作装饰物→出品。

①清洁杯具。用口布擦拭载杯。

②冰杯。在载杯中加入冰块八分满，充分搅拌冰镇，滤掉冰水。

③量取酒液。用量酒器将龙舌兰量入载杯内。

④倒入橙汁。倒入橙汁九分满，约 90ml。

⑤吧匙调和。用吧匙将橙汁和龙舌兰酒调和。

⑥吧匙引流红石榴糖浆。将红石榴糖浆沿着吧匙缓缓引流入杯底，营造出日出的形态。

⑦制作装饰物。用水果夹将柠檬片和樱桃取出，用刀在其底部划一口子，一起置于载杯上，最后插上吸管。

⑧出品。将调制好的鸡尾酒置于杯垫上，出品给客人。

⑨清洁。清洁器具、清理工作台。

（3）注意事项

特基拉日出除了调和法的使用外，还有兑合法的使用。日出的形态取决于红石榴糖浆的倒入方法。一般采用吧匙引流到底部，形成分层的效果，成品如图5-16所示。

特基拉日出
调制微课

图5-16 特基拉日出

（三）反舌鸟（Mockingbird）

1. 由来

Mockingbird以女性作家哈珀·李（Harper Lee）1960年家喻户晓的小说《杀死一只反舌鸟》（*To Kill a Mockingbird*）命名，它由龙舌兰、绿薄荷酒和青柠汁构成，酒体呈现清新的淡绿色。反舌鸟是一种薄荷型鸡尾酒，拥有强烈的刺激性，能给品尝者带来兴奋感。鲜明的绿色给人难以想象的口感，清新的色调非常适合夏天饮用，而纯正的口感和清冽的味道同样令人难以忘怀，是一款非常适合与朋友一同细细品味的鸡尾酒。

2. 配方及调制方法

反舌鸟的配方及调制方法如表5-6所示。

表5-6 反舌鸟的配方及调制方法

酒名	配方		调制方法	载杯	装饰物
反舌鸟 Mockingbird	龙舌兰酒 Tequila	45ml	雪克壶摇和法	蝶形香槟杯 /鸡尾酒杯	柠檬皮
	绿薄荷利口酒 Crème de Menthe（Green）	10ml			
	青柠汁 Lime juice	15ml			

3. 调制流程

（1）准备调酒物品

雪克壶、吧匙、量酒器、口布、抹布、杯垫、冰桶、冰勺/冰夹、水果夹、蝶形香槟杯/鸡尾酒杯、柠檬皮、冰块、酒水。

（2）调制步骤

清洁杯具→冰杯→量取酒液→加入冰块摇和→滤出酒液→制作装饰物→出品。

①清洁杯具。用口布擦拭载杯。

②冰杯。在载杯中加入冰块，用吧匙进行搅拌，使其快速冷却。

③量取酒液。将龙舌兰、绿薄荷利口酒、柠檬汁分别量入雪克壶中。

④摇和酒液。在雪克壶中加冰块至 8~9 分满，盖好壶盖用力摇和，待调酒壶上起白雾即可。

⑤滤出酒液。先将载杯里的冰块倒掉，再将酒液倒入载杯中。

⑥制作装饰物。切好柠檬皮，插在杯口装饰。

⑦出品。将调制好的鸡尾酒置于杯垫上，出品给客人。

⑧清洁。清洁器具、清理工作台。

（3）注意事项

调制过程中需注意摇和的手法、力度和时间的把握，使其充分体现反舌鸟清新冰凉的口感，成品如图 5-17 所示。

图 5-17　反舌鸟

反舌鸟调制微课

三、威士忌为基酒的鸡尾酒

（一）古典（Old Fashioned）

1. 由来

古典（Old Fashioned）是 19 世纪中叶美国肯塔基州彭德尼斯俱乐部的一个调酒师为狂爱赛马的粉丝们发明的鸡尾酒。

苦艾酒是添加了草本和香料的强化酒，酒精浓度约为 18%，从前主要用于治病，直到 19 世纪后期，人们尝试把苦艾酒和其他酒类混配作鸡尾酒饮用，从此此酒成为鸡尾酒经典，也是世界各地最受欢迎的鸡尾酒之一。

该酒调制方法简单，用古典杯盛载所以叫古典。

2. 配方及调制方法

古典的配方及调制方法如表 5-7 所示。

表 5-7　古典的配方及调制方法

酒名	配方		调制方法	载杯	装饰物
古典 Old Fashioned	波本威士忌 Bourbon Whiskey	60ml	不滤冰直接 调和法	古典杯	橙皮
	安哥斯图拉苦酒 Angostura Bitters	5 滴			
	方糖 Cube sugar	1 块			
	苏打水 Soda water	10ml			

3. 调制流程

（1）准备调酒物品

古典杯、吧匙、量酒器、口布、抹布、杯垫、冰桶、冰勺/冰夹、橙皮、方糖、冰块、酒水。

（2）调制步骤

清洁杯具→冰杯→准备方糖→滴苦酒入方糖→倒苏打水，捣碎→倒威士忌，调和→加冰和威士忌，调和→制作装饰物，喷香→出品。

①清洁杯具。用口布擦拭载杯。

②冰杯。在载杯中加入冰块八分满，充分搅拌冰镇，倒掉冰块。

③准备方糖。在古典杯中放入一块方糖。

④滴苦酒入方糖。在方糖上洒上 5 滴苦酒。

⑤倒苏打水，捣碎。倒入 10ml 苏打水，用捣棒捣碎。

⑥倒威士忌，调和。在古典杯中量入 30ml 威士忌，用吧匙进行调和。

⑦加冰和威士忌，调和。加入冰块，再次量入 30ml 威士忌，继续调和。

⑧制作装饰物，喷香。制作橙皮装饰物，用橙皮喷香，放入杯中。

⑨出品。将调制好的鸡尾酒置于杯垫上出品。

⑩清洁器具、清理工作台。

（3）注意事项

不滤冰调和法要注意调和的时间把握，避免冰块滤水过快。古典中威士忌分两次加入进行调和，可以充分达到调和的目的，又避免过早加入冰块使之化水过快，成品如图 5-18所示。

古典调制微课

图 5-18　古典

（二）曼哈顿 Manhattan

1. 由来

曼哈顿鸡尾酒（Manhattan）被称为"鸡尾酒王后"。传说曼哈顿鸡尾酒的产生与美国纽约的曼哈顿有关。英国前首相丘吉尔的母亲是有 1/4 印第安血统的美国人，她是纽约社交圈的知名人物。据说，她曾在曼哈顿俱乐部为自己支持的总统候选人举行宴会，并用她发明的这款鸡尾酒来招待客人，此酒即曼哈顿。

2. 配方及调制方法

曼哈顿的配方及调制方法如表 5-8 所示。

表 5-8　曼哈顿的配方及调制方法

酒名	配方		调制方法	载杯	装饰物
曼哈顿 Manhattan	黑麦威士忌 Rye Whiskey	45ml	滤冰 调和法	短饮鸡尾 酒杯	樱桃
	甜味美思 Sweet Vermouth	20ml			
	安哥斯图拉苦酒 Angostura Bitters	1 滴			

3. 调制流程

（1）准备调酒物品

调酒杯、吧匙、量酒器、滤冰器、口布、抹布、杯垫、冰桶、冰勺/冰夹、水果夹、短饮鸡尾酒杯、樱桃、冰块、酒水。

（2）调制步骤

清洁杯具→冰载杯→冰调酒杯→量取酒液→调和酒液→滤出酒液→制作装饰物及喷香→出品。

①清洁杯具。用口布擦拭载杯。

②冰载杯和调酒杯。在载杯和调酒杯中分别加入冰块，用吧匙进行搅拌，使其冷却，并滤掉调酒杯中的冰水。

③量取酒液。用量酒器将甜味美思、黑麦威士忌量入酒杯内。

④调和酒液。用吧匙进行调和，搅拌 10~20 次，使酒液降到约零度即可。

⑤滤出酒液。先将载杯里的冰块倒掉，再使用滤冰器配合调酒杯过滤冰块，将酒倒入载杯中约 8 分满。

⑥制作装饰物。用水果夹夹取樱桃放入杯内。

⑦出品。将调制好的鸡尾酒置于杯垫上，出品给客人。

⑧清洁。清洁器具、清理工作台。

（3）注意事项

调制手法与马天尼的一致。威士忌的选取以黑麦威士忌为佳，口感更醇厚，成品如图 5-19 所示。

曼哈顿调制微课

图 5-19　曼哈顿

（三）威士忌酸（Whiskey Sour）

1. 由来

酸酒（Sour）算是吧台点单率和好评率都很高的鸡尾酒——最常见的形态是威士忌制作的威士忌酸酒，也叫威士忌酸。威士忌酸酒的历史可以追溯到 19 世纪 70 年代，它最初是由威士忌、柠檬汁、糖和一点儿蛋清调配成的。威士忌酸因其简单的材料、经典的做法、清爽的口感，成了酸酒中的佼佼者。

2. 配方及调制方法

威士忌酸的配方及调制方法如表 5-9 所示。

表5-9　威士忌酸的配方及调制方法

酒名	配方		调制方法	载杯	装饰物
威士忌酸 Whiskey Sour	波本威士忌 Bourbon Whiskey	45ml	雪克壶摇和法	古典杯	橙片、樱桃
	柠檬汁 Lemon juice	25ml			
	糖浆 Sugar syrup	20ml			
	蛋清（可选） Egg White（Optional）	20ml			

3. 调制流程

（1）准备调酒物品

雪克壶、吧匙、量酒器、滤网、口布、抹布、杯垫、冰桶、冰勺/冰夹、水果夹、古典杯、樱桃、橙片、冰块、酒水。

（2）调制步骤

清洁杯具→冰杯→量取酒液→不加冰一次摇和→加冰二次摇和→滤出酒液→制作装饰物→出品。

①清洁杯具。用口布擦拭载杯。

②冰杯。在载杯中加入冰块，用吧匙进行搅拌，使其快速冷却。

③量取酒液。用量酒器将波本威士忌、柠檬汁、糖浆量取入雪克壶中，搅拌后加入蛋清再次搅拌均匀。

④不加冰，进行一次摇和。不加冰的情况下进行一次摇和，更容易激发泡沫。

⑤加冰，进行二次摇和。往雪克壶中加入冰块，再次摇和。

⑥滤出酒液。先将载杯里的冰块倒掉，再使用滤网将酒液倒入载杯中。

⑦制作装饰物。制作橙片和樱桃装饰物，置于载杯上。

⑧出品。将调制好的鸡尾酒置于杯垫上，出品给客人。

⑨清洁。清洁器具、清理工作台。

（3）注意事项

因为鸡尾酒用到了柠檬，而柠檬的酸有时候会把威士忌里的酒精感带出来，因此，在酒中加入蛋清，蛋清的绵密感正好可以平衡这一点。因此，要注意摇和的力度要更重一些，以促进泡沫的释放，成品如图5-20所示。

威士忌酸调制微课

图 5-20　威士忌酸

四、朗姆酒为基酒的鸡尾酒

（一）莫吉托（Mojito）

1. 由来

莫吉托诞生于古巴，原本是海盗的饮品。英国人弗朗西斯·德雷克爵士发明了这款饮料。传说他在古巴寻找治疗坏血病和痢疾的方法时，发现了这种饮料的配方，这种饮料不仅治好了船员们的疾病，还因其清爽口感和朗姆酒的烈性相互补而广受欢迎。

2. 配方及调制方法如表 5-10 所示。

表 5-10　莫吉托的配方及调制方法

酒名	配方		调制方法	载杯	装饰物
莫吉托 Mojito	白朗姆酒 White Rum	45ml	不滤冰直接调和法	海波杯/柯林杯	薄荷叶、青柠片
	青柠汁 Lime Juice	20ml			
	蔗糖 White Cane Sugar	2 茶匙			
	苏打水 Soda Water	适量			
	带枝薄荷 Mint Sprigs	适量			

3. 调制流程

（1）准备调酒物品

吧匙、量酒器、口布、抹布、杯垫、冰桶、冰勺/冰夹、捣棒、水果夹、海波杯/柯林杯、薄荷叶、青柠片、冰块、酒水、吸管。

（2）调制步骤

清洁杯具→冰杯→量取酒液→放入薄荷叶→加入碎冰→倒入苏打水并搅拌→加碎冰至满→制作装饰物→出品。

①清洁杯具。用口布擦拭载杯。

②冰杯。在载杯中加入冰块，用吧匙进行搅拌，使其快速冷却。

③量取酒液。用量酒器将朗姆酒、青柠汁、糖浆放进杯中。

④放入薄荷叶。放入薄荷叶，用捣棒稍微压挤一下。

⑤加入碎冰。在载杯中倒入六分满的碎冰。

⑥倒入苏打水并搅拌。倒入适量苏打水，用吧匙充分搅拌。

⑦加碎冰至满。再一次放入碎冰至杯口。

⑧制作装饰物。用水果夹把青柠片放入杯中，再将薄荷叶置于酒杯上装饰。

⑨出品。将调制好的鸡尾酒置于杯垫上，插上吸管，出品给客人。

⑩清洁。清洁器具、清理工作台。

（3）注意事项

由于碎冰的融化速度很快，要在冰出水最少的情况下将配方搅拌均匀并降温，速度一定要快，一般为15~20秒，注意搅拌时要适当地上下搅拌均匀，成品如图5-21所示。

图5-21　莫吉托

莫吉托调制微课

（二）自由古巴（Cuba Libre）

1. 由来

自由古巴是古巴从西班牙手中独立时，用当时市民口中常用的词来命名的酒。1902年，古巴人民进行了反对西班牙的独立战争，在这场战争中他们使用"Cuba Libre"（自由的古巴万岁）作为纲领性口号，于是便有了这款鸡尾酒。

这款鸡尾酒味道浓厚，解渴开胃。特别是加入可乐后，这款鸡尾酒的口感更轻柔，很适合在海滩酒吧饮用。

2. 配方及调制方法

自由古巴的配方及调制方法如表5-11所示。

表 5-11 自由古巴的配方及调制方法

酒名	配方		调制方法	载杯	装饰物
自由古巴 Cuba Libre	白朗姆酒 White Rum	50ml	不滤冰直接调和法	海波杯/柯林杯	青柠角
	青柠汁 Lime Juice	10ml			
	可乐 coke	适量			

3. 调制流程

（1）准备调酒物品

吧匙、量酒器、口布、抹布、杯垫、冰桶、冰勺/冰夹、水果夹、海波杯/柯林杯、青柠角、冰块、酒水、吸管。

（2）调制步骤：

清洁杯具→冰杯→量取酒液→倒入可乐→吧匙调和→制作装饰物→出品。

①清洁杯具。用口布擦拭载杯。

②冰杯。在载杯中加入冰块八分满，充分搅拌冰镇，滤掉冰水。

③量取酒液。用量酒器将朗姆酒、青柠汁量入载杯内。

④倒入可乐。倒入可乐九分满。

⑤吧匙调和。用吧匙将酒液调和。

⑥制作装饰物。用水果夹将青柠片放入载杯内。

⑦出品。将调制好的鸡尾酒置于杯垫上，插上吸管，出品给客人。

⑧清洁。清洁器具、清理工作台。

（3）注意事项

自由古巴的原料和制作流程简单，可作为入门级调酒练习。调制时必须严格遵循配方分量，注意冰杯稀释的冰水需滤出后再加入酒液，以免过多稀释酒液，成品如图 5-22 所示。

图 5-22 自由古巴

自由古巴调制微课

（三）椰林飘香 Pina Colada

1. 由来

椰林飘香诞生于波多黎各，在西班牙语中的意思是"菠萝茂盛的山谷"。它是墨西哥等地区极流行的降暑饮品。它的酒精度较低，并带有热带风情，属于一款热带鸡尾酒。

2. 配方及调制方法

椰林飘香的配方及调制方法如表 5-12 所示。

表 5-12　椰林飘香的配方及调制方法

酒名	配方		调制方法	载杯	装饰物
椰林飘香 Pina Colada	白朗姆酒 White Rum	50ml	搅和法	长饮鸡尾 酒杯/飓风杯	樱桃、 菠萝片
	椰奶 coconut milk	30ml			
	菠萝汁 Pineapple Juice	50ml			

3. 调制流程

（1）准备调酒物品

波士顿壶、电动搅拌机、量酒器、口布、抹布、杯垫、冰桶、冰勺/冰夹、水果夹、长饮鸡尾酒杯/飓风杯、樱桃和菠萝片、冰块、酒水。

（2）调制步骤

清洁杯具→冰杯→果汁机中加入冰块和酒液→果汁机搅拌→倒出酒液→制作装饰物→出品。

①清洁杯具。用口布擦拭载杯。

②冰杯。在载杯中加入冰块八分满，充分搅拌冰镇。

③电动搅拌机中加入冰块和酒液。把冰块放入搅拌机，再用量酒器将白朗姆酒、椰奶、菠萝汁量入搅拌机中。

④电动搅拌机搅拌。开启电动搅拌机进行搅拌 5~10 秒，直至酒液变得滑润。

⑤倒出酒液。先将载杯中的冰块倒掉，再把调好的鸡尾酒倒入载杯中。

⑥制作装饰物。用水果夹放上樱桃和菠萝片装饰。

⑦出品。将调制好的鸡尾酒置于杯垫上，出品给客人。

⑧清洁。清洁器具、清理工作台。

（3）注意事项

此款酒是用机器搅和法直接调制的，简单易学，注意加入冰块的量要跟酒液的配比合适，以及搅拌的时间需加以控制。上述调制为传统式调制方法，现在比较多地会使用摇和法来制作这款鸡尾酒，成品如图 5-23 所示。

图 5-23　椰林飘香

椰林飘香调制微课

五、伏特加为基酒的鸡尾酒

（一）血腥玛丽（Bloody Mary）

1. 由来

玛丽一世（Mary I，1516 年 2 月 18 日至 1558 年 11 月 17 日）是都铎王朝的第四任君主，极其虔诚的天主教徒。她的主要事迹是曾经努力把英国从新教恢复到罗马天主教。为此，她曾处决了差不多 300 个反对者，而被称为"血腥玛丽"（Bloody Mary）。从此以后，Bloody Mary 在英语中就成了"女巫"的同义词。

"血腥玛丽"鲜红色的汁液产生的怪异魅力让人有一种莫名的向往。在美国禁酒法实施期间，"血腥玛丽"在当时的地下酒吧非常流行，被称为"喝不醉的番茄汁"。

2. 配方及调制方法

血腥玛丽的配方及调制方法如表 5-13 所示。

表 5-13　血腥玛丽的配方及调制方法

酒名	配方		调制方法	载杯	装饰物
血腥玛丽 Bloody Mary	伏特加 Vodka	45ml	搅和法、 波士顿 壶摇和法	古典杯/ 柯林杯	芹菜叶
	番茄汁 Tomato Juice	90ml			
	柠檬汁 Lemon Juice	15ml			
	辣酱油 Worcestershire Sauce	2 滴			
	辣椒汁 Tabasco Sauce	3 滴			
	胡椒粉 Pepper	少许			
	香芹盐 Celery Salt	少许			

3．调制流程

（1）准备调酒物品

电动搅拌机、吧匙、量酒器、口布、抹布、杯垫、冰桶、冰勺/冰夹、滤冰器、滤网、古典杯/柯林杯、冰块、酒水及调味品。

（2）调制步骤

清洁杯具→制作盐边杯→冰杯→制作新鲜番茄汁→量取酒液→吧匙搅拌→摇和酒液→滤出酒液→制作装饰物→出品。

①清洁杯具。用口布擦拭载杯。

②制作盐边杯。先用青柠角擦拭酒杯杯口边缘，接着倒置酒杯，让杯口的一半均匀地沾上香芹盐。

③冰杯。将制作好的酒杯放入冰箱中冰镇待用。

④制作新鲜番茄汁。将洗净的西红柿去皮，切丁，放入搅拌机，加入少许饮用水和糖，开机搅拌，盛出待用。

⑤量取酒液。将伏特加、柠檬汁、番茄汁、香芹盐、胡椒粉、辣酱油、辣椒汁分别量入波士顿壶中。

⑥吧匙搅拌。用吧匙搅拌均匀，试味。

⑦摇和酒液。在波士顿壶中加冰块 7~8 分满，盖好壶盖用力摇和。

⑧滤出酒液。取出冰镇好的酒杯，用滤冰器和滤网快速将酒液倒入杯中。

⑨制作装饰物。取一根芹菜棒，插在杯口装饰。

⑩出品。将调制好的鸡尾酒置于杯垫上，出品给客人。

⑪清洁器具、清理工作台。

（3）注意事项

此款鸡尾酒配方和调制方法较为复杂，要分配好各种调料。番茄汁最好选择鲜榨的，也可用番茄沙司代替，或者两者都用，口味更佳。搅拌机使用前要清洁，西红柿要去皮切小块后再放入。加入的水量需要根据西红柿的汁水量多少而定。盐边杯的制作可以只做半杯，这样可以供客人选择是否就着盐一块喝，成品如图5-24所示。

图5-24　血腥玛丽

（二）飞天蚱蜢（Flying Grasshopper）

1. 由来

将"绿色蚱蜢"去掉奶水，换作伏特加，酒性更烈，就像狂乱飞舞的蚱蜢，故名"飞天蚱蜢"。绿薄荷的清凉和白可可的香甜融合，入口香浓润滑。喝一杯"飞天蚱蜢"绿油油的田间景象便浮现眼前。

2. 配方及调制方法

飞天蚱蜢的配方及调制方法如表5-14所示。

表5-14　飞天蚱蜢的配方及调制方法

酒名	配方		调制方法	载杯	装饰物
飞天蚱蜢 Flying Grasshopper	伏特加 Vodka	30ml	雪克壶摇和法	短饮鸡尾酒杯	柠檬片
	绿薄荷酒 Green Crème de Menthe	15ml			
	白可可甜酒 White Crème de Cacao	15ml			

3. 调制流程

（1）准备调酒物品

雪克壶、吧匙、量酒器、口布、抹布、杯垫、冰桶、冰勺/冰夹、水果夹、短饮鸡尾酒杯、柠檬片、冰块、酒水。

（2）调制步骤

清洁杯具→冰杯→量取酒液→摇和酒液→滤出酒液→制作装饰物→出品。

①清洁杯具。用口布擦拭载杯。

②冰杯。在载杯中加入冰块，用吧匙进行搅拌，使其快速冷却。

③量取酒液。用量酒杯量取伏特加、绿薄荷酒、白可可甜酒倒入雪克壶。

④摇和酒液。雪克壶中加入冰块8分满，充分摇和。

⑤滤出酒液。先将载杯里的冰块倒掉，再将酒液倒入载杯中。

⑥制作装饰物。用水果夹将柠檬片插在载杯上。

⑦出品。将调制好的鸡尾酒置于杯垫上，出品给客人。

⑧清洁。清洁器具、清理工作台。

（3）注意事项

飞天蚱蜢用伏特加取代了人们熟知的"蚱蜢"中的鲜奶油，因此酒精度较高，口味辛辣，如果觉得过于辛辣，可以加一些淡奶油缓和一下口感。这款鸡尾酒薄荷的清香十分明显，非常适合餐前、餐后饮用，成品如图5-25所示。

飞天蚱蜢调制微课

图5-25 飞天蚱蜢

（三）大都会（Cosmopolitan）

1. 由来

大都会是由约翰·凯恩创作的，起源于1987年。随后，约翰·凯恩将它从俄亥俄州传播到旧金山各地。大都会是21世纪美国鸡尾酒大奖赛的冠军作品，并在电视剧《欲望都市》中出现，是女主角最喜欢的鸡尾酒。

2. 配方及调制方法

大都会的配方及调制方法如表5-15所示。

表 5-15　大都会的配方及调制方法

酒名	配方		调制方法	载杯	装饰物
大都会 Cosmopolitan	伏特加 Vodka	40ml	雪克壶摇和法	短饮鸡尾酒杯	条状柠檬皮
	君度利口酒 Cointreau	15ml			
	青柠汁 Lime juice	15ml			
	蔓越莓汁 Cranberry juice	30ml			

3. 调制流程

（1）准备调酒物品

雪克壶、吧匙、量酒器、口布、抹布、杯垫、冰桶、冰勺/冰夹、水果夹、短饮鸡尾酒杯、条状柠檬皮、冰块、酒水。

（2）调制步骤

清洁杯具→冰杯→量取酒液→摇和酒液→滤出酒液→制作装饰物→出品

①清洁杯具。用口布擦拭载杯。

②冰杯。在载杯中加入冰块，用吧匙进行搅拌，使其快速冷却。

③量取酒液。用量酒杯将伏特加、君度、青柠汁、蔓越莓汁倒入雪克壶。

④摇和酒液。加入冰块后，使用摇和法制作该鸡尾酒。

⑤滤出酒液。先将载杯里的冰块倒掉，再将酒液倒入载杯中。

⑥制作装饰物。用条状柠檬皮进行喷香，然后放置在酒的中间。

⑦出品。将调制好的鸡尾酒置于杯垫上，出品给客人。

⑧清洁。清洁器具、清理工作台。

（3）注意事项

此款酒颜色艳丽，果味浓郁，尤其要注意配方的配比，柠檬汁尽量不要超过 15 毫升，不然整杯酒会显得有点浑浊。尽量让它观感通透，让人有清凉的感觉，成品如图 5-26 所示。

图 5-26　大都会

大都会调制微课

六、白兰地为基酒的鸡尾酒

（一）亚历山大（Alexander）

1. 由来

亚历山大（Alexander）起源于 19 世纪中叶，英国国王爱德华七世是为了纪念与皇后亚历山大的婚礼，命人调制了这种鸡尾酒，作为对皇后的献礼。

由于酒中加入了咖啡利口酒和鲜奶油，所以亚历山大喝起来口感很好，适合女性饮用，在诞生之初，她还有一个女性化的名字——亚历姗朵拉。

2. 配方及调制方法

亚历山大的配方及调制方法如表 5-16 所示。

表 5-16　亚历山大的配方及调制方法

酒名	配方		调制方法	载杯	装饰物
亚历山大 Alexander	干邑 Cognac	30ml	雪克壶摇和法	短饮鸡尾酒杯/ 浅碟形香槟杯	肉豆蔻粉
	棕可可利口酒 Crème de Cacao（Brown）	30ml			
	鲜奶油 Fresh Cream	30ml			

3. 调制流程

（1）准备调酒物品

雪克壶、吧匙、量酒器、滤网、口布、抹布、杯垫、冰桶、冰勺/冰夹、水果夹、短饮鸡尾酒杯/浅碟形香槟杯、肉豆蔻粉、冰块、酒水。

（2）调制步骤：

清洁杯具→冰杯→量取酒液→摇和酒液→滤出酒液→制作装饰物→出品

①清洁杯具。用口布擦拭载杯。

②冰杯。在载杯中加入冰块，用吧匙进行搅拌，使其快速冷却。

③量取酒液。用量酒杯将干邑、棕可可利口酒、鲜奶油倒入雪克壶。

④摇和酒液。加入冰块后，使用摇和法制作该鸡尾酒。

⑤滤出酒液。先将载杯里的冰块倒掉，再使用滤网将酒液倒入载杯中。

⑥制作装饰物。将肉豆蔻粉均匀撒在酒的中间。

⑦出品。将调制好的鸡尾酒置于杯垫上，出品给客人。

⑧清洁。清洁器具、清理工作台。

（3）注意事项

因为这是一款奶油鸡尾酒，所以摇和的力度要加重一些，摇和时间也可相对延长，使其酒液能充分融合，成品如图 5-27 所示。

亚历山大调制微课

图 5-27　亚历山大

（二）边车（Sidecar）

1. 由来

边车鸡尾酒由干邑白兰地、橙皮甜酒和柠檬汁调配而成，以第一次世界大战时活跃在战场上的军用边车命名。那时，专业调酒师在调酒时听到边车的声音，于是就将正在调和的鸡尾酒取名为"边车"。另一种说法是，此款鸡尾酒是由巴黎哈丽兹纽约酒吧的专业调酒师哈丽·马克路波于 1922 年发明的，名字是为了纪念一位美国的上尉，他喜欢骑着摩托边车在巴黎游玩。

2. 配方及调制方法

边车的配方及调制方法如表 5-17 所示。

表 5-17　边车的配方及调制方法

酒名	配方		调制方法	载杯	装饰物
边车 Sidecar	干邑 Cognac	50ml	雪克壶摇和法	短饮鸡尾酒杯	柠檬条
	橙皮甜酒 Triple Sec	20ml			
	柠檬汁 Lemon juice	20ml			

3. 调制流程

（1）准备调酒物品

雪克壶、吧匙、量酒器、口布、抹布、杯垫、冰桶、冰勺/冰夹、短饮鸡尾酒杯、柠檬条、冰块、酒水。

（2）调制步骤

清洁杯具→冰杯→量取酒液→摇和酒液→滤出酒液→制作装饰物→出品

①清洁杯具。用口布擦拭载杯。

②冰杯。在载杯中加入冰块，用吧匙进行搅拌，使其快速冷却。

③量取酒液。用量酒杯将干邑、橙皮甜酒、柠檬汁倒入雪克壶。

④摇和酒液。加入冰块后，使用摇和法制作该鸡尾酒。

⑤滤出酒液。先将载杯里的冰块倒掉，再将酒液倒入载杯中。

⑥制作装饰物。用条状柠檬皮进行喷香，然后放置在杯中。

⑦出品。将调制好的鸡尾酒置于杯垫上，出品给客人。

⑧清洁。清洁器具、清理工作台。

（3）注意事项

真正让边车声名鹊起的是 2006 年，它成为打破吉尼斯世界纪录的最贵鸡尾酒。之所以卖那么贵，是因为当时调酒用的"干邑白兰地"，不是"人头马 XO"就是"轩尼诗 XO"，最差也是"马爹利蓝带"那个级别。实操中，可结合实际情况选择干邑，成品如图 5-28 所示。

图 5-28　边车

边车调制微课

（三）萨泽拉克（Sazerac）

1. 由来

萨泽拉克早在 1838 年就出现了，当时新奥尔良的调酒师安东尼·艾米迪·佩肖（Antoine Amedie Peychaud）将干邑白兰地和他的佩肖苦味酒（Peychaud´s Bitters）混合在一起。到了 19 世纪 50 年代，这种混合物风靡一时，是新奥尔良萨泽拉克咖啡馆的标志性饮品。

2. 配方及调制方法

萨泽拉克的配方及调制方法如表 5-18 所示。

表 5-18　萨泽拉克的配方及调制方法

酒名	配方		调制方法	载杯	装饰物
萨泽拉克 Sazerac	干邑 Cognac	50ml	滤冰调和法	古典杯	柠檬皮
	苦艾酒 Absinthe	10ml			
	方糖 Cube sugar	1 块			
	裴乔氏苦精 Peychaud's Bitters	2 滴			

3. 调制流程

（1）准备调酒物品

调酒杯、吧匙、量酒器、口布、抹布、杯垫、冰桶、冰勺/冰夹、水果夹、古典杯、柠檬皮、冰块、酒水。

（2）调制步骤

清洁杯具→喷香/洗杯→放方糖→量取酒液→调和酒液→滤出酒液→制作装饰物→出品。

①清洁杯具。用口布擦拭载杯。

②喷香/洗杯。载杯用苦艾酒喷香或洗杯，放冰箱备用。

③放方糖。调酒杯中放入一颗方糖，并用捣棒碾碎。

④量取酒液。用量酒器量入干邑、苦精、苦艾酒入调酒杯中。

⑤调和酒液。在调酒杯中加入冰块，用吧匙充分搅拌。

⑥滤出酒液。将混合酒液倒入备用的载杯中。

⑦制作装饰物。制作柠檬皮，进行喷香并放入杯中作装饰。

⑧出品。将调制好的鸡尾酒置于杯垫上，出品给客人。

⑨清洁。清洁器具、清理工作台。

（3）注意事项

喷香或洗杯的方法可以参考以下两种：第一种是直接把 10 毫升苦艾酒倒入杯中，摇晃酒杯使苦艾酒挂杯，然后倒出；第二种是用喷雾瓶将苦艾酒喷洒在杯壁上，这个方法比较省酒。配方中不容易购买到的裴乔氏苦精可以更换为常见的安格斯特拉苦精，成品如图 5-29 所示。

萨泽拉克调制微课

图 5-29 萨泽拉克

七、其他酒为基酒的鸡尾酒

（一）长岛冰茶（Long Island Iced Tea）

1. 由来

长岛冰茶起源于美国纽约的长岛，于 20 世纪 90 年代起风靡全球。长岛冰茶不是茶，只是色泽很像红茶的一款鸡尾酒饮料，酒精度高，按照其原始配方调制的长岛冰茶酒精度可达 40% 以上。

2. 配方及调制方法

长岛冰茶的配方及调制方法如表 5-19 所示。

表 5-19　长岛冰茶的配方及调制方法

酒名	配方		调制方法	载杯	装饰物
长岛冰茶 Long Island Iced Tea	金酒 Gin	15ml	雪克壶摇和法	柯林杯/海波杯	柠檬片
	伏特加 Vodka	15ml			
	白朗姆 White Rum	15ml			
	龙舌兰 Tequila	15ml			
	君度利口酒 Cointreau	15ml			
	柠檬汁 Lemon juice	15ml			
	可乐 Coke	加至 9 分满			

3. 调制流程

（1）准备调酒物品

柯林杯/海波杯、吧匙、量酒器、口布、抹布、杯垫、冰桶、冰勺/冰夹、冰块、柠檬片、吸管、酒水。

（2）调制步骤

清洁杯具→冰杯→量取酒液→摇和酒液→滤出酒液→制作装饰物→出品

①清洁杯具。用口布擦拭载杯。

②冰杯。在载杯中加入冰块，用吧匙进行搅拌，使其快速冷却。

③量取酒液。用量酒杯将金酒、伏特加、白朗姆、龙舌兰、君度、柠檬汁倒入雪克壶中。

④摇和酒液。加入冰块后，使用摇和法制作该鸡尾酒。

⑤滤出酒液。先将载杯中稀释的冰水滤掉，再将雪克壶中的酒液倒入载杯中。

⑥添加可乐。往载杯中加入可乐至9分满。

⑦制作装饰物。用水果夹将两片青柠片置于载杯内。

⑧出品。将调制好的鸡尾酒置于杯垫上，插上吸管，出品给客人。

⑨清洁。清洁器具、清理工作台。

（3）注意事项

该款鸡尾酒主要由五种烈酒混合调制而成，酒精度高，但喝起来没有强烈的酒精味，容易喝醉。传统的长岛冰茶总体口感偏甜带酸，我们可以通过改变原料分量做成酸烈型、甜烈型、均衡型、强烈型等各种类型的长岛冰茶。比如，柠檬汁多加点、烈酒多加点、糖浆不放、可乐少加点，等等。实际操作中，我们可根据实际情况对每款酒的调法和原料分量做出及时调整，有自己的思维想法和创新，如图5-30所示。

长岛冰茶调制微课

图5-30　长岛冰茶

（二）轰炸机 B-52

1. 由来

B-52轰炸机（B52）作为短饮鸡尾酒（一口气喝完的鸡尾酒）的代表作品，其名字来源于越战时美国的B-52轰炸机，据说这种轰炸机主要是在投放燃烧弹的时候使用。燃烧弹的作用是放火，大概是因为这一点，创作者才在鸡尾酒里也使用了点火燃烧的方式。

不同于轰炸机的强势形象，这款鸡尾酒以柔和的味道见长。

饮用 B52 不仅需要胆量，还需要一些技巧。饮用 B52 时，需要用吸管将酒带火一口气吸入口中，你才能体验到先冷后热那种冰火两重天的感觉。

2. 配方及调制方法

轰炸机的配方及调制方法如表 5-20 所示。

表 5-20　轰炸机 B-52 的配方及调制方法

酒名	配方		调制方法	载杯	装饰物
轰炸机 B-52	咖啡利口酒 Coffee Liqueur	1/3 杯（10~20ml）	兑和法	子弹杯	无
	百利甜酒 Baileys	1/3 杯（10~20ml）			
	君度利口酒 Cointreau	1/3 杯（10~20ml）			

3. 调制流程

（1）准备调酒物品

子弹杯、吧匙、量酒器、口布、抹布、杯垫、火机、吸管、酒水。

（2）调制步骤

清洁杯具→量取酒液→吧匙分层→点火→出品。

①清洁杯具。用口布擦拭载杯。

②量取酒液。用量酒器量取咖啡利口酒倒入载杯中，作为第一层。

③吧匙分层。用吧匙的背面或正面以 45°角紧贴杯壁，沿着吧匙依次倒入第二层百利甜酒和第三层君度，三层酒液需明显分层，互不融合。

④点火。先用火预热杯口，再点火。

⑤出品。递上吸管，垫上杯垫，出品给客人。

⑥清洁。清洁器具、清理工作台。

（3）注意事项

分层时，每一层都必须小心倒入，让颜色分明、不浑浊，保持每层的厚度均匀。品鉴方法：喝的时候用吸管插到酒液底部，一口气喝完，就可体验到先冷后热那种冰火两重天的感觉。如惧怕火焰，可用杯垫盖一下杯口将火熄灭后再喝，成品如图 5-31 所示。

图 5-31　轰炸机 B-52

轰炸机调制微课

（三）天使之吻（Angel's Kiss）

1. 由来

这款"天使之吻"鸡尾酒口感甘甜而柔美，如丘比特之箭射中恋人的心。取一颗甜味樱桃置于杯口，在乳白色鲜奶油的映衬下，恍似天使的红唇，这款鸡尾酒因此得名。在情人节等重要的日子，喝一杯这样的鸡尾酒，爱神肯定会把思念传递给你朝思暮想的人。

2. 配方及调制方法

天使之吻的配方及调制方法如表 5-21 所示。

表 5-21　天使之吻的配方及调制方法

酒名	配方		调制方法	载杯	装饰物
天使之吻 Angel's Kiss	咖啡利口酒 Coffee Liqueur	4/5 杯 （约 15ml）	兑和法	子弹杯/ 利口酒杯	樱桃
	鲜奶油 Gream	1/5 杯 （约 15ml）			

3. 调制流程

（1）准备调酒物品

子弹杯/利口酒杯、吧匙、量酒器、口布、抹布、杯垫、酒签、樱桃、酒水。

（2）调制步骤

清洁杯具→量取酒液→吧匙分层→制作装饰物→出品。

①清洁杯具。用口布擦拭载杯。

②量取酒液。用量酒器量取咖啡利口酒倒入载杯中，作为第一层。

③吧匙分层。用吧匙的背面或正面以 45°角紧贴杯壁，沿着吧匙依次倒入第二层鲜奶油，两层酒液需明显分层，互不融合。

④制作装饰物。用酒签插上一颗樱桃放在杯口装饰。

⑤出品。垫上杯垫，出品给客人。

⑥清洁。清洁器具、清理工作台。

（3）注意事项

分层时，每一层都必须小心倒入，让颜色分明、不浑浊，保持每层的厚度均匀。品鉴方法：一口气喝完，可体验咖啡利口酒和鲜奶油的混合的口感，成品如图5-32所示。

天使之吻调制微课

图5-32　天使之吻

第五节　创意鸡尾酒

一、创意鸡尾酒介绍

鸡尾酒是想象力的杰作。鸡尾酒的本性，决定了它必将是一种最受不得任何约束与桎梏的创造性事物。至于在未来究竟还会有多少种鸡尾酒被研制出来，这个问题似乎只和人类自身的想象力有关。

现代鸡尾酒已不再是若干种酒及乙醇饮料的简单混合物。调酒师可以根据市场的需求和人们口味的变化，设计出不同于经典鸡尾酒的佳作，展示了调酒师们独特的想象力和现代的审美观。

二、创意鸡尾酒的创作原则

（1）口味相同或近似的酒或饮料可以相互搭配调制成鸡尾酒。

（2）口味不相同的酒或饮料，如药味酒和水果酒不可以相互搭配调制成鸡尾酒。

（3）鸡尾酒装饰物必须卫生安全；装饰物要与鸡尾酒口味相协调，装饰物颜色与鸡尾酒颜色要协调；装饰物的外形要与鸡尾酒协调，不能显得头重脚轻。

（4）创意鸡尾酒的材料最好简单些，不要过于复杂。

（5）要考虑该创意鸡尾酒是否可以推向市场，能否取得市场经济效益。

三、创意鸡尾酒范例

（一）绅士

1. 创意说明

绅士外刚内柔，就像这杯酒一样，在烈酒中加入柑曼怡，柑橘味会使这杯酒不会有想象中的刺激感，入口很柔。

2. 配方及调制方法

绅士的配方及调制方法如表 5-22 所示。

表 5-22 绅士的配方及调制方法

酒名	配方		调制方法	载杯	装饰物
绅士	格兰菲迪 12 年威士忌	45ml	不滤冰 直调法、烟熏	古典杯/ 威士忌杯	橙皮、 肉桂
	泰斯卡 10 年	15ml			
	柑曼怡	45ml			
	苦精	3 滴			

绅士的调制成品如图 5-32 所示。

图 5-32 绅士

（二）少女的心房

1. 创意说明

少女的心房整体酒液口感清香甜蜜、绵滑丰富，以粉红色为主色调，伴着绵密的白色泡沫，似少女情窦初开的心房，甜蜜而美好。

2. 配方及调制方法

少女的心房的配方及调制方法如表 5-23 所示。

表 5-23　少女的心房的配方及调制方法

酒名	配方		调制方法	载杯	装饰物
少女的心房	伦敦干金酒	45ml	波士顿摇和法	古典杯	玫瑰花瓣
	百香果糖浆	10ml			
	玫瑰糖浆	15ml			
	红石榴糖浆	5ml			
	菠萝汁	45ml			
	橙味苦精	2 滴			
	蛋清	1 个			

少女的心房的调制成品如图 5-34 所示。

少女的心房调制微课

图 5-34　少女的心房

（三）戒指

1. 创意说明

戒指象征着爱情，爱情象征着甜蜜，所以这款酒比较偏甜，但爱情中偶尔会有些许的不如意，就像这杯酒中那一丝丝的苦味。

2. 配方及调制方法

戒指的配方及调制方法如表 5-24 所示。

表5-24　戒指的配方及调制方法

酒名	配方		调制方法	载杯	装饰物
戒指	金酒	45ml	雪克壶摇和法	浅碟形香槟杯	鲜花
	百香果糖浆	10ml			
	金巴利	1吧匙			
	荔枝糖浆	10ml			
	巧克力苦精	1滴			
	柠檬汁	8ml			

戒指的调制成品如图5-35所示。

图5-35　戒指

（四）闺蜜

1. 创意说明

灵感来源于最佳拍档。男士有好搭档，女士有好闺蜜。这款"闺蜜"，口感偏甜，玫瑰糖浆和玫瑰苦精充满了浪漫风味，适合女性。外形设计上，选用了两个同款不同颜色的瓶子做载杯，象征了闺蜜的浓浓情谊。

2. 配方及调制方法

闺蜜的配方及调制方法如表5-25所示。

表 5-25　闺蜜的配方及调制方法

酒名	配方		调制方法	载杯	装饰物
闺蜜	伏特加	60ml	滤冰调和法	清酒壶	干花
	柑曼怡	45ml			
	阿佩罗	3 吧匙			
	玫瑰糖浆	2 吧匙			
	玫瑰苦精	2 滴			

闺蜜的调制成品如图 5-36 所示。

图 5-36　闺蜜

（五）无与伦比的美丽

1. 创意说明

浓浓的果香，带有柚子、香草和柠檬的气息，让我们仿佛置身于花果园中，美丽的蝴蝶萦绕其中，即将迎来一个无与伦比的美丽故事。

2. 配方及调制方法

无与伦比的美丽的配方及调制方法如表 5-26 所示。

表 5-26　无与伦比的美丽的配方及调制方法

酒名	配方		调制方法	载杯	装饰物
无与伦比的美丽	朗姆酒	60ml	波士顿摇和法	香水杯	迷迭香、黄柠皮、蝴蝶
	柚子茶	2 吧匙			
	菠萝汁	45ml			
	苹果醋	15ml			
	香草糖浆	5ml			
	柠檬汁	5ml			

无与伦比的美丽的调制成品如图 5-37 所示。

图 5-37 无与伦比的美丽

（六）男人的格局

1. 创意说明

细腻、严谨、大度、沉着、冷静、霸气，一个成熟男人必有的格局在这杯鸡尾酒里都能细品出来。喝这杯酒时先能感受到橙子的清香，然后是香草、威士忌融合的细腻又刺激的味道，最后再把浸泡过威士忌的黑樱桃放入酒里，酸甜、热烈，男人成长的一道道味觉感受，全在酒里。

2. 配方及调制方法

男人的格局的配方及调制方法如表 5-27 所示。

表 5-27 男人的格局的配方及调制方法

酒名	配方		调制方法	载杯	装饰物
男人的格局	波本威士忌	60ml	不滤冰直接调和法	古典杯	黑樱桃、柠檬条
	金巴利	15ml			
	香草糖浆	5ml			
	橙味苦精	3滴			

男人的格局的调制成品如图 5-38 所示。

图 5-38　男人的格局

男人的格局调制微课

（七）夏威夷风情

1. 创意说明

该酒是 Tiki 类型的鸡尾酒，充满热带水果的口感，酸酸甜甜、色彩鲜艳，非常具有夏威夷的浪漫风情。加上碎冰，夏天喝起来非常的舒服。

2. 配方及调制方法

夏威夷风情的配方及调制方法如表 5-28 所示。

表 5-28　夏威夷风情的配方及调制方法

酒名	配方		调制方法	载杯	装饰物
夏威夷风情	黑朗姆酒	20ml	波士顿摇和法	Tiki 杯	夏威夷果碎、新鲜水果
	金朗姆酒	20ml			
	百香果糖浆	15ml			
	菠萝汁	15ml			
	柠檬汁	15ml			
	橙汁	15ml			
	肉桂糖浆	10ml			

夏威夷风情的调制成品如图 5-39 所示。

图 5-39 夏威夷风情

实训任务

任务一 用调和法（Stir）调制鸡尾酒

实训目标：熟练掌握调和法调制鸡尾酒的方法。

实训内容：

1. 吧匙调和训练；

2. 用滤冰调和法调制干马天尼；

3. 用不滤冰调和法调制古典和特基拉日出。

实训方法：教师示范讲解，学生操练，教师进行指导纠正。

实训步骤：

1. 吧匙的使用方法讲解及操练；

2. 调和法的要点、操作步骤讲解及操练；

3. 滤冰调和法调制干马天尼；

4. 不滤冰调和法调制古典和特基拉日出。

操作过程和考核要点如表 5-29～表 5-31 所示：

表 5-29　干马天尼调制流程与标准

程序	标准	考核要点	评分
准备工作	准备调酒物品：调酒杯、吧匙、量酒器、滤冰器、口布、抹布、杯垫、冰桶、冰勺/冰夹、水果夹、酒签、鸡尾酒杯、橄榄装饰物、冰块、酒水	1. 能否准备好相应的物品； 2. 调酒物品是否清洁卫生； 3. 酒和材料是否在保质期内	
清洁杯具	用口布擦拭载杯	1. 是否保持载杯干净清洁，无污渍，无水迹； 2. 擦杯的口布是否干净	
冰载杯和调酒杯	在载杯和调酒杯中分别加入冰块，用吧匙进行搅拌，使其冷却，并滤掉调酒杯中的冰水	1. 冰块放入量是否合适； 2. 吧匙搅拌手法是否正确； 3. 调酒杯是否滤掉冰水	
量取酒液	用量酒杯将干味美思、金酒量入调酒杯内	1. 量酒杯的使用是否正确； 2. 量取的酒液是否合适	
调和酒液	用吧匙进行调和，搅拌 10～20 次，使酒液降到约零度即可	1. 调和手法是否正确； 2. 酒液是否充分冰镇	
滤出酒液	先将载杯里的冰块倒掉，再使用滤冰器配合调酒杯过滤冰块，将酒倒入载杯中约 8 分满	1. 是否倒掉载杯中冰杯的冰块； 2. 是否正确使用滤冰器； 3. 倒酒手法及倒酒量是否正确	
制作装饰物及喷香	用水果夹夹取橄榄放入杯内，用黄柠皮喷香	1. 是否正确放装饰物； 2. 是否正确进行喷香	
出品	将调制好的鸡尾酒置于杯垫上，出品给客人	是否正确使用杯垫	
清洁	清洁器具、清理工作台	是否及时进行清洁	

表 5-30　古典调制流程与标准

程序	标准	考核要点	评分
准备工作	准备调酒物品：捣棒、古典杯、吧匙、量酒器、口布、抹布、杯垫、冰桶、冰勺/冰夹、橙皮、方糖、冰块、酒水	1. 能否准备好相应的物品； 2. 调酒物品是否清洁卫生； 3. 酒和材料是否在保质期内	
清洁杯具	用口布擦拭载杯	1. 是否保持载杯干净清洁，无污渍，无水迹； 2. 擦杯的口布是否干净	
冰载杯	在载杯中加入冰块八分满，充分搅拌冰镇，倒掉冰块	1. 冰块放入量是否合适； 2. 吧匙搅拌手法是否正确； 3. 是否倒掉冰块	
准备方糖	在古典杯中放入一块方糖	是否正确取用方糖	
滴苦酒入方糖	在方糖上洒上 5 滴苦酒，将方糖倒入古典杯中	是否正确滴苦酒入方糖	

表5-30(续)

程序	标准	考核要点	评分
倒苏打水，捣碎	倒入10ml苏打水，用捣棒捣碎	1. 是否倒入适量苏打水； 2. 是否正确使用捣棒	
倒30ml威士忌，调和	在古典杯中量入30ml威士忌，用吧匙进行调和	1. 是否量入适量的威士忌； 2. 是否正确使用吧匙充分调和	
加冰和30ml威士忌，调和	加入冰块，再次量入30ml威士忌，继续调和	是否正确加入冰块和适量威士忌	
制作装饰物，喷香	制作橙皮装饰物，用橙皮喷香，放入杯中	1. 是否正确制作装饰物； 2. 是否正确进行喷香	
出品	将调制好的鸡尾酒置于杯垫上，出品给客人	是否正确使用杯垫	
清洁	清洁器具、清理工作台	是否及时进行清洁	

表5-31　特基拉日出调制流程与标准

程序	标准	考核要点	评分
准备工作	准备调酒物品：柯林杯、吧匙、量酒器、口布、抹布、杯垫、冰桶、冰勺/冰夹、香橙片、樱桃、吸管、冰块、酒水	1. 能否准备好相应的物品； 2. 调酒物品是否清洁卫生； 3. 酒和材料是否在保质期内	
清洁杯具	用口布擦拭载杯	1. 是否保持载杯干净清洁，无污渍，无水迹； 2. 擦杯的口布是否干净	
冰载杯	在载杯中加入冰块八分满，充分搅拌冰镇，滤掉冰水	1. 冰块放入量是否合适； 2. 吧匙搅拌手法是否正确；	
量取酒液	用量酒器将龙舌兰量入载杯内	1. 是否正确使用量酒器； 2. 酒液量取量是否正确	
倒入橙汁	倒入橙汁九分满，约90ml	是否正确倒入橙汁	
吧匙调和	用吧匙将橙汁和龙舌兰酒调和	1. 是否正确使用吧匙； 2. 酒液是否充分调和	
吧匙引流红石榴糖浆	将红石榴糖浆沿着吧匙缓缓引流入杯底，营造出日出的形态	1. 是否正确使用吧匙引流； 2. 红石榴糖浆沉入底部，无晕染	
制作装饰物	用水果夹将橙片和樱桃取出，用刀在其底部划一口子，一起置于载杯上，最后插上吸管	1. 是否正确制作装饰物； 2. 制作过程是否卫生	

表5-31(续)

程序	标准	考核要点	评分
出品	将调制好的鸡尾酒置于杯垫上，出品给客人	是否正确使用杯垫	
清洁	清洁器具、清理工作台	是否及时进行清洁	

任务二　用摇和法（Shake）调制鸡尾酒

实训目标：熟练掌握摇和法调制鸡尾酒的方法。

实训内容：

1. 单手、双手摇壶方法训练；

2. 雪克壶的使用方法；

3. 波士顿壶的使用方法；

4. 用雪克壶调制玛格丽特；

5. 用波士顿壶调制红粉佳人。

实训方法：教师示范讲解，学生操练，教师指导纠正。

实训步骤：

1. 雪克壶单手握壶姿势和摇壶方法的讲解及操练；

2. 雪克壶双手握壶姿势和一段、二段、四段摇壶方法的讲解及操练；

3. 波士顿壶双手握壶姿势和摇壶方法的讲解及操练；

4. 雪克壶调制玛格丽特鸡尾酒的讲解及操练；

5. 波士顿壶调制红粉佳人鸡尾酒的讲解及操练。

操作过程和考核要点如表5-32表5-33所示：

表5-32　玛格丽特调制流程与标准

程序	标准	考核要点	评分
准备工作	准备调酒物品：雪克壶、吧匙、量酒器、口布、抹布、杯垫、冰桶、冰勺/冰夹、水果夹、玛格丽特杯、盐和柠檬片、冰块、酒水	1. 能否准备好相应的物品； 2. 调酒物品是否清洁卫生； 3. 酒和材料是否在保质期内	
清洁杯具	用口布擦拭载杯	1. 是否保持载杯干净清洁，无污渍，无水迹； 2. 擦杯的口布是否干净	
制作雪霜杯盐边	用青柠角擦拭酒杯杯口边缘，接着倒置酒杯，让杯口均匀地沾上细盐	盐边的蘸取量是否适中	
冰载杯	将制作好的酒杯放入冰箱中冰镇待用	是否正确冰杯	

表5-32(续)

程序	标准	考核要点	评分
量取酒液	将龙舌兰、君度、柠檬汁分别量入雪克壶中	1. 量酒器的使用是否正确; 2. 量取的酒液是否合适	
摇和酒液	用吧匙搅拌均匀后在雪克壶中加冰块至8~9分满,盖好壶盖用力摇和,待调酒壶上起白雾即可	摇和法手法是否正确	
滤出酒液	取出冰镇好的酒杯,快速将酒液倒入杯中	倒酒手法及倒酒量是否正确	
制作装饰物	将青柠檬切片,插在杯口装饰	是否正确放装饰物	
出品	将调制好的鸡尾酒置于杯垫上,出品给客人	是否正确使用杯垫	
清洁	清洁器具、清理工作台	是否及时进行清洁	

表5-33 红粉佳人调制流程与标准

程序	标准	考核要点	评分
准备工作	准备调酒物品:波士顿壶、吧匙、量酒器、滤网、口布、抹布、杯垫、冰桶、冰勺/冰夹、水果夹、鸡尾酒杯、红樱桃、鸡蛋、冰块、酒水	1. 能否准备好相应的物品; 2. 调酒物品是否清洁卫生; 3. 酒和材料是否在保质期内	
清洁杯具	用口布擦拭载杯	1. 是否保持载杯干净清洁,无污渍,无水迹; 2. 擦杯的口布是否干净	
冰载杯	在载杯中加入冰块八分满,充分搅拌冰镇	1. 冰块放入量是否合适; 2. 吧匙搅拌手法是否正确	
打蛋清及量取酒液	将一个鸡蛋的蛋清打入波士顿壶中,再用量酒器将金酒、君度利口酒、红石榴糖浆、柠檬汁量取入壶中	1. 量酒器的使用是否正确; 2. 量取的酒液是否合适; 3. 取蛋清的技巧是否正确	
不加冰,进行一次摇和	不加冰的情况下进行一次摇和,再用提拉手法将酒液在两厅中来回倒,更容易激发泡沫	1. 摇和法手法是否正确; 2. 提拉手法是否正确; 3. 泡沫量是否充足	
加冰,进行二次摇和	往波士顿壶中加入冰块,使用摇和法进行摇和,充分将酒液混合	是否充分混合酒液	
滤出酒液	倒掉酒杯中的冰,用滤网将酒液倒入杯中	1. 倒酒手法及倒酒量是否正确; 2. 是否倒掉载杯中的冰块; 3. 是否正确使用滤水器	
制作装饰物	用水果夹将红樱桃取出,用刀在其底部划一口子,置于载杯上	是否正确放装饰物	
出品	将调制好的鸡尾酒置于杯垫上,出品给客人	是否正确使用杯垫	
清洁	清洁器具、清理工作台	是否及时进行清洁	

任务三　用兑和法（Build）调制鸡尾酒

实训目标：熟练掌握兑和法调制鸡尾酒的方法。

实训内容：

1. 用吧匙进行分层的方法训练；

2. 调制轰炸机 B-52；

3. 调制天使之吻。

实训方法：教师示范讲解，学生操练，教师指导纠正。

实训步骤：

1. 用吧匙进行分层的方法讲解及操练；

2. 调制轰炸机 B-52 的讲解及操练；

3. 调制天使之吻的讲解及操练。

操作过程和考核要点如表 5-34 和表 5-35 所示：

表 5-34　轰炸机 B-52 调制流程与标准

程序	标准	考核要点	评分
准备工作	准备调酒物品：子弹杯、吧匙、量酒器、口布、抹布、杯垫、火机、吸管、酒水	1. 能否准备好相应的物品； 2. 调酒物品是否清洁卫生； 3. 酒和材料是否在保质期内	
清洁杯具	用口布擦拭载杯	1. 是否保持载杯干净清洁，无污渍，无水迹； 2. 擦杯的口布是否干净	
量取酒液	用量酒器量取咖啡利口酒倒入载杯中，作为第一层	1. 量酒器的使用是否正确； 2. 量取的酒液是否合适	
吧匙分层	用吧匙的背面或正面以 45°角紧贴杯壁，沿着吧匙依次倒入第二层百利甜酒和第三层君度，三层酒液需明显分层，互不融合	1. 是否正确掌握兑和法； 2. 分层是否清晰	
点火	先用火预热杯口，再点火	1. 是否进行杯口预热； 2. 是否正确点火	
出品	递上吸管，垫上杯垫，出品给客人	是否递上吸管并正确使用杯垫	
清洁	清洁器具、清理工作台	是否及时进行清洁	

表 5-35　天使之吻调制流程与标准

程序	标准	考核要点	评分
准备工作	准备调酒物品：子弹杯/利口酒杯、吧匙、量酒器、口布、抹布、杯垫、酒签、樱桃、酒水	1. 能否准备好相应的物品； 2. 调酒物品是否清洁卫生； 3. 酒和材料是否在保质期内	
清洁杯具	用口布擦拭载杯	1. 是否保持载杯干净清洁，无污渍，无水迹； 2. 擦杯的口布是否干净	
量取酒液	用量酒器量取咖啡利口酒倒入载杯中，作为第一层	1. 量酒器的使用是否正确； 2. 量取的酒液是否合适	
吧匙分层	用吧匙的背面或正面以 45° 角紧贴杯壁，沿着吧匙依次倒入第二层鲜奶油，两层酒液需明显分层，互不融合	1. 是否正确掌握兑和法； 2. 分层是否清晰	
制作装饰物	用酒签插上一颗樱桃放在杯口装饰	是否正确制作装饰物	
出品	垫上杯垫，出品给客人	是否正确使用杯垫	
清洁	清洁器具、清理工作台	是否及时进行清洁	

任务四　用搅和法（Blend）调制鸡尾酒

实训目标：熟练掌握搅和法调制鸡尾酒的方法。

实训内容：

1. 使用电动搅拌机榨汁方法；

2. 调制血腥玛丽；

3. 调制椰林飘香。

实训方法：教师示范讲解，学生操练，教师进行指导纠正。

实训步骤：

1. 电动搅拌机的使用方法讲解及操练；

2. 血腥玛丽调制的讲解及操练；

3. 椰林飘香调制的讲解及操练。

操作过程和考核要点如表 5-36、表 5-37 所示：

表 5-36　血腥玛丽调制流程与标准

程序	标准	考核要点	评分
准备工作	准备调酒物品：电动搅拌机、吧匙、量酒器、口布、抹布、杯垫、冰桶、冰勺/冰夹、滤冰器、滤网、古典杯/柯林杯、冰块、酒水及调味品	1. 能否准备好相应的物品； 2. 调酒物品是否清洁卫生； 3. 酒和材料是否在保质期内	

表5-36（续）

程序	标准	考核要点	评分
清洁杯具	用口布擦拭载杯	1. 是否保持载杯干净清洁，无污渍，无水迹； 2. 擦杯的口布是否干净	
制作盐边杯	用青柠角擦拭酒杯杯口边缘，接着倒置酒杯，让杯口的一半均匀地沾上香芹盐	盐边的蘸取量是否合理	
冰杯	将制作好的酒杯放入冰箱中冰镇待用	是否正确冰杯	
制作新鲜番茄汁	将洗净的西红柿去皮，切丁，放入搅拌机，加入少许饮用水和糖，开机搅拌，盛出待用（可用番茄沙司代替）	1. 是否正确处理新鲜番茄； 2. 搅拌机的使用方法是否正确	
量取酒液	将伏特加、柠檬汁、番茄汁、香芹盐、胡椒粉、辣酱油、辣椒汁分别量入波士顿壶中	1. 量酒器的使用是否正确； 2. 量取的酒液是否合适	
摇和酒液	用吧匙搅拌均匀，在波士顿壶中加冰块7~8分满，盖好壶盖用力摇和	摇和手法是否正确	
滤出酒液	取出冰镇好的酒杯，用滤冰器和滤网快速将酒液倒入杯中	1. 是否正确使用滤冰器和滤网； 2. 倒酒手法及倒酒量是否正确	
制作装饰物	取一根芹菜棒，插在杯口装饰；	是否正确放装饰物	
出品	将调制好的鸡尾酒置于杯垫上，出品给客人	是否正确使用杯垫	
清洁	清洁器具、清理工作台	是否及时进行清洁	

表 5-37　椰林飘香调制流程与标准

程序	标准	考核要点	评分
准备工作	准备调酒物品：电动搅拌机、量酒器、口布、抹布、杯垫、冰桶、冰勺/冰夹、水果夹、长饮鸡尾酒杯/飓风杯、樱桃和菠萝片、冰块、酒水	1. 能否准备好相应的物品； 2. 调酒物品是否清洁卫生； 3. 酒和材料是否在保质期内	
清洁杯具	用口布擦拭载杯	1. 是否保持载杯干净清洁，无污渍，无水迹； 2. 擦杯的口布是否干净	
冰杯	在载杯中加入冰块八分满，充分搅拌冰镇	1. 冰块放入量是否合适； 2. 吧匙搅拌手法是否正确	
搅拌机中加入冰块和酒	把冰块放入搅拌机，再用量酒器将白朗姆酒、椰奶、菠萝汁量入搅拌机中	是否加入适量的冰块和酒液	
搅拌机搅拌	开启搅拌机进行搅拌5~10秒，直至酒液变得滑润	搅拌机的使用方法是否正确	

表5-37(续)

程序	标准	考核要点	评分
倒出酒液	先将载杯中的冰块倒掉，再把调好的鸡尾酒倒入载杯中	是否倒掉载杯中的冰块再倒出酒液	
制作装饰物	用水果夹放上樱桃和菠萝片装饰	是否正确放装饰物	
出品	将调制好的鸡尾酒置于杯垫上，出品给客人	是否正确使用杯垫	
清洁	清洁器具、清理工作台	是否及时进行清洁	

◇拓展阅读

知识天地

15 种鸡尾酒的创造灵感（双语）①

1. 曼哈顿

曼哈顿鸡尾酒是世界上最早的味美思鸡尾酒之一。这款酒最初是在 1874 年纽约，曼哈顿俱乐部为了温斯顿·丘吉尔的妈妈特别制作的。然而有一个问题：实际上当时她在英国，所以曼哈顿鸡尾酒有可能是十年前一个叫布莱克的男人发明的。

The Manhattan was one of the world's first vermouth cocktails and it was first made special for Winston Churchill's mother at New York's Manhattan Club in 1874. The only problem is she was in England at the time, so the drink was probably invented by a man named Black about 10 years earlier.

2. 代基里

代基里是欧内斯特·海明威最喜欢的饮料，于 19 世纪 90 年代由一名在古巴工作的美国工程师发明。这名美国工程师想发明一种最完美的朗姆酒饮料并以他工作的城镇命名。迈阿密大学保存了代基里的原始配方：柠檬汁、糖和朗姆酒。

Ernest Hemingway's favorite drink was invented by an American engineer working in Cuba during the 1890s. He wanted to find the perfect rum drink and named the result after the town he was working in. His original recipe of lemon juice, sugar, and rum is now archived at the Univer-

---

① 本文引自：佚名. 15 种鸡尾酒的缔造灵感［EB/OL］.（2017 年 6 月）［2023-03-25］. http://www.sohu.com/a/79928280_115720,有改动。

sity of Miami.

3. 黑俄罗斯

和名字无关，黑俄罗斯是吉斯塔夫·特普斯（Gustave Tops）在比利时专为美国大使发明的鸡尾酒。由于当时冷战刚刚开始，将俄罗斯的伏特加和甘露混合不仅加深了饮料的颜色，还使饮料更加神秘。

Despite the name, this drink was created in Belgium by Gustave Tops as a signature cocktail for an American ambassador. Since the Cold War was just beginning, mixing Russian vodka into theKahlúa made it seem more dark and mysterious.

4. 白俄罗斯

在 20 世纪 50 年代末、60 年代初，不知道是谁往黑俄罗斯中加入了牛奶，大多数人称之为"酒精奶昔"。多亏了"督爷"（电影《谋杀绿脚趾》里的人物），近几年白俄罗斯又流行起来了。

It's unknown who first added milk to a Black Russian back in the late 1950s or early 1960s, but it was widely panned at the time as an "alcoholic milkshake." Yet it's made a comeback in more recent years thanks to the power of The Dude.

5. 马天尼

和大多数经典名著一样，马天尼的渊源极具争议性。最流行的说法是，在加利福尼亚州马丁内斯的一名矿工发明了马天尼并以城市的名字来命名。他当时喝得太多了，就把"马丁内斯"叫成了"马天尼"。

Like many of the classics, this one has some competing origin stories. The most popular one has a miner in Martinez, California starting out with a different cocktail named after the city. After he got too drunk to pronounce Martinez anymore, the Martini was born.

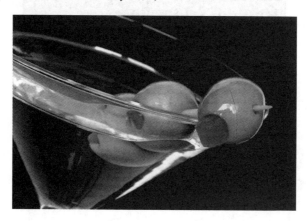

6. 莫吉托

早期的莫吉托是在 1586 年由古巴哈瓦那的一名海盗发明的，它原本是一种药物。在 19 世纪，加入朗姆酒的莫吉托正式成为一种鸡尾酒。

An early version of the Mojito was invented by the pirate Richard Drake in Havana, Cuba back in 1586. It was originally supposed to be medicinal and didn't become an official Mojito until rum was added during the 1800s.

7. 汤姆·柯林斯

汤姆·柯林斯的名字来源于 1874 年的一场恶作剧，彼时大家声称一个名为汤姆·柯林斯的人在散播谣言，而实际上此人并不存在，大家用这种方式彼此戏弄。当人们在酒吧问起柯林斯时，酒保就会调制一杯约翰·柯林斯鸡尾酒作为回应。顺应潮流变化，这款鸡尾酒的名字变成了汤姆·柯林斯。

The name comes from a weird prank in 1874 where people would trick each other into chasing a non-existent man named Tom Collins for spreading unpleasant rumors about them. When asked about Collins, some bartenders would respond by mixing a cocktail called a John Collins. It seems the fad caused the drink's name to change to Tom Collins.

8. 血腥玛丽

巴黎的哈利纽约酒吧发明了最好的解酒饮品。一个酒保将俄罗斯侨民的伏特加混合了美国侨民的西红柿汁。1920 年，俄罗斯侨民和美国侨民为了逃避俄国革命和美国禁酒令，不约而同地来到了巴黎。这款鸡尾酒直至 20 世纪 40 年代才被正式命名。

Everyone's favorite hangover cure was made in Harry's New York Bar — which was in Paris — when a bartender combined vodka brought by Russian immigrants with tomato juice brought by American expats. Both were in Paris in 1920 to dodge the Russian Revolution and Prohibition, respectively. The drink's name wouldn't come around until the 1940s.

9. 大都会

美剧《欲望都市》播出之后，大都会也随之火了。1985 年，迈阿密的酒保谢丽尔·库克（Cheryl Cook）发明了这款鸡尾酒。和大多数鸡尾酒一样，大都会的配方也有所改变。

Before Sex and the City made the drink popular, it was created in 1985 by Miami bartender Cheryl Cook. Like many of the cocktails on this list, it's a slight variation on a previous drink.

10. 尼格龙尼

意大利伯爵卡米洛·尼格龙尼喜欢点美式咖啡，并将其中的苏打水换成杜松子酒，这就是现在的尼格龙尼。从各种流传的说法来看，那时候伯爵因为喜欢美国而一身牛仔打扮。

This drink was created when Italian count Camillo Negroni ordered an Americano, but with the club soda swapped out for gin. From all accounts, he was likely wearing a cowboy outfit at the time because of his love for America.

11. 桑格利亚汽酒

这款西班牙鸡尾酒的历史要追溯到古罗马时期。古罗马人将红酒、水、草药和香料混合在一起，创作了当时的桑格利亚汽酒。因为这款鸡尾酒类似于大杂烩，所以桑格利亚汽酒根据不同人的口味会有不同的变化。

This Spanish cocktail dates back to the ancient Romans, who mixed wine, water and herbs and spices to make a safe drink for the time. Since it was a hodgepodge to begin with, this drink has tons of variations.

12. 长岛冰茶

长岛冰茶里并不含有真正的冰茶，是 1972 年罗伯特·巴特（Robert Butt）在长岛的发明。他参加了一场鸡尾酒比赛，比赛的唯一规则就是需要用到橙皮甜酒。从此，长岛冰茶成为著名的酒精饮料。

It doesn't actually contain iced tea, but it was invented on Long Island by Robert Butt in 1972. He entered a cocktail creating contest where the only rule was to use triple sec and out came this famous boozy beverage.

13. 迈泰鸡尾酒

1944 年，著名的 Trader Vic 混合了牙买加朗姆酒和红酒，创作出了迈泰鸡尾酒（又译为迈代）。这款酒的名字来自他的塔希提岛朋友：当他们品尝这款鸡尾酒的时候，他们会高呼"mai tai roa ae"，意思是"世界上最好的鸡尾酒"。

Invented by the famous Trader Vic in 1944, this mix of Jamaican rum and wine, complex ingredients got its name from his Tahitian friends. When they tried it, they said "mai tai roa ae", which means "out of this world, the best!"

14. 玛格丽特

夏季特饮玛格丽特的发明还要追溯到 1938 年的墨西哥提华纳。酒保卡洛斯·赫雷拉（Carlos Herrera）为一位对除了龙舌兰酒外所有烈性酒都过敏的顾客专门调制了这杯鸡尾酒，其配方是在龙舌兰酒中加入盐和酸橙。

This summer favorite was likely invented in Tijuana, Mexico back in 1938. Bartender Carlos Herrera developed it for a customer who was allergic to all hard liquor except tequila and added salt and lime like you would with a shot.

15. 薄荷茱丽浦

薄荷茱丽浦是美国南方人的最爱，于 18 世纪在弗吉尼亚州被发明，最开始的目的是随药饮用。买不起白兰地酒的人喜欢上了这款薄荷茱丽浦。

Developed in Virginia during the 1700s, this Southern favorite was originally supposed to be taken with medicine. The bourbon essential to modern Mint Juleps was actually added after the fact by those who couldn't afford brandy.

（资料来源：本文引自佚名《15种鸡尾酒的缔造灵感》，略有改动）

◇英文服务用语

一、专业词汇：

马天尼 Martini

干马天尼 Dry Martini

甜马天尼 Sweet Martini

中性马天尼 Medium Martini

红粉佳人 Pink lady

新加坡司令 Singapore Sling

玛格丽特 Margarita

特基拉日出 Tequila Sunrise

反舌鸟 Mockingbird

古典 Old Fashioned

曼哈顿 Manhattan

威士忌酸 Whiskey Sour

莫吉托 Mojito

自由古巴 Cuba Libre

椰林飘香 Pina Colada

血腥玛丽 Bloody Mary

飞天蚱蜢 Flying Grasshopper

大都会 Cosmopolitan

亚历山大 Alexander

边车 Side Car

萨泽拉克 Sazerac

长岛冰茶 Long Island Iced Tea

轰炸机 B-52

天使之吻 Angel's Kiss

二、专业句型

1. 欢迎来到"酒水打折时段"。这里的酒水在下午五点至晚上八点期间打对折。

Welcome to our "Happy Hours". Our drinks are at half price from 5：00 p.m. to 8：00 p.m.

2. 一份威士忌苏打，不加冰，我马上拿过来。先生，请慢用。

One whisky soda, no ice, coming up immediately. Cheers, sir.

3. 来一杯不含酒精的鸡尾酒吧，比如胡椒菠萝，还是尤利橙汁？

What about a non-alcoholic cocktail-a Pineapple Pepper Upper or an Orange Julius?

4. 再来一杯酸威士忌？先生，我马上给您拿来。请问您喜欢哪一种威士忌？

Another whiskey sour? Right away, sir. Do you have any preferences on the whiskey?

5. 那边有一瓶十二年的杰克·丹尼 尔威士忌。

That bottle over there is Jack Daniel's - aged 12 years.

6. 也许稍后您会再来喝杯睡前饮料。谢谢光临。

See you later for a night-cap, maybe. Thanks for coming.

7. 果汁杯怎么样？里面有香槟酒、黑朗姆酒、橘子汁、柠檬汁、菠萝汁、糖和姜啤。

How about a Fruit Juice Cup? That are champagne, dark rum, orange juice, lemon juice, pineapple juice, sugar and ginger ale in it?

8. 曼哈顿怎么样？这是一道经典鸡尾酒

How about a Manhattan? It is a classic drink.

9. 果味鸡尾酒是由橘子汁、葡萄汁、西番莲果汁、酸橙汁、芒果汁、菠萝汁和一些猕猴桃糖浆调成的。

The Fruit Cocktail has orange, grapefruit, passion fruit, lime, mango and pineapple juice, with just a little kiwi syrup in it.

10. 这是普施咖啡，又叫彩虹酒。它是用几种不同的餐后甜酒调制而成的。看上去像彩虹。

It's a "pousse café" or "Rainbow Cocktail", and it is made from several liqueurs. It looks like a rainbow.

11. 论罐买啤酒比论杯买啤酒划算。

Buying beer by the pitcher is cheaper than buying it by the glass.

◇考核指南

一、理论知识

（1）鸡尾酒的基本知识；

（2）鸡尾酒的四种调制方法；

（3）鸡尾酒的结构及创作原则；

（4）鸡尾酒装饰物的制作。

二、实训任务

（1）吧匙的使用方法；

（2）雪克壶、波士顿壶的使用方法；

（3）用四种调酒的基本手法调制鸡尾酒。

第六章　软饮料调制

◇**学习目标**

●知识目标

➢了解果蔬饮料的种类及制作原则

➢了解咖啡的种类及制作原则

➢了解茶饮的种类及制作原则

●能力目标

➢掌握常见果蔬饮料的制作方法

➢掌握常见咖啡的制作方法

➢掌握常见茶饮的制作方法

◇**课程导入**

　　软饮料又称清凉饮料、无醇饮料，是指酒精含量低于 0.5%（质量比）的天然的或人工配制的饮料。中国软饮料市场的发展是从 20 世纪 80 年代开始的，时至今日，已经成长为一个庞大、成熟的市场。近年来，经济的快速增长、城乡消费者收入水平和消费能力的持续提高，促使饮料消费需求始终处于较快增长的阶段。目前我国软饮料市场主要有包装饮用水、即饮茶、碳酸饮料、果汁饮料、能量饮料、运用饮料、即饮咖啡等产品。

　　随着消费者对健康越来越重视，减糖、少糖甚至无糖的软饮料越来越受欢迎。另外，从营销方式上来看，综艺植入、跨界营销、创意互动等营销方式和直播带货等新型网络营销模式将成为越来越多企业和品牌的选择。

理论知识

第一节　制作果蔬饮料

一、果蔬饮料的种类

果蔬饮料可细分为天然果汁、果汁饮料、果粒果肉饮料、浓缩果汁及果蔬菜汁饮料等品种。

（一）天然果汁

天然果汁是指采用机械方法将水果加工制成的汁液；采用渗滤或浸提工艺提取水果中的汁液，再用物理方法除去加入的溶剂制成的汁液；在浓缩果汁中加入与果汁浓缩时失去的天然水分等量的水，制成的具有原水果果肉色泽、风味和可溶性固形物的汁液。

（二）果汁饮料

果汁饮料是指在果汁或浓缩果汁中加入水、糖液、酸味剂等调制而成的清汁或浊汁制品。含有两种或两种以上不同品种果汁的果汁饮料称为混合果汁饮料。

（三）果粒果肉饮料

果粒果肉饮料是指在果汁或浓缩果汁中加入水、柑橘类囊胞（或其他水果经切细的果肉等）、糖液、酸味剂等调制而成的制品。成品果汁含量不低于100g/L，果粒含量不低于50g/L。

（四）浓缩果汁

浓缩果汁是指用物理方法从果汁或果浆中除去一定比例的天然水分而制成的具有原有果汁或果浆特征的制品，需要加水进行稀释的果汁。浓缩果汁中的原汁占50%以上。

（五）果蔬菜汁饮料

果蔬菜汁饮料是指在按一定配比的蔬菜汁与果汁的混合汁中加入白砂糖等调制而成的制品。

二、果蔬饮料制作的基本原则

（一）材料的选择

果蔬饮料的调制材料一定要新鲜，且最好是已经成熟的。因为不成熟的水果比较酸涩。有些商家为了赚取利润，不惜选用烂的蔬菜水果来榨汁，他们以为客人看不到原料，即可蒙混过关。其实这样的做法会极大地影响成品的口感，最后导致客人流失，得不偿失。

（二）口味、色彩要搭配协调

果蔬的种类繁多，要熟悉不同果蔬的特性，才能制作出口感丰富的饮料。要注意尽量选用含糖分、水分高和香味浓郁的果蔬，尽量避免苦涩、水分少的材料。尽量少放蔗糖，蔗糖会加速分解维生素B。最好不放糖精和色素，保持果蔬的原汁原味。品种之间的搭配要注意融合度和协调性。

（三）适当添加辅料

在保持原汁原味的基础上，适当添加一些健康的辅料，如杏仁、芝麻、可可粉等，不仅可以改善口味，还可以增加果蔬饮料的营养均衡性。

第二节　制作咖啡

一、咖啡的种类

（一）常见的咖啡种类划分

1. 意式浓缩咖啡

浓缩咖啡又称意大利特浓咖啡。浓缩咖啡是利用高压，让沸水在短短几秒里迅速通过咖啡粉，得到约 1/4 盎司的咖啡，味苦而浓香。

2. 美式咖啡

美式咖啡是指使用滴滤式咖啡壶、虹吸壶、法压壶之类的器具制作而成的黑咖啡，也可以通过在意大利浓缩咖啡中加入大量的水而制成。口味比较淡，但因为萃取时间长，所以咖啡因含量高，具有提神醒脑的作用。人们在工作疲劳或精神不佳时，可以考虑喝美式咖啡。

3. 白咖啡

白咖啡为马来西亚土特产，约有 100 多年的历史。白咖啡并不是指咖啡的颜色是白色的，而是采用特等咖啡豆及特级脱脂奶精原料，经特殊工艺加工后得到的咖啡，甘醇芳香不伤肠胃，保留了咖啡原有的色泽和香味，颜色比普通咖啡更清淡柔和，故得名白咖啡。

4. 拿铁咖啡

拿铁咖啡就是在意大利浓缩咖啡中倒入接近沸腾的牛奶。加入多少牛奶没有具体规定，可依个人口味自由调配。

5. 卡布奇诺咖啡

传统的卡布奇诺咖啡是用 1/3 的浓缩咖啡、1/3 的蒸汽牛奶和 1/3 的泡沫牛奶制成的。卡布奇诺分为干、湿两种。干卡布奇诺（Dry Cappuccino）是指奶泡较多、牛奶较少的调制法，喝起来咖啡味比奶香味要浓。湿卡布奇诺（Wet Cappuccino）则指奶泡较少、牛奶量较多的做法，奶香盖过浓浓的咖啡味，适合口味清淡者。

6. 摩卡咖啡

摩卡咖啡是一种最古老的咖啡，得名于著名的摩卡港。摩卡咖啡是用意大利浓缩咖啡、巧克力糖浆、鲜奶油和牛奶混合而制成，是意式拿铁咖啡的变种。

7. 焦糖玛奇朵

焦糖玛奇朵是在浓咖啡里加上薄薄的一层热奶泡以保持咖啡温度。细腻香甜的奶泡能缓冲浓缩咖啡带来的苦涩。

8. 康宝蓝

意大利语中，Con 是搅拌，Panna 是生奶油，康宝蓝即意式浓缩咖啡加上鲜奶油。有一种说法是，正宗的康宝蓝要配一颗巧克力或太妃糖，先将巧克力或太妃糖含在嘴里，再喝咖啡，让美味一起在口中绽放。

9. 爱尔兰咖啡

爱尔兰咖啡是一种既像酒又像咖啡的咖啡，是用热咖啡、爱尔兰威士忌、奶油、糖混合搅拌而成。

10. 维也纳咖啡

维也纳咖啡是奥地利最著名的咖啡。在温热的咖啡杯底部撒上薄薄一层砂糖或细冰糖，接着向杯中倒入滚烫而且偏浓的黑咖啡，最后在咖啡表面装饰两勺冷的新鲜奶油，一杯维也纳咖啡就做好了。

（二）根据咖啡冲煮方式划分

1. 压力式咖啡

这种方式通常使用蒸汽压力咖啡机。制作过程中，咖啡粉被放入蒸汽槽中并压实，然后通过蒸汽压力来萃取咖啡。这种方式可以充分压榨出咖啡的油脂，使得冲泡出的咖啡味道醇厚，常见于咖啡店或专业咖啡设备。

2. 虹吸式咖啡

虹吸壶利用热虹吸原理，先将咖啡粉放入上面的漏斗中，再加水入下壶，加热后沸水深入漏斗，经过搅拌和浸泡后，咖啡再流回下壶。这种方法冲泡的咖啡色泽较为混浊，口感厚实，油脂感较高。

3. 冲泡式咖啡

手冲咖啡是将咖啡粉放入滤纸中，以热水徐徐注入咖啡粉中央，再均匀地向外围延伸。这种方式冲泡的咖啡层次感丰富，香气如同花朵绽放般有层次，色泽清澈干净。

4. 冰滴式咖啡

冰滴咖啡使用冰水、冷水或冰块来萃取咖啡，萃取过程缓慢，往往需要数小时。这种方法制作出的咖啡口感香浓、滑顺，不酸涩且不伤胃，因为使用的是冷水，所以不会分解出咖啡中的某些化学物质导致涩味。

5. 摩卡壶咖啡

摩卡壶是一种蒸馏式咖啡制作工具。水在壶的下半部被煮开至沸腾，由于蒸汽的压力，沸水上升经过装有咖啡粉的过滤器到达壶的上半部。摩卡壶萃取的咖啡味道充分，口感清爽且有层次感。

6. 法压壶咖啡

法压壶是一种简单的咖啡制作方式，将咖啡粉加入法压壶中，倒入热水，经过一段时间的浸泡后，按下壶柄，咖啡液即通过滤网滤出。法压壶制作的咖啡口感浓郁，且能较好地保留咖啡的油脂。

二、咖啡制作的基本原则

（一）咖啡豆的选择

如果你选择的咖啡豆不好，即使器具和冲煮技巧很完美，也改变不了这杯咖啡的味道。由此可见，咖啡豆对咖啡的影响很大。

1. 咖啡豆的种类

阿拉比卡咖啡豆：这是最常见和最受欢迎的咖啡豆类型，它具有较低的咖啡因含量和较高的酸度。阿拉比卡咖啡豆的风味多样，可以呈现出花香、果味、巧克力和坚果等不同的特点。

罗布斯塔咖啡豆：相对于阿拉比卡咖啡豆，罗布斯塔咖啡豆具有更高的咖啡因含量和更强烈的口味。它们生长在较低海拔的地区，口感较为苦涩和浓烈。

其他豆种：除了阿拉比卡和罗布斯塔外，还有许多其他咖啡豆种，如铁皮卡、波旁、卡杜拉、卡蒂姆和瑰夏等。这些豆种在风味上各有特色，如铁皮卡甜度高、口感纯净；波旁则甜度高、酸度明亮；而瑰夏则具有独特的佛手柑、茉莉花和桃子香味。

2. 原产地

高品质的咖啡只在世界的某些区域生长良好——位于以赤道为中心、南北回归线之间的高海拔地区，这些区域被称为"咖啡种植带"。咖啡在富含矿物质的土壤中生长的最好，它喜欢温暖的气候和充足的雨水。咖啡豆的产地会对其风味产生显著影响。例如，肯尼亚的咖啡豆通常带有鲜明的酸味和果香，而巴西的咖啡豆则可能带有坚果和巧克力的风味。

3. 加工处理法

采摘咖啡果实后，我们需要从果肉中把咖啡豆的生豆剥离出来。去除果肉的过程对咖啡豆的味道有极大影响。常见的咖啡处理法主要包括水洗处理法、日晒处理法、蜜处理法等。

4. 烘焙程度

咖啡生豆是不可溶物质，我们无法从生豆中获得任何风味化合物。烘培不仅使咖啡变得可溶（可被萃取），还能产生一些新的、美妙的风味和香气。咖啡豆的烘焙程度影响其口感，烘焙程度一般分为浅烘、中烘和深烘。浅烘的咖啡豆口感清淡，中烘的口感适中，而深烘的则口感浓郁。根据个人口味偏好来选择适合自己的咖啡豆是享受一杯美味咖啡的关键。

（二）咖啡豆的研磨

研磨就是将整颗咖啡豆磨碎成小的颗粒。研磨度对咖啡萃取影响很大，会影响咖啡的风味。细研磨的咖啡粉比粗研磨的咖啡粉接触水的面积更大，有更多的空间让水流过并萃取出风味。使用细研磨的咖啡粉需要缩短冲煮时间，才能获得一杯好喝的咖啡。同理，采取粗研磨度的咖啡粉需要延长水和咖啡粉的接触时间。

（三）注意事项

1. 水质要求

冲泡用水要先经过炭过滤，没有异味，中性酸碱度（pH 酸碱度为 7 表示中性），有一定的硬度、含碱量和总溶解固体量（total dissolved solids，TDS）。如果水的 TDS 值太高，它的溶解能力就较弱，不能从咖啡粉中萃出充足的可溶解物。水的 TDS 值太低，则冲出的咖啡会有刺舌、粗劣的风味。专业咖啡师应随时关注冲泡用水的 pH 酸碱度和 TDS 值，必要时选购净水设备。

2. 控制水温

理论上，在整个冲泡、萃取过程中，与咖啡粉接触的热水水温应保持在 91~94℃，这称之为最佳萃取水温。低于该水温区间，咖啡会呈现出较明显的酸涩味；高于该水温区间，咖啡会呈现出较明显的焦苦味。在实际操作中，还需适当参考其他因素。如果咖啡豆烘焙时间久，温度可偏低一些；如果咖啡豆烘焙时间短，那么最佳温度甚至还可以比 94℃稍微高一些。

结束萃取后的咖啡液最佳温度应在 85℃左右，这称之为"最佳杯中温度"。

3. 冲煮技巧

冲泡是个短暂却富含技术性的步骤。要尽可能精确而轻柔地冲泡，且冲泡时间不宜过长。冲泡时水的温度越高，萃取就越快，如果水温度低了，萃取时间会更长。冲泡好要立刻装杯，装杯前应该先将壶里的咖啡轻轻摇晃，令其浓淡充分混合，使得每杯的咖啡味道都均匀。

第三节　制作茶饮

一、茶饮制作的种类

茶是世界三大饮品之一。茶有着很强的包容性，可以与奶、糖等多种辅料交融，得出更丰富的口感。随着时代的发展，人们对于茶的饮用方式呈现多样化的发展。下面介绍三个大类的茶饮：奶茶、水果茶和花草茶。

（一）奶茶

奶茶是牛奶和红茶的混合饮品，兼具牛奶和茶的双重营养和口味，深受大众喜爱。奶茶在各国制作方法均有所不同且各具特色。大致分为三种：

1. 直接冲泡法

直接冲泡法以英式奶茶为代表。茶杯先经过温杯，然后在杯中依次倒入冲泡好的热茶、牛奶等搅拌而成。

2. 烹煮法

烹煮法以印度奶茶、中国北方奶茶为代表，运用烹煮的方式制成。先煮茶叶，待茶叶煮开后，才加入牛奶并轻轻拌，煮至出现泡沫后熄火。北方奶茶以咸味居多，印度奶茶则以甜味取胜，在印度的奶茶中会添加各种香料，这一点和台湾珍珠奶茶在红茶中添加各式椰果、水果很相似。

3. 拉茶法

拉茶法以港式奶茶、马来西亚奶茶为代表。港式奶茶将茶叶放在一个类似丝袜的冲泡袋中来回冲撞，所以又称为丝袜奶茶。港式奶茶是香港独有的饮品，以其茶味重、偏苦涩、口感爽滑且香醇浓厚为特点。要经过撞茶（拉茶）的工序以保证奶茶中保留茶叶的浓厚感，港式奶茶入口的感觉是先苦涩后甘甜，最后是满口留香。但港式奶茶有较高的热量，长期大量饮用可能会引起身体不适。

（二）水果茶

水果茶是人们出于某种保健目的，将一些对人体有益的水果、瓜果与茶叶一起制成的具有某种效果的饮料。它具有一定的养生功效，色彩艳丽、口感丰富、营养健康，所以成为流行的夏季饮品，深受大众喜爱。常见的有枣茶、梨茶、橘茶、香蕉茶、山楂茶、椰子茶、红心茶等。

（三）花草茶

花草茶是以花卉植物的花蕾、花瓣或嫩叶为材料，经过采收、干燥、加工后制作而成的保健饮品。有一些植物的根、茎、叶、花或皮等部分也可以加以煎煮或冲泡成为具有芳香味道的草本饮料，也可称之为花草茶。花草茶起源于欧洲，一般特指那些不含茶叶成分的香草类饮品，由此可见，花草茶其实是不含"茶叶"的。常见的有菊花茶、玫瑰花茶、茉莉花茶等。花草茶种类繁多、特征各异，因此，在饮用时必须弄清不同种类的花草茶的药理、药效特性，才能充分发挥花草茶的保健功能。花草茶以其时尚又健康的特点赢得了众多人的青睐。

二、茶饮制作的常用配料

（一）茶的选用

奶茶制作中主要以红茶为主，且为了追求不同口感和风味，茶叶以粗细不同、品种各异的多种茶叶（拼配茶）混合，而很少用一种茶叶制作。水果茶多以绿茶、乌龙茶和红茶作为主，一般不用过于细嫩的茶叶。

（二）奶类的选用

奶茶制作中，奶的选择也极大影响着奶茶的口感。港式奶茶多用黑白淡奶，台湾珍珠奶茶多选用三花淡奶，市面上中低档次的奶茶则使用奶精代替淡奶。

（三）水的选用

茶饮制作对于水的要求也极高，一般使用软水，过硬的水会影响茶水的品质。制作中一般使用净水器对水进行过滤或直接使用纯净水。

（四）糖的选用

茶饮基本上都带有甜味，糖的选用也有一定的讲究。奶茶一般选用白砂糖，少量使用甜蜜素；水果茶、花草茶则根据种类不同，可选择的糖类很多，如糖浆、蜂蜜、冰糖、红糖、白砂糖等。

三、茶饮制作的基本原则

（一）选择合适的器具

茶饮中的茶起着决定性的因素，不同的茶饮种类对于茶的器具有不同的要求。通常使用瓷、紫砂、陶等材质的壶冲泡茶叶；使用铁、不锈钢、陶等材质的锅或壶来煮茶。而花草茶的冲泡注意不要用金属器皿，因为金属器皿容易和花草茶的成分发生作用，从而使花草茶失去功效和味道。

（二）掌握冲泡温度和时间

不同茶叶，冲泡的温度有所不同。一般来说，细嫩的茶叶温度稍低，粗老的茶叶需使用高温。花草茶的鲜品和干品的冲泡时间也有所不同，一般鲜品泡 3 分钟即可，干品泡制 5 分钟左右，有些花草果实、皮、根等，需要更长时间。

（三）材料搭配原则

现今，越来越多的自创特色茶饮出现，花样繁多，口味丰富，可以根据个人不同口味进行搭配，但一定要遵循酸甜平衡、口味协调、色彩协调的原则，不可一味地追求创新而不考虑搭配的协调性。而传统的茶饮调制流传至今，需要遵循传统的搭配原则，以体现茶饮的原汁原味。但在遵循传统的搭配原则的基础上，可以进行一定的创新，以更符合当代人的品味。

知识拓展

先倒牛奶后热茶，还是先倒热茶再加牛奶？

根据《YouGov》的统计，将近79%的英国人习惯先倒热茶再加入牛奶，仅有20%的英国人会先倒牛奶再加热茶。这样的习惯因年龄而异，年长的英国人更有可能先添加牛奶：在 18~24 岁的英国年轻人中，只有4%的人会先添加牛奶；25~49 岁的类别中，比例上升至15%；在 50~64 岁的人群中，上升到24%；最后在 65 岁以上的英国人中，更攀升至32%。然而，这项看似不起眼的先后顺序，却透露出强烈的阶级内涵。

过去，先倒牛奶再加入热茶的做法，是担心茶杯无法承受温度剧烈改变而破裂，但在贵族的下午茶中，反而会先倒热茶再加入奶，借此凸显皇室器具的质量和地位。随着生活水平日渐提升，英国百姓也跟随着皇室先茶后奶。

实训任务

任务一　制作鲜榨果汁

实训目标：熟练掌握鲜榨果汁的制作方法。

实训内容：

1. 香蕉牛奶汁的制作；

2. 综合健康果菜汁的制作。

实训方法：教师示范讲解、学生操练、指导纠正。

实训步骤：

1. 教师示范及讲解香蕉牛奶汁的制作流程和技巧；

2. 教师示范及讲解综合健康果菜汁的制作流程和技巧；

3. 学生分组进行操练；

4. 教师指导纠正。

操作过程和考核要点如表6-1~表6-2所示：

表6-1 香蕉牛奶汁的制作流程与标准

程序	标准	考核要点	评分
准备工作	1. 所需器具：榨汁机、水果刀、砧板、量杯、果汁杯； 2. 所需原料：香蕉1只、柠檬1/4个、牛奶200毫升、蜂蜜适量、冰块适量	1. 能否准备好相应的物品； 2. 能够确保物品的清洁卫生及在保质期内	
制作流程	1. 香蕉剥皮切小块，柠檬削皮切1/4； 2. 将切好的香蕉和柠檬放入榨汁机； 3. 用量杯量取200毫升牛奶、蜂蜜20毫升一同倒入榨汁机； 4. 取3~4块冰块放入榨汁机榨汁即可	1. 能否正确处理水果原料； 2. 能否正确量取配料； 3. 能够正确使用榨汁机	
果汁服务	1. 将榨好的果汁倒入果汁杯中，插上吸管，准备好杯垫； 2. 服务员须使用托盘，按先宾后主、女士优先的原则从客人的右侧为客人上果汁； 3. 上果汁时需给客人垫上杯垫； 4. 随时观察客人饮用情况，当客人即将空杯前应征询客人，是否添加	1. 能否正确准备服务用品； 2. 服务顺序是否得当； 3. 能否注意卫生操作； 4. 能否随时关注客人的饮用情况，并根据客人意愿添加	
注意事项	1. 注意各用量的配比，可根据个人口味做适当调整； 2. 柠檬外层的表皮和内层的白皮要去掉，以免出现苦味		

表6-2 综合健康果菜汁的制作流程与标准

程序	标准	考核要点	评分
准备工作	1. 所需器具：榨汁机、水果刀、砧板、量杯、果汁杯； 2. 所需原料：苹果1个、青椒80克、苦瓜110克、荷兰芹120克、大黄瓜150克	1. 能否准备好相应的物品； 2. 能够确保物品的清洁卫生及在保质期内	

表6-2(续)

程序	标准	考核要点	评分
制作流程	1. 将青椒、苦瓜、荷兰芹洗净切小块放进榨汁机； 2. 加一些冷开水进榨汁机榨汁； 3. 苹果、大黄瓜洗净去皮，切小块； 4. 将苹果块、黄瓜块放入打好菜汁的榨汁机中继续榨汁； 5. 菜汁、果汁搅拌混合即可	1. 能否正确处理蔬果原料； 2. 能够正确使用榨汁机； 3. 材料的配比是否正确	
果汁服务	1. 将榨好的果汁倒入果汁杯中，插上吸管，准备好杯垫； 2. 服务员须使用托盘，按先宾后主、女士优先的原则从客人的右侧为客人上果汁； 3. 上果汁时需给客人垫上杯垫； 4. 随时观察客人饮用情况，当客人即将空杯前应征询客人，是否添加	1. 能否正确准备服务用品； 2. 服务顺序是否得当； 3. 能否注意卫生操作； 4. 能否随时关注客人的饮用情况，并根据客人意愿添加	
注意事项	1. 蔬菜的出水量较少，可加入适当的饮用水； 2. 选用新鲜水果，苹果的籽要先去掉再榨汁		

任务二　制作手冲咖啡、爱尔兰咖啡

手冲咖啡
制作微课

实训目标：熟练掌握常见咖啡的制作方法。

实训内容：

1. 手冲咖啡；

2. 爱尔兰咖啡制作。

实训方法：教师示范讲解、学生操练、指导纠正。

实训步骤：

1. 教师示范及讲解手冲咖啡的制作流程和技巧；

2. 教师示范及讲解爱尔兰咖啡的制作流程和技巧；

3. 学生分组进行操练；

4. 教师指导纠正。

操作过程和考核要点如表6-3、表6-4所示：

表 6-3　手冲咖啡的制作流程与标准

程序	标准	考核要点	评分
准备工作	1. 所需器具：手冲壶、磨豆机、咖啡壶、滤杯、滤纸、电子秤、咖啡杯； 2. 所需原料：咖啡豆适量	1. 能否准备好相应的物品； 2. 能否确保物品的清洁卫生及在保质期内	
制作流程	1. 折滤纸。按照滤杯的大小折好滤纸，并放入滤杯中。 2. 湿滤纸、温壶/杯。将热水均匀地冲在滤纸上，使滤纸全部湿润，紧贴滤杯壁。湿滤纸起到清洁滤纸的作用，同时温热器具。 3. 取豆、磨豆。取豆，按 1∶10 或 1∶15 的比例。称取好的咖啡豆倒入磨豆机中，调节所需刻度进行研磨，一般磨豆前会用 2~3 克咖啡豆对磨豆机进行清洁，研磨的咖啡粉不宜过细或过粗。 4. 咖啡粉倒入滤杯。将电子秤清零。将磨好的咖啡粉倒入滤杯中，轻轻拍平，放到咖啡壶上，然后放到电子秤上。 5. 闷蒸。用手冲壶轻柔而快速地以顺时针画圈方式向滤纸中的咖啡冲水，水流匀速不淋到滤纸，使咖啡粉均匀湿润。待电子秤上显示达到 20 克重量后停止冲水，打开电子秤的计时按钮，让咖啡焖蒸 30 秒。闷蒸的作用是使咖啡粉充分浸润，激活咖啡内部物质，让咖啡得到更加充分的萃取。 6. 手动冲泡。咖啡粉闷蒸完成后，继续注水冲泡。匀速缓慢地以顺时针画圈方式注水，待达到所需的咖啡量便停止注水。 7. 出品。咖啡冲泡完成后，轻轻地摇晃让咖啡与水更加充分地融合，倒入温好的咖啡杯，一杯芳菲四溢的手冲咖啡就完成了	1. 咖啡豆的研磨是否合适； 2. 对水温的把控是否正确； 3. 对时间的把控是否正确； 4. 咖啡和水量的配比是否正确； 5. 冲泡技巧是否正确	
手冲咖啡服务	1. 将制作好的咖啡放在咖啡碟上，准备好咖啡勺以及糖奶等物品； 2. 服务员须使用托盘，按先宾后主、女士优先的原则从客人的右侧为客人上咖啡； 3. 糖奶摆放在桌子中间方便客人拿取； 4. 提醒客人小心烫； 5. 随时观察客人饮用情况，当客人即将空杯前应征询客人，是否添加	1. 能否正确准备服务用品； 2. 服务顺序是否得当； 3. 能否注意卫生操作； 4. 能否提醒客人并随时关注客人的饮用情况，根据客人意愿添加	

表6-3（续）

程序	标准	考核要点	评分
注意事项	1. 冲水的动作要轻柔匀速，让水充分地浸润咖啡。切勿将水冲到滤纸上，避免水未经过咖啡就直接从滤纸流出。 2. 注意水温和时间的把控，可以借助温度计、电子秤和秒表进行精准测量		

爱尔兰咖啡制作微课

表 6-4　爱尔兰咖啡的制作流程与标准

程序	标准	考核要点	评分
准备工作	1. 所需器具：爱尔兰杯、酒精架、打火机； 2. 所需原料：爱尔兰威士忌 1/2 至 1 盎司（约15~30毫升）、热的浓咖啡一杯、方糖一颗、奶油适量	1. 能否准备好相应的物品； 2. 能够确保物品的清洁卫生及在保质期内	
制作流程	1. 冲好一杯咖啡； 2. 在爱尔兰杯中放入一颗方糖，加入20毫升威士忌； 3. 将酒杯放入酒精架中加热，需不停转动酒杯使方糖逐渐融化； 4. 待杯口冒烟即可拿出，在杯口点火，转动酒杯； 5. 将爱尔兰杯中的威士忌以提拉手法倒入咖啡杯中，再全部倒回爱尔兰杯中，互倒2~3次使其充分融合； 6. 在爱尔兰杯中旋转方式挤入奶油，一杯爱尔兰咖啡就制作好了	1. 加热时转动杯子的技巧和时间把控是否合适； 2. 点火和倒酒的技巧是否正确； 3. 挤奶油的方法是否正确	
爱尔兰咖啡服务	1. 准备好杯垫； 2. 服务员须使用托盘，按先宾后主、女士优先的原则从客人的右侧为客人上咖啡； 3. 上咖啡时需给客人垫上杯垫； 4. 提醒客人小心烫； 5. 随时观察客人饮用情况，当客人即将空杯前应征询客人，是否添加	1. 能否正确准备服务用品； 2. 服务顺序是否得当； 3. 能否注意卫生操作； 4. 能否提醒客人并随时关注客人的饮用情况，根据客人意愿添加	

表6-4（续）

程序	标准	考核要点	评分
注意事项	1. 放入酒精架加热前可先预热一下杯子，在加热过程中要保持匀速转动； 2. 点火后将爱尔兰杯中的威士忌倒入咖啡杯时会产生较长的火焰，要注意安全，倒的时候要保持一定距离		

任务三　制作港式奶茶、水果茶

实训目标：熟练掌握港式奶茶喝水果茶的制作方法。

实训内容：

1. 港式奶茶的制作；

2. 水果茶的制作

实训方法：教师示范讲解、学生操练、指导纠正。

实训步骤：

1. 教师示范及讲解港式奶茶的制作流程和技巧；

2. 教师示范及讲解水果茶的制作流程和技巧；

3. 学生分组进行操练；

4. 教师指导纠正。

操作过程和考核要点如表6-5、表6-6所示：

表6-5　港式奶茶的制作流程与标准

程序	标准	考核要点	评分
准备工作	1. 所需器具：港式奶茶专用冲茶壶，专用冲茶袋，热水壶，吧匙； 2. 所需原料：港式拼配茶粉或红碎茶；三花淡奶或者奶精；砂糖或糖浆（热奶茶配幼砂糖，冻奶茶配糖浆）	1. 能否准备好相应的物品； 2. 能够确保物品的清洁卫生及在保质期内	

表6-5(续)

程序	标准	考核要点	评分
制作流程	1. 按1升水配20克茶粉的比例烧开水,水以纯净水为佳,将茶粉装入茶袋; 2. 水烧开后以一手执茶袋手把,茶袋正下方以热水壶接茶,另一手将开水冲入茶袋,以顺时针画圈的动作冲入茶袋,这样茶粉可以被均匀冲透; 3. 冲完壶里的水后马上将刚冲入热水壶的茶水拿起再冲入茶袋,如此反复数次; 4. 将刚冲过的茶袋连同茶粉放入壶中,盖上壶盖以小火慢煲烧开; 5. 烧开后加入淡奶及糖,把火关掉焖15分钟左右,后取出茶袋; 6. 将冲好的母茶放置保温炉上保温,50~60℃为好	1. 撞茶的手法和时间把握是否正确; 2. 焗茶时间的把握是否合适; 3. 加奶和糖的量和调制手法是否正确	
注意事项	1. 煮茶的水以纯净水为佳; 2. 撞茶的手法和次数要把握好,在两个壶之间来回倒,均匀撞击茶粉,让茶味更浓郁,更丝滑; 3. 焗茶的时间要把握好,时间长就会涩,时间短了茶味就淡了; 4. 加入淡奶及糖后,要适时搅拌,以免出现奶皮		

表6-6 水果茶的制作流程与标准

程序	标准	考核要点	评分
准备工作	1. 所需器具:泡茶器具、滤网、搅拌机、水果刀、砧板、量杯、大的果汁杯; 2. 所需原料:乌龙茶、西瓜、苹果、橙子、金橘、火龙果、西柚糖浆、百香果糖浆	1. 能否准备好相应的物品; 2. 能够确保物品的清洁卫生及在保质期内	

表6-6（续）

程序	标准	考核要点	评分
制作流程	1. 将烧开的纯净水放凉至七八十度，冲入乌龙茶中，浸泡五分钟后用滤网倒出茶水，将茶水再次冲入滤网中，来回冲泡几次，将滤出的茶水放置散热，随后放入冰箱冷却； 2. 将切好的一片西瓜、苹果和橙子放入杯中； 3. 将一片火龙果放入搅拌机，倒入100ml 乌龙茶、20ml 西柚糖浆，加入少量冰块，打开搅拌机搅拌； 4. 将搅拌好的材料倒入盛有水果的杯中； 5. 往杯中放入 2~3 块冰块，再将一个金橘切半放入，最后添加少许百香果糖浆，一杯浓郁芳香的水果茶就做好了	1. 泡茶的方法是否正确； 2. 水果的选用和准备是否正确； 3. 制作的流程和方法是否正确	
注意事项	1. 泡茶的水温不宜过高，时间可适当延长； 2. 将茶水散热后放入冰箱冷却，其口感更佳； 3. 水果的选用和搭配可根据个人口味调整，但要遵循口感协调的原则，数量也不可偏多； 4. 注意倒入的茶水量、糖浆和冰块适中，以免出现茶味过淡，过甜等现象		

◇拓展阅读

知识天地

纯正英式下午茶——一种文化，一种艺术，一种身份

在欧洲，法国的"国饮"是葡萄酒，德国的"国饮"是啤酒，而英国的"国饮"却是与中国相似的茶品。英国是世界上最大的红茶进口国，英国人在日常生活中不可一日无茶，且将茶视为"第一饮品"的"国饮"。下午茶在英国代表一种文化、一种艺术，还是一种身份的象征。在英国，有这么一句话：当时钟敲响四下，世上的一切瞬间为茶而停。说的就是英式下午茶。可见英国人吃下午茶的习惯已经深入人心。

英国下午茶的起源

下午茶是英国饮茶文化的精华所在，不过它的历史并不悠久。在中国，饮茶的历史可以追溯到公元前 3 000 年，而在英国，喝茶的风俗直到 17 世纪 60 年代英王查尔斯二世（King Charles Ⅱ）时期才开始兴盛起来。

而下午茶最早由英国维多利亚时期（Victorian Era，1819—1901）贝德福德郡的公爵夫人安娜（Anna Maria Stanhope）所创，并在 19 世纪 40 年代的时候风靡全英国。根据当时的习惯，贵族的晚餐通常要到晚上 8 点才开始，而公爵夫人常常在下午 4 点左右就会感觉到饥饿，于是她请仆人准备一些茶、面包、黄油和小蛋糕送到她房间去，吃得甚是惬意。渐渐地，公爵夫人在每天下午 4 点都会邀请三五知己，一同品啜以上等瓷质餐具盛装的香醇好茶，配以精致的三明治和小蛋糕，同享轻松惬意的午后时光。没想到这一做法在当时的贵族社交圈内成为风尚，并逐渐普及到平民阶层。这样的传统一直延续到今日，这是一种优雅自在的下午茶文化，也是正统的英国红茶文化，在英国被认为是招待邻居、朋友甚至是商场客户的最理想的方式。

英式下午茶怎么喝

传统的英式下午茶要求选择家中最好的房间作为聚会的场地，所选取的茶具和茶叶也必须是最高档的。点心也要求精致，盛点心的瓷盘一般为三层。最下面的一层放一些有夹心的味道比较重的咸点心，如三明治、牛角面包等；第二层放的是咸甜结合的点心，一般没有夹心，如英式松饼和培根卷等传统点心；第三层则放蛋糕及水果塔，以及几种小甜品。吃的顺序要遵循由淡而浓、由咸而甜的法则，从三层点心盘的最下层往上吃。

（资料来源：佚名《怎样才算是一般正统的"英式奶茶"》？让英国人告诉你答案！）

◇英文服务用语

（一）茶饮服务

1. 询问客人对茶的需求

a. What kind of tea do you want to drink?

您需要什么茶？

b. Do you want to try Longjing tea here?

您要试试我们这里的龙井茶吗？

c. Here we have green tea, black tea, oolong tea, Longjing tea and so on. Which do you want to have a try?

我们这里有绿茶、红茶、乌龙茶、龙井茶等。您要尝哪一种？

2. 为客人介绍地方小吃

a. Do you want to try some snacks here?

您要试试我们这里的小吃吗?

b. Here we have many snacks or dim sum, Cantonese style is very famous in China.

我们这里有很多小吃和点心,粤式点心在中国很出名的。

c. When you drink tea, if you choose to eat some snacks with the tea, it will be more delicious.

品茶的时候,配上一些茶点,味道会更好。

3. 回应客人的需求

a. Please wait for a moment, and I will take the tea for you soon.

请稍等,我马上把您的茶拿过来。

b. Please try the dim sum first, and we will prepare your tea immediately.

请您先尝尝点心,我们马上为您备茶。

c. OK. We send it to you at once.

好的,我们马上给您送过来。

d. Sir, here is your black tea. Please enjoy yourself.

先生,这是您的红茶。请慢用。

e. Madam, the jasmine tea is yours, right?

女士,这杯茉莉花茶是您的,对吗?

(二) 咖啡服务

1. 询问客人对咖啡的要求

a. What/ How about Cappuccino?

卡布奇诺怎么样?

b. What kind of coffee do you prefer?

您需要什么咖啡?

c. Would you like something to drink? Skinny Latte or American Coffee?

您需要喝点什么吗? 拿铁还是美式咖啡?

d. Cappuccino, Latte Coffee, or Americano, which would you like, madam?

卡布奇诺,拿铁,美式咖啡,您喜欢哪个,女士?

2. 向客人打招呼

a. Hi/ Hello, madam.

您好,女士。

b. Good morning, sir, welcome to our Cafe.

早上好,先生,欢迎光临我们咖啡馆。

c. Hello, Linda, welcome to our Cafe again, today you look so beautiful.

你好，琳达，欢迎再次光临我们咖啡馆。今天你真漂亮。

d. Hi, Cathy, you don't come here for a long time. What's up?

你好，凯瑟，你很久没来了。一切都好吗？

◇ 考核指南

一、理论知识

（1）掌握果蔬饮料的种类及制作原则。

（2）掌握咖啡的种类及制作原则。

（3）掌握茶饮的种类及制作原则。

二、实训任务

（1）掌握香蕉牛奶汁和健康果菜汁的制作方法。

（2）掌握手冲咖啡和爱尔兰咖啡的制作方法。

（3）掌握港式奶茶和水果茶的制作方法。

第七章 酒吧管理

◇**学习目标**

●知识目标

➢了解酒吧日常管理的知识

➢了解酒水管理的知识

➢了解酒吧的数字化管理趋势

➢掌握酒会的策划组织和服务程序

●能力目标

➢能够运用酒吧管理知识解决实际案例

➢学会策划组织酒会和服务酒会

◇**课程导入**

酒吧有哪些工作人员？他们分别是干什么的？酒吧对这些工作人员有什么要求？如何管理酒水？数字化时代，酒吧的经营管理又会朝着怎样的方向发展？酒会又是怎样策划出来的？通过这一章的学习，你将了解酒吧的日常管理、酒水管理和酒会策划等知识，了解数字化时代酒吧经营管理的发展趋势，培养策划组织酒会、为酒会服务的能力。

酒吧管理，是要打造独具特色的品牌文化。酒吧经营需要日积月累的品牌树立和多年的持之以恒。酒吧经营理念要始终贯彻以人为本的原则，讲究酒吧的亲和力，讲究酒吧文化历史的延续。酒吧是否能经营成功，除了本身的装修格调外，主要靠服务质量和酒水供应质量。酒吧服务要求热情主动、礼貌周到，面带微笑，按服务程序去做。酒水供应质量是一个关键，所有酒水都要严格按照配方要求，绝不可以任意用其他品牌取代或减少酒水分量，更不能使用过期或变质的酒水。要做到诚信经营，真诚待客。

理论知识

第一节　酒吧日常管理

酒吧管理微课

一、酒吧人员管理

（一）酒吧人员岗位职责

1. 酒吧经理（bar manager）岗位职责

（1）根据公司政策，履行公司委派的各项职责，并定期如实地向老板做简要汇报。

（2）保证酒吧处于良好的工作状态和营业状态。

（3）对各种商品进行研究之后再采购，以满足顾客的各种需求。完成既定的销售目标。

（4）负责以下各方面的成本控制：应付职工工资总额、食品、酒水及后勤供给，并以最小的成本换得最优的质量。

（5）定期检查酒吧的卫生，以及各种设备的功能是否正常。

（6）协调酒吧的各种服务功能，监督并激励员工。

（7）负责招聘及解聘员工，检查考勤卡，评估员工表现，进行员工培训。

（8）负责酒吧的安全工作。

（9）负责酒吧的盘存，计算销售成本。

（10）制定酒吧各类酒水销售品种和销售价格，通过合理的定价，有效的宣传及促销，提高酒吧食物和酒水的销量。

（11）制定酒吧各项工作制度和工作服务流程、操作规范和标准。

2. 酒吧副经理（assistant bar manager）岗位职责

（1）协助酒吧经理对各部门主要人员进行考核、评估，提出任免建议。

（2）编排员工工作时间表和休假时间表，督促员工完成各岗位工作任务。

（3）提高服务质量，控制酒水成本，防止浪费，减少损耗。

（4）协助经理制订和实施员工培训计划。

（5）协助经理协调酒吧各部门之间的关系。

（6）开展调查研究，分析酒吧经营管理情况、收集同行业和市场信息，为经理的决策当好参谋助手。

（7）协助经理接待重要宾客，建立良好的公共关系。

（8）广泛听取和收集宾客意见，处理投诉，不断改进工作。

（9）协助经理抓好酒吧内部管理，不断改善员工工作条件，协调员工关系。

（10）完成经理交办的其他任务。

3. 酒吧主管（head bartender）岗位职责

（1）做好员工考勤工作，召开每日例会，传达上级指示，安排当日工作。

（2）注意员工的工作纪律、仪容仪表和礼貌礼节。

（3）检查酒吧每日工作情况，控制出品成本，减少损耗，防止失窃。

（4）填写每日酒水备品提货单，指导员工做好准备工作。

（5）做好每日的盘点工作和存取酒工作。

（6）处理客人投诉，解决员工之间的纠纷。

（7）在营业过程中巡视检查吧台工作，监督酒水、食品的出品和服务过程。

（8）做好每日营业日报表并上交，召开班后例会，提出当日问题。

（9）向上级提出合理化建议。

（10）自己处理不了的事情要及时转报上级。

4. 调酒师（bartender）岗位职责

（1）保持良好的仪容仪表和个人卫生。

（2）认真履行出库手续，做好出库工作，备足当日供应的各种酒水、饮料，补充酒吧的储备，准备冰块和新鲜水果。

（3）做好开台前的准备和收尾工作，保持吧台卫生。

（4）主动、热情、礼貌、耐心、周到地接待客人。

（5）了解酒吧内的酒水、饮料的特性、口感、度数、产地、类型、价格，按正确配方调制酒水，保证酒水质量。

（6）为客人供应酒水、饮料时，适当进行介绍和推荐。

（7）清楚每日的特别介绍和估清单。

（8）保养、维护吧台设施和用品。

（9）按照调酒师的工作流程和规范做好调酒工作，为客人提供正确的、优质的酒水和服务。

（10）不断改进酒水的配方，提高客人对酒水的满意度，增加酒吧销售收入。

（11）细心观察客人情况，及时提供需求服务。

（12）客人离去后，要尽快清理台面，保持台面和周围环境的卫生状态。

（13）清点库存，及时掌握当日酒水、饮料消耗量。

5. 调酒师助理（bartender assistant）岗位职责

（1）熟知酒吧的酒水及其特点。

（2）制作简单酒水与饮品。

（3）配合调酒师制作，供应各类酒水和鸡尾酒。

（4）按期盘点酒水，准备水果、糖类等原料。

（5）保持吧台各种设备正常运转，搞好责任区和吧台的卫生。

（6）清洗杯具及各类用具。

（7）做好与客人的沟通以及推销工作。

（8）协助培训新进员工。

6. 酒吧服务员（bar waiter/waitress）岗位职责

（1）做好接待前各项准备工作，搞好各区域卫生。

（2）熟悉酒吧的服务程序和规范标准。

（3）熟悉各种酒水品种、价格，各种杯具的特点和饮用方式。

（4）热情迎宾，为客人合理安排座位。

（5）根据客人需求介绍酒水、促销活动，接受点单。

（6）将点单及时送到调酒师和收银员。

（7）按照客人要求准确无误地提供酒水、饮料。

（8）巡台，及时整理桌面卫生，把杯具送入洗杯间。

（9）客人有不满和投诉应及时反映。

（10）送客，致谢。提醒客人带好随身物品，检查客人有无遗忘物品在桌面，如有，应及时通知客人或上交上级处理。

7. 吧员（bar utility/back）岗位职责

（1）提取当天所需物品和备足各类器皿，做好营业前的准备工作。

（2）保持酒吧内外环境整洁，杜绝一切与吧台无关的人员进入吧台。

（3）检查各电器开关，爱护酒吧设备及财产，妥善保管好一切物品，减少酒水浪费和降低用具的破损率。

（4）接收落单服务员的点单后，明确所点物品，看清小票上的品名、单位、数量、日期、要求，凭单出品。

（5）保持个人卫生，穿戴围裙、帽子、手套等，避免头发或其他不洁物品掉入产品中。

（6）出品前保证每样用料无变质、霉烂现象，每件杯具洁净，无水渍、污渍、手印或异味。

（7）各类酒水、配料用完后将瓶口抹干净，不能留有残液。

（8）各类用具如砧板、刀具、吧匙、榨汁机应随用随洗。

（9）常洗手，做完一个产品后洗干净手再做第二个产品。

（10）取用杯具时避免接触杯口，应拿杯具底部。

（11）各类杯具分类摆放，雪柜、保鲜柜、陈列柜、果架、操作台每日清洗，保持干净无异味。

（12）严格按照酒吧的酒谱、出品规范和标准出品酒水。

（二）员工培训与考核

1. 员工培训

培训是酒吧管理的一项基本功能，可以说是酒吧管理最有效、最有价值的工具。培训的目的在于使员工更快、更有效地掌握工作需要的知识和服务技能，提升员工的工作水平和个人素质，进一步挖掘员工的潜力，发挥员工的积极性，提高员工的劳动能力和自信心，从而达到更好经营和管理酒吧的目标。培训内容一般包含以下几个方面：

（1）职业道德和个人素质；

（2）各部门和岗位的职责和要求；

（3）日常操作规范与技巧、服务流程、服务细节、服务意识；

（4）服务用具的认识和使用；

（5）练习点单和酒吧其他单据的填写；

（6）营业过程中的突发事件处理和客人投诉的处理；

（7）消防知识、消防设施的摆放位置和使用。

有效的员工培训能够产生以下的积极作用：

（1）提高服务质量和工作效率。培训可以使员工掌握设备的性能和服务的规范，有效提高员工的素质、技能和自信心，提高员工的劳动生产率和服务质量，避免因服务不周影响酒吧声誉。

（2）减少员工纠纷和流失。培训可以让员工加深对酒吧、各部门和岗位人员的认识和了解，有助于改善员工关系和协调各部门关系。

（3）减轻管理人员负担。经过培训后，员工的工作水平和思想认识得到提高，管理人员在监督工作、指导员工和管理酒吧方面都可以相应地减少负担。

（4）减少开支。员工按照要求和规范操作设施设备，给客人提供良好的产品和服务，可以有效减少维修设备、原料损耗、顾客索赔等开支。

2. 员工考核

酒吧员工考核是指按照一定的标准，采用科学的方法，考核评定酒吧员工对岗位职责的履行程度，以确定其工作成绩的管理方法。酒吧员工的考核目的在于通过对员工进行综合全面的评价，评定他们是否称职，并以此为依据，实施员工的培训、报酬、晋升、调动、辞退等行为。

对员工的考核一般涉及以下几个方面的内容：

（1）工作知识。包括与工作相关的知识、技能，酒吧的制度、指令、操作规范、服务标准，环境和设备相关情况。

（2）工作态度。能否对工作认真负责，积极主动地寻求解决问题和改善工作的方法。

（3）分析和观察能力。能独立发现问题，找出原因。

（4）协调能力。是否能为了酒吧的利益与其他员工合作。

（5）工作能力。正确、妥善地完成工作。

（6）开发能力。吧员和服务员是否具有潜在开发的能力，管理层能否挖掘和调动员工现有的和潜在的能力。

二、酒吧质量管理

（一）酒水服务质量管理

对于一个酒吧来说，其经营成功与否与酒吧的酒水服务质量管理有关。调酒师的服务质量、酒水的供应质量、酒水服务质量，无不关系着顾客的满意度、再次消费的动力和酒吧的口碑。

1. 调酒师的服务质量

调酒师在服务时要礼貌周到，面带微笑，操作熟练。要熟悉酒水牌的内容、各种酒品的特点，能回答顾客提出的关于酒水牌、酒水特性的问题，在客人需要时能根据客人的特点进行推荐。

2. 酒水的供应质量

酒吧应根据各种酒水的特性和保存条件分类储藏，防止保存不当酒水变质，降低顾客对酒吧服务的认可度。调酒师应按照本酒吧的标准酒单、标准服务操作规范调制酒水，按照配方要求配置出品，不任意替换材料或减少分量，更不能使用过期或变质的酒水。凡是不合格的饮品都不能出售给顾客。

3. 酒水服务质量

以"为客人提供优质服务"为核心开展工作，制定岗位素质要求。服务员要有服务意识、服务技能、岗位责任心。如客人觉得冰水太凉，需要换热水，不能推说没有或者不理睬。服务员要有交流技能，能够解答客人对酒水方面的疑问，客人需要推荐时，能为客人推荐符合其需求的酒水；如不能满足顾客需求时，应礼貌表示抱歉，说明情况。

（二）安全与卫生管理

酒吧安全与卫生管理是酒吧经营管理中十分重要的一部分。如果发生火灾、食物中毒、顾客受伤等事件，轻则使酒吧财产遭受损失，酒吧声誉受损；重则危害员工和顾客的生命安全，酒吧经营者也必须承担相关法律责任。做好酒吧的安全和卫生管理，是酒吧良好经营的基本要求。

1. 酒吧安全管理

（1）酒吧应做好防火措施，定期派专人进行防火检查。培养员工的消防安全意识，培训员工正确操作工作电器以及正确使用消防器材。

（2）制定火灾疏散方案，组织员工培训，让员工了解一旦火灾发生，如何及时有效地组织人员疏散，把酒吧的重要财产及文件资料撤离到安全地方，将火灾带来的损失降到最小。

（3）制定完善的防盗措施，由专人负责管理钥匙，防止外部人员偷窃酒吧营业中的现金、酒水、贵重财物、设备等。

（4）严格把关员工入职关口，录用素质较好的人员，加强日常防范管理，做好每日酒水盘点、物品清查、营业额清算等工作。发现员工有私吞、盗窃的行为，根据情节严重程度进行处理。

（5）加强食品安全管理，按要求妥善存放食品。超过保质期的、密封食品开封后不能及时消耗的、发现霉变的食品，坚决不用。

（6）加强采购管理，从正规渠道采购食品，禁止采购假冒劣质食品，杜绝以次充好、掺杂掺假等情况。

（7）过量饮酒会导致酒精中毒，当发现顾客已经醉酒时，不应向顾客继续提供酒水，应劝其离开酒吧。

（8）调酒师调酒时，应注意基酒、辅料、调味料之间是否会产生化学反应，是否会引发酒精中毒。

（9）在对酒具和杯具进行清洗、消毒时，可能会使用化学清洁剂或消毒剂，清洗时应远离食品和酒水；清洁后的杯具、酒具、水果，要用大量清水冲洗，避免造成食物中毒。

（10）保持地面清洁和干燥，没有障碍物，避免有人摔倒跌伤。

（11）服务员取放物品要稳妥，走路小心缓慢，注意避让客人。

（12）严格遵守操作规程，注意操作安全。加工水果时要集中精力，正确使用刀具，避免被割伤；处理破损杯具时应特别留意不要直接接触破损处，避免被刺伤；正确使用搅拌机等切割设备，避免手指搅入；使用热水、蒸锅、烤箱时应避免直接接触蒸汽和发烫的器具，避免被烫伤；使用电器时应保持双手干燥，检查线路安全，避免电击受伤。

2. 酒吧卫生管理

（1）保持酒吧地面干净。营业前管理人员要检查清洁卫生工作，在营业过程中清洁人员要经常检查地面是否有脏物、污物，发现了要及时清理。

（2）酒吧洗手间是顾客接触较多的地方，也是最不容易保持卫生干净的地方。因此清洁人员要常常巡视，及时清洁，并按需使用清洁剂和消毒剂。

（3）冷藏柜、冷冻柜、冰箱等设备，应定期除霜、清理，过期的和保存过久的物品要移除清理；陈列柜、搅拌机等也要定期深度清洁，保持无异味无霉变。

（4）酒吧吧台、桌椅、柜子及待客桌椅沙发要保持清洁干燥，必要时需打蜡上光，以免给客人留下不洁净、污损等不良印象。

（4）酒吧员工要做好个人卫生，保持良好的个人形象，给客人一种放心、舒服的感觉。员工要养成良好的卫生习惯，勤洗手、勤洗澡、勤刷牙、勤理发，头发梳理整齐，不留长指甲，不涂有颜色的指甲油，上班前避免吃葱、蒜、韭菜、海鲜等有异味的食物，保持口气清新。

（5）酒吧要遵守国家和地方的卫生法规，制定本酒吧的具体卫生管理制度，做好卫生防范工作，防止病毒感染、食品和酒水污染。

（6）酒吧从业人员要持健康证上岗，定期参加体检。

（7）酒吧的常用器具需要定期清洗和消毒。消毒后的器具应在防尘、防蝇虫的专柜中存放，避免再次污染。废弃物、泔水等应用密封容器存放，日产日清。

（8）采购新鲜水果应选择可靠的供应商，清洗水果时注意洗掉残余农药，沥干水后存放在冰箱中；按所需的分量榨取果汁，避免剩余鲜榨果汁污染、变质。

（9）榨汁机、果汁桶、砧板、刀具、果皮刨子等应随用随洗，收工后及时清洁消毒。

第二节　酒水管理

一、酒水采购与储存管理

（一）酒水采购管理

为了满足顾客需求，保证酒吧正常经营，酒吧要定期进行采购，提供数量合适、价格比较合理的酒水。

1. 制订采购计划

（1）采购范围包括：酒吧日常用具、各类进口和国产酒类、各类水果、佐酒小食品及半成品原料、各种调味品和其他杂项物品。

（2）采购项目包含：酒水类如餐前开胃酒、鸡尾酒、白兰地、威士忌、金酒、朗姆酒、伏特加、啤酒、葡萄酒、咖啡、茶等；小吃类如饼干类、坚果类、蜜饯类、肉干类、干鱼片、干鱿鱼丝、油炸小吃、三明治等；水果拼盘类如水果拼盘、瓜果品等。

2. 采购流程管理

（1）选定合格的采购员。采购员应具备丰富的酒水知识，了解各种原料的用途、质量标准、顾客对酒水和食品的喜好和选择；熟悉原料的采购渠道，掌握一定的采购技巧，知道进价和售价的核算方法，熟悉原料的规格和质量，有鉴别优劣的能力；具备良好的职业道德，诚实可靠。

（2）制定采购的基本要求。要考虑酒水的日常销售量，酒吧的储藏能力，市场的供应状况，酒水、食品原料的储藏特点和保质期，采购量应符合保持酒吧经营所需和适当存货。保证各种酒水、食品的质量符合要求。在保证质量的前提下以最低价格进货。

（3）填写采购单，请酒吧管理人员审批。填写订购单，发送给酒水、食品供应单位，核对发来的酒水、食品数量和规格。填写采购明细单，记录供应商、供货时间、品种、数量、单价等情况，以便仓管人员验收、登记入库。

（二）酒水储藏管理

正确储藏酒水和食品，能有效防止原料变质、腐败或遭偷盗、私自挪动等损耗，有利于降低酒吧的经营成本。酒水储藏室应靠近酒吧，设立在出入方便、易于监视的地方，这样可以方便发料，减少安全隐患。此外，还可以在消费场所设立酒水储藏室，存放一定数量的酒品，以应付日常的消费。酒水储藏室大多采用酒柜的形式，有一定的制冷设备，方便控制酒品的储存温度。酒水储藏室使用方便，便于服务，减少了多次往返取货的麻烦。

1. 酒水储藏室配备用具

（1）木质或金属结构的酒架，架子不必太深太高，便于拿取。每层上都要有格架，把架子纵向隔成若干小格，以便按品种堆放酒品。

（2）梯子。便于存货、取货。

（3）推车。用于搬运货物。

2. 储藏室条件

（1）有足够的贮存和活动空间，通风透气，保持适当的温度和干湿度。活动空间要适当宽敞，利于货物进出和挪动，避免事故发生，也可以保持空气流通，有利于员工呼吸，保持储藏室的干燥，避免因酒精挥发过多而造成危险。但要注意，过分干燥的环境可能会引起软木塞干裂，造成酒液过量挥发。

（2）避免阳光照射。阳光直射会加速酒的氧化，对酒水品质造成破坏。酒水储藏室最好采用人工照明，照明方式和强度可适当控制。

（3）防震动干扰。酒品在震动后容易早熟，造成酒的品质下降。许多名贵的葡萄酒在长期受震动后（如运输震动），常需"休息"两个星期，才可以恢复原来的风味。

（4）储藏室应保持卫生清洁，应防潮、防霉，防鼠，不要留存杂物和空箱子，注意消防安全。

（5）分类储藏，便于职工认领酒水。入库的酒品都要登记，每一类酒品要标有卡片，写上酒的名称、规格、产地、生产时间、保质期、标价等内容，方便酒水管理与盘点。同类饮料应存放在一起，按品牌分类。

（6）合理放置。凡是软木塞瓶子都需要横置，酒瓶横放时，酒液会浸润瓶塞，起到隔绝空气的作用，横置是葡萄酒的主要堆放方式。蒸馏酒的瓶子大多要竖置，以便酒瓶中酒液的挥发，达到降低酒精含量、改善酒质的目的。酒品一旦放置好，不要随意挪动，避免酒瓶晃动使沉淀物泛起。

二、酒水生产与销售管理

（一）酒水生产管理

酒水生产的标准化是酒水成本控制的重要途径，也是保证酒水出品质量稳定的基础，它能确保出品符合顾客的期望。酒水生产的标准化管理包括酒谱（含配方与调制方法）、载杯、装饰、酒牌、售价和服务的标准化。

1. 酒谱标准化

标准酒谱能确保出品质量保持恒定，包括口味、酒精和调制方法等，它也是控制成本的重要工具。标准酒谱应根据客人需求，经过多次调制试验，经顾客与专家品尝评价后整理得到。酒吧应提供量杯、调酒器和饮料自动配售系统等工具，以便调酒师能精确地测量酒水用量。标准酒谱应包括调制酒品所需的原料名称、品牌、年份、用量等，并说明调制方法，如图7-1所示：

黛克瑞（DAIQUIRI）				
以朗姆酒为基酒中最具代表性的鸡尾酒				
基酒： 白色朗姆酒	此鸡尾酒的名称，是十九世纪末，古巴黛克瑞矿山的技师们将朗姆酒用莱姆汁稀释饮用得来的。清爽中带有甜味就是它受欢迎的秘诀			
技法： 摇荡法				
风味： 口感	调制法	摇匀后，倒入鸡尾酒杯中即可		
酒精度： 24度				
TPO： 餐前	材料	白色朗姆酒 莱姆汁 糖浆 Tripe Sec	45ml 15ml 1tsp	
季节： 四季				

图7-1　标准酒谱

2. 载杯标准化

载杯种类繁多，大小、规格、式样各不相同，需根据预期的宾客喜好、出品需要或国际通用的要求进行选定。

3. 装饰标准化

鸡尾酒装饰用料繁多，常用的有柠檬片、柠檬角、柠檬片旋片、菠萝片、黄瓜皮、樱桃、小纸伞、装饰叶片、花草等。出品的装饰物名称、装饰方法要标准化。

4. 酒牌标准化

使用标准酒牌的酒是控制存货和向顾客提供质量稳定的饮料的最好方法之一。假如顾客指定某一品牌的威士忌配置鸡尾酒，而酒吧却使用了低质量或其他品牌的酒来代替，将会使顾客感到不满，并影响酒吧声誉。

5. 售价标准化

规定出品的销售价格，并保证一定时期内价格相对稳定。

6. 服务标准化

服务方式的标准化，规定不同出品的服务用具、温度、服务方法和程序等。

（二）酒水销售管理

酒吧经营中常见的酒水销售形式有杯售、瓶售和混合销售。不管是何种销售形式，酒吧都会通过多种营销手段努力吸引更多的顾客以及获得顾客的认同感，实现更高的经营利益。

1. 酒水销售形式

（1）杯售（零杯销售），是酒吧中常见的一种销售形式，常用于烈性酒如白兰地、威士忌等酒的销售，葡萄酒偶尔也会采用零杯销售的方式销售。零杯销售的控制应在确定标准计量的前提下，计算每瓶酒的销售份额，然后统计单位时间内的销售分数，核对营业额，即可了解杯售的情况。

（2）瓶售（整瓶销售），是指酒水以瓶为单位进行销售。为鼓励客人消费，通常用低于杯售10%~20%的价格销售整瓶酒水。

（3）混合销售（配置销售），是指混合饮料和鸡尾酒的销售。这类酒在酒水销售中所占比例较大，涉及的酒水品种较多，管理起来难度较大。最有效的手段是建立标准酒谱，酒谱中的标准配方标注了每一种混合饮料所使用的调配材料的标准用量，有利于进行成本核算。酒吧管理人员根据鸡尾酒的配方计算出某一酒品在某段时期的使用数量，然后再按标准计量还原成整瓶数从而进行成本控制。

2. 酒水营销

（1）酒水促销。为了扩大酒吧知名度、提高销售业绩，酒吧常常会进行酒水促销活动。常见的酒水促销手段有：免费赠送饮品、小食品、小礼品；在特定时间或特定条件下享受折扣优惠；设立有奖销售；制定较为优惠的配套服务如情侣套餐、一条龙服务等；在特定时期组织活动，如在某些节日推出相应的酒会活动，促使更多消费者来参加。

（2）酒水推销。酒吧员工直接向目标顾客介绍产品、宣传活动，促使顾客购买。服务人员在与顾客面对面的服务中，可根据各类顾客的特点、需求等采取相应的沟通和销售策略，根据对方的反应，及时调整自己的推销策略。

第三节 酒吧的数字化管理趋势

在社会不断发展、人们在酒吧休闲娱乐消费需求不断提升的情况下，传统的酒吧管理方式的弊端逐渐显露出来，如引流难、营销方式单一、用户赋能不够、会员管理难、内部管理难等。借助酒吧数字化运营管理系统，打造"智慧酒吧"，能有效解决传统酒吧管理带来的问题。

酒吧数字化运营管理系统的基础是酒吧管理的标准化和流程化，同时借助自动化控制、机器人、云技术、工业物联网等新技术"加持"的一系列智能设备和运营管理信息系统。具体包括会员管理系统、进销存系统、预定系统、数据系统、营销系统、收银系统、员工系统、多门店管理系统等。通过组合化的酒吧数字运营管理系统的应用，从顾客体验的角度，通过小程序应用能有效满足顾客获取门店信息、预订座位、优惠券获取、扫码点餐、在线点单、团购优惠、会员积分及权益获取、结账等全流程服务，提升顾客服务体验。从管理效率角度，实现了从预定到结账的全流程线上化，进货管理、销售管理到库存管理全过程的智能化，能有效降低酒吧的人力资源成本，提高管理效率，降低酒吧管理运营的成本。

酒吧数字化转型需要以数字化愿景为战略导向、数字化应用为核心、数字化平台为基础，建立数字化生态圈，发挥文化、组织、人才等的助推作用，持续扩大数字化和智能化转型成果成效，让数字科技惠及整个行业。

酒吧管理的数字化是基于数字化平台，根据酒吧业务专业管理需求、结合用户体验旅程和新技术所设计的应用，主要包括"高效链接""智能运营""精益管理"和"顾客体验"四大应用场景。

一、高效链接

"高效链接"意在通过数字手段建立实时的生态资源链接，包括酒吧的业务资源、供应商资源、数据资源、资产资源和客户资源。实现"无处不在、永远在线"的生态化发展。比如，构建酒吧门店管理、市场营销、供应链管理和后台营运管理的数字化系统。运用 AI 技术，加强与潜在顾客、会员的智能化互动。实现全渠道的 AI 运营，酒吧数字化运营管理平台能够及时地对酒吧运营管理过程中的各方面问题进行细致分析，并在过程中实现潜在顾客向实际顾客甚至是长期顾客转化，大大提高酒吧的客户数量，特别是优质客户的数量。

二、智能运营

"智能运营"能够让酒吧通过智能化手段解决日益上涨的运营管理成本，同时提升效率。如引入酒吧服务机器人，包括调酒机器人、送餐机器人等，以智能化科技全面布局智慧门店，让员工减少重复性、强度大的劳动，把更多的时间用于向顾客提供更具个性化和温度的服务，节约人力成本的同时优化顾客体验。

三、精益管理

"精益管理"通过运营数据的分析实现商业决策及商业洞察、拓展业务价值，赋能绩效管理、人员管理等领域。一是用户数据化，基于小程序整合了"会员+点单+线上商城+社群+酒吧线下活动"等业务，提高顾客的活跃度，增强顾客的黏性与复购率。二是各项业务在线化，建立线上运营系统，将运营日志填写、库存管理、会员数据管理、客服及预定系统在线化，整合并打通已有系统，改变各业务方获取数据、使用数据的习惯，有效实现工作效率提升，赋能酒吧内部精细化管理与运营。

四、顾客体验

"顾客体验"的优化得益于数字化运营场景下在前端收集到的数据，后端在进行数据分析后针对客户的个性化需求定制多元化场景。在解决高劳动人力成本的同时，营造智慧化、未来感的酒吧氛围，给消费者带来了良好的消费体验。探索利用顾客数据为其提供个性化服务的方式，充分提升顾客在酒吧的体验。

第四节 酒会策划

一、酒会概述

酒会又称鸡尾酒会（cocktail party），是一种以提供酒水为主、小食为辅的宴会形式。酒会形式相比正式宴会而言，经济、简便、轻松、活泼，通常不设桌椅，仅有小桌（或茶几），不排席次，以便客人随意走动，接触交谈。酒会举行的时间也比较自由，中午、下午、晚上均可，酒会请柬上一般会注明活动延续的时间，客人在活动期间到场、退场都比较自由。酒会起源于欧美，一直被沿用至今，并在人们社交活动方式中占有重要地位。

按照组织形式来划分，酒会有两大类，一类是专门酒会，一类是正规宴会前的酒会。专门酒会单独举行，主要内容包括签到、组织者和来宾致辞，有些酒会还有文艺歌舞表演。专门酒会又分为自助餐酒会（buffet cocktail party）和小食酒会（snack cocktail party），自助餐酒一般在午餐或晚餐的时候举行，而小食酒会则多在下午茶的时候举行。正规宴会前的酒会比较简单，只是在宴会前召集客人，在较盛大的宴会召开前不致使等待着的客人受冷落。

近年来，国际上举办大型活动采用酒会形式日渐普遍，酒会常见于庆祝各种节日，重大事件如婚庆、开（闭）幕典礼、文艺和体育演出前后、欢迎代表团访问、商务公共活动等。

二、酒会方案策划

（一）了解需求

了解客人的需求是策划酒会活动的前提。这些信息包括：

（1）主办单位名称或主人的姓名及身份；

（2）酒会的目的；

（3）酒会的规格标准；

（4）被邀请人的信息，如宾客的国籍、风俗习惯、宗教信仰、生活禁忌等特别需求；

（5）酒会举办的日期、时间；

（6）参加酒会的人数；

（7）酒会的流程；

（8）有无其他要求，如设席次表、座位卡、音乐或文艺表演，是否需要停车位，特别设施设备，设置吸烟区，酒水食品要求，鲜花要求，酒会布置要求，效果要求等。

酒会策划微课

（二）制订酒会策划方案

酒会策划方案应包含以下几点内容：

（1）酒会时间；

（2）酒会地点；

（3）酒会主题；

（4）酒会参与人员、预计人数；

（5）酒会策划的具体内容安排；

（6）酒会工作人员安排；

（7）酒会收费方式。

（三）人员配置和分工

根据酒会需求进行人员配置和分工，通常需要设总负责人、区域负责人、迎宾员、值台服务员、餐台服务员、调酒师、音响师、灯光师、摄影师、主持人等岗位。各岗位人员应明确自己的分工明细，责任到人，要有主人翁意识。

（四）场地布置

根据酒会的性质、主办方的需求和参加酒会的人数，进行场地布置和台型设计。酒会场地一般选择比较开阔的地方，如室外草坪上、庭院里、沙滩、花园、游泳池畔、酒店宴会厅等。台型布局方面，可设一些小桌、椅子，以便客人自由落座或供部分需要的宾客（如老弱妇孺）使用，并考虑如何设置文艺表演的场地，主持人和嘉宾的致辞位置，工作台（餐台）的位置，客人进出的通道、服务人员的服务通道。会场物料包括产品、产品展示台、产品手册、礼品（商务活动的需要）、背景、横幅、接待台、鲜花花束、胸花、透明玻璃水杯、音响、麦克风、投影设备、电脑、酒水、食品等。

（五）酒单、菜单设计

根据酒会标准、酒会人数进行酒单和菜单的设计，尽可能做到品种多样，满足不同客人的需求。

（1）酒会的酒水配置应充分考虑客人的需求，既要有酒精饮料，也要有非酒精饮料（软饮料），酒会一般很少提供高度酒。

（2）鸡尾酒会的小食是佐酒用的，不能代替正餐，通常为炸薯片、炸洋葱圈、炸鸡翅、炸薯条、牙签串小食、蛋糕、三明治、面包托、烤香肠等。但是高级酒会也会提供大餐（通常有龙虾、刺身、鱼虾、牛羊肉等）。

（六）餐酒具配置

酒会组织者要根据酒会人数、供应酒水小食的数量估算出所需用的餐具载杯的种类、名称和数量并进行准备。

（1）瓷器类：餐碟、茶杯等；

（2）金属餐具类：点心叉、咖啡勺、服务叉、服务勺等；

（3）玻璃器皿类：根据酒会酒单提供相应的载杯如饮料杯、红葡萄酒杯、白葡萄酒杯、香槟杯、鸡尾酒杯等；

（4）其他：牙签、餐巾纸、搅棒、冰桶、冰夹、托盘等。

三、酒会服务程序

（一）酒会前的准备工作

（1）根据主办方的要求和现场条件布置酒会场地；

（2）准备好数量合适的小桌，铺上台布，摆好餐巾纸、杯具、盘碟、牙签筒、鲜花、花瓶等，摆设要美观；

（3）根据酒会通知单备足各类酒水饮料食品；

（4）备齐各种调酒专用工具；

（5）检查酒会服务人员的仪容仪表；

（6）酒会开始前几分钟，服务员站在酒会入场处准备迎宾（有签到程序的，需摆放签到台，引领宾客签到）。

（二）酒会中的服务

（1）各种酒品饮料由服务员托让（鸡尾酒由宾客在酒台直接向调酒师要，现要现调）。由于宾客是立餐，流动性大，因此服务员在托让酒时的姿势必须规范，用一只手托托盘，另一只手随时准备向前伸展，护住托盘。托让酒水时，必须精神集中，注意向前后左右，主动将酒品饮料送给客人。行走时如宾客过多、拥挤，无法通过，要客气地对宾客说"对不起，请让一下"，待宾客让开时通过，绝不能用手推拉宾客而强行通过。在酒品饮料设计中，大型鸡尾酒可作为特饮在鸡尾酒会中出现。

（2）当宾主祝酒时托让酒水一定要及时，如有香槟酒，要保证祝酒时人手一杯香槟酒。

（3）托让酒水要注意配合，服务员不要同时进入场地，又同时返回，造成场内无人服务。

（4）要有专人负责回收空酒杯，以保持桌面清洁。托让酒水的服务员不要边托让酒水边收空杯，那样很不卫生。但有时宾客会把刚用过的酒杯主动放在服务员的托盘上而另换饮料，遇到这种情况，也不必制止宾客，以免造成误会。

（5）在鸡尾酒会开始前半小时把各种干果摆在小桌上，开始前十分钟把各种面包摆在小桌上。

（6）鸡尾酒会开始后，陆续上各种热菜热点，并随时注意撤回各种空盘。由于鸡尾酒会的桌面小，冷、热食品较多，服务中要抓紧时间清理桌面，保持桌面清洁。

（7）托让小吃的服务员最好跟在酒水服务员的后面，以便宾客取食下酒。

（8）要注意照顾距小桌较远的宾客，特别是坐在厅堂两侧的女宾和年老体弱者。

（9）在鸡尾酒会结束前，给每张小桌上摆放一盘香巾，香巾的数量不少于该桌宾客数。

（10）鸡尾酒会结束，仍有宾客未离开时，应留有专人继续服务。

（三）酒会的结束工作

（1）鸡尾酒会结束时，服务员应热情礼貌地欢送客人，并欢迎宾客再次光临。

（2）如有宾客自带酒水，应马上点数，请宾客过目。

（3）清洗餐具，清扫场地。

实训任务

任务一　酒吧投诉事件处理

实训目标：处理投诉事件是酒吧经营管理中常有的事，酒吧员工和管理者应具备灵活处理各类特殊事件的能力。本实训项目旨在培养学生特殊事件预防的能力，能有效采取有效措施的良好意识，及时、合理处理投诉事件的能力，以免惊慌失措，处理不当导致不良后果。

实训内容：案例分析及演绎。根据案例进行分组讨论并演示处理投诉的情景，了解和掌握处理酒吧投诉的方法。

实训方法：分组讨论、情景表演、观摩总结。

实训步骤：

1. 教师将学生分成若干个小组，给每个小组一个特定的案例，要求该组学生进行讨论；

2. 请各组学生将本组案例的情景以恰当和不恰当两种方式表演出来；

3. 请其他小组观摩，学生互评、教师点评。

案例分析：

案例一：世界杯期间，某酒吧几乎每晚满客。有一次，除了一张四人桌已被预订，其他座位均已坐满。预订的客人还没有到，这时酒吧来了6位客人，要求要坐这张被预订桌子。酒吧服务员很是为难，因为预订还未到规定时间，理应为预订客人保留桌子，如果同意给这6位客人坐的话，有失诚信；但如果不同意的话，就会流失这6位客户，酒吧的经济损失也挺大。该怎么处理呢？

案例二：预订的客人到酒吧后，看到预订的座位被占用了，很不满。虽然主管主动出来解释和提出解决方案，但是客人对于酒吧提出在角落处加桌的建议表示难以接受，因为在那里看电视屏幕的角度不好，于是愤怒地表示商家没有信誉，要找经理投诉。

案例三：一日，某酒吧的服务员甲在为A客人上啤酒时，见A客人正在和他朋友谈事情，就没有打断他们的谈话，把托盘上的4瓶百威啤酒放在了A客人的桌上就转身离开了。过了一会儿，A客人谈话结束，发现酒上错了，立刻叫住身边走过的服务员乙说："我要的是蓝带啤酒，怎么给我上百威了？"服务员乙说："不是我上的，不关我的事，你找刚才给你上酒的服务员说吧。"说完转身就走了。客人不知道刚才是哪位服务员上的酒，又见没有人处理这个问题，只好气呼呼地找经理投诉了。

案例处理方法参考：

案例一处理方法：服务员请示酒吧主管，主管考虑到预订的客人不知道何时能到，而且根据工作经验，客人也有可能会临时取消预订，不如先安排目前已到的这6位客人入座，等待后面预订的客人到来时再进行解释和加桌。

案例二处理方法：经理向客人表示抱歉和解释，由于世界杯期间客人较多，刚才一时之间客人太多，没有照顾过来，导致原预定的座位被占了，了解到客人对于在角落处加桌的建议不满意，经理提出为了弥补此次工作疏忽给客人带来的不愉快，可以给客人赠送一瓶价值600元的芝华士和一个大果盘，客人欣然同意了。这样，酒吧婉转地向客人表示是工作疏忽而不是有意不保留座位，既没有使酒吧失去诚信，同时保留了两拨客人，使客人都满意。这样既为酒吧创造了利润，又巧妙地解决了问题。

案例三处理方法：经理首先应该先让服务员根据点单把送错的酒水撤回，送上正确的酒水。其次，经理向客人表示抱歉，并表示会对员工不恰当的工作态度进行批评教育，保证会提高服务员的服务质量。如果客人继续不依不饶，经理可以表示送一点小食给客人，使客人消气。其实，客人对服务员的服务质量和服务态度不满意，导致投诉，这说明了酒吧服务质量管理对于客户满意和酒吧经营是相当重要的。如果酒吧管理人员对于投诉的处理不当，比如语言不当、态度不端正等，还有可能会导致投诉继续升级，甚至是肢体冲突，从"小事"变成"大事"。酒吧管理人员和服务员都应该明白，客人投诉时，他所关心的是尽快解决问题，他只知道这是酒吧的责任，而不是说这是哪个人的问题。所以，接待投诉客人，首要的是先解决客人所反映的问题，而不是追究责任，更不能当着客人的面互相推脱、推诿责任。

考核要点：酒吧服务程序；酒吧投诉事件应变与处理的方法。

任务二 校园酒会策划

实训目标：本项目实训使学生对酒吧服务与管理工作有更深层次的了解，在学习理论知识之后，结合酒会活动的实际市场调研、活动策划、活动组织、酒水服务和管理，培养学生会服务、懂管理，贴近行业，模拟实战，提升就业能力和社会竞争力。

实训内容：结合学习期间的节假日或者课程汇报（如元旦酒会或课程考查汇报），组织策划一场酒会活动，面向本专业同学进行销售（可单杯销售）。活动期间，以小组为单位独立进行酒水的出品、销售和服务。

实训方法：在教师指导下，学生分组（6~8人）进行校内调研、策划和组织一场校园酒会、活动展示、评议。

实训步骤：

1. 策划调研：确定酒会的目的、内容和参加人数；
2. 前期准备：确定活动方案并提交可行性报告及实施方案；

3. 流程设计：嘉宾入场安排、主持人讲话、服务分工、服务过程；物品采购；

4. 整个酒会活动涉及的所有物品的准备，包括酒水、小吃、水果等；

5. 现场布置：调酒器具、餐台、装饰物等物品的摆放及装饰；

6. 现场活动组织：酒会现场的组织；

7. 效果评价：请参加酒会的同学代表进行打分、评价，再由教师进行点评。

考核要点：酒会服务知识、酒会策划组织能力。

◇拓展阅读

知识天地

商务酒会礼仪

1. 商务酒会着装

如果你现在应邀参加一个商务酒会，你一定希望在酒会上表现得体，不喧宾夺主，不尴尬丢脸。那就让我们来了解下酒会上正确的着装和言行举止吧。

如果你只是一个"无名小卒"，穿着燕尾服出场，却不想酒会中很多人以为你是个服务生，那真是尴尬极了。正如女生千万别穿红旗袍去参加别人的婚礼，因为那一天最鲜艳的权利不应该属于你，这是一种教养，得体是一切着装原则的基础。

出席商务酒会，穿着不要过于隆重。建议女士多用华丽和高品质配饰，服装要有半正式感。出席商务酒会的着装留有一点工作状态是最好的，所以可以保持一点职场的风情。这时候简单、保险而不过时就是"黑白配"了。将白色衬衣下摆塞进盖过肚脐的高腰黑色半身裙中，裙摆盖没膝盖，是最佳搭配比例，它不仅修饰身材，更平添一丝知性与优雅。你还可以在小黑裙上套上质地精良的一件小西服。西服的颜色，可以选择米灰色、云灰色、柔灰色。如果你是一个重要的角色，那么缎子白的小西服和小黑裙搭配则会让你从人群里脱颖而出。

丝巾可以使一个爱裤装的职业女性保持女性的柔媚。优质丝巾是十分百搭的，可以在包里塞条质地优良的亮色大幅丝巾或披肩，把它披在日常通勤的灰色系西装外套外，虽不够花心思，至少也能应付一些商务场合。

高跟鞋是女士必不可少的。鞋子最好是色泽纯正的黑色或深色，船型，材质考究，款式经典，可以准许在鞋面上有金属点缀。但要注意的是，商务酒会一般人们都是站着交流的，女士请选择一双舒适的鞋子，不要选那种"恨天高"，这样可以让你一晚上以舒服的姿势优雅站立。

关于手袋，不要拎太大的手袋，这会给你的优雅形象减分，也不建议拎晚宴的那种手抓袋（clutch），因为你要在商务酒会上时时与人握手，所以最好带一个可以套在手腕上的手袋，这样方便一手拿酒杯，一手随时准备与他人握手。

至于男士，可以从领带开始改变，爱打领带的男士用长方形的丝巾，系一个贵族风采的领结，将它的尾端放在衬衣的领口里面，衬衣的最上面两颗扣子是解开的。丝巾和衬衣的颜色要协调或者互补。如果你不是色彩搭配高手，那么你可以整套正装西服出席，但是要让衬衣出彩，一定要是你平时很少用到的颜色，或者就干脆用雪白的收身衬衣，以袖扣来装饰。对于不爱领带的男士，建议穿小立领的白衬衣，依旧要求雪白，然后搭配深色正装西服。

对于男士，除了深灰西服，还有海军蓝（藏青色）的铜扣西服单品是佳选，下面要配法兰绒的灰色长裤，这是最古典主义的经典扮相，而且在任何国家都可用。如果你想塑造一个成熟可信、稳重的自己，这绝对是上上选。如果你觉得此搭配老成过度，那么把法兰绒改成卡其色长裤也行，但只适合白天。

男士的鞋，当然是系带的正装黑色皮鞋。如果你的职位高，酒会又安排在晚上，那么你可以穿漆皮的皮鞋。

值得注意的是，参加酒会的鞋一定要新，绝对不可以将平时那些"劳苦功高"的鞋子穿到酒会上来，男女都是如此。

2. 交流

酒会是西方社交非常重要的组成部分。商务酒会上，如果你善于交流，一可以加强跟老客户的联系与交流，二来可以结交到不同的商业朋友，可以为你未来的生意打下坚实的关系网。

主动攀谈。酒会是交流信息的重要场合，因此参加酒会时不可矜持不谈，故作深沉，而要抓住时机，积极主动选择自己感兴趣的对象进行交谈。这样才能起到获得信息，联络感情，结交新知的目的。对于旧友，首先主动打一声招呼往往使自己显得亲切、友善，有利于双方关系的深化。对于想要结识的新朋友，则要具备自我介绍的信心，踊跃自荐，以使交际局面迅速打开。

善待他人。同他人攀谈，若话不投机，千万不要显出不耐烦的神色，或急于脱身而造成他人的不愉快。谈话时，也不要心不在焉，那样的行为很容易让人理解为敷衍了事，是对对方不重视的一种表现，是十分失礼的。最好的办法是，交谈时给对方留出随意离开的机会，或提议两人一起去见同一位都熟识的人，或是参加到附近的人群中。

无干扰。在与他人交谈的同时，不停地接听手机电话，这是对对方的极大不尊重，会引起对方的反感，很可能到手的合同就会被取消。因此，参加商务酒会，请提前关闭你的手机。如果确实在等重要事情，请务必调成震动或静音，遇到重要问题不得不接听电话，请一定记得跟对方说抱歉（Excuse me, I am afraid I have to pick up a very important phone call），并征得对方的同意再接听，并记得说上（I will be right back in a minute），接听电话的时候要走开，并尽量缩短电话时间。

倾听他人。要学会有效交流，首先得学会倾听。倾听对方的需求，倾听对方的抱怨，通过倾听，了解对方，确定双方交流的主题。自说自话的人永远是不受欢迎的。倾听的同时要互动，而不是一味地听。可以通过提问的方式互动，也可以通过重复对方的关键词来确认是否领会对方的意思。

3. 就餐礼仪

很多商务酒会都安排在下午6点以后，所以，酒会其实不是一个就餐的环境，一般出现的只有酒水和简单的点心。

握酒杯时切忌用手抓住杯肚，因为掌温会令酒升温，也会令你无法优雅地与别人碰杯。

如果是自助餐，请摒弃所谓的吃自助餐"扶墙进，扶墙出"的原则，记住，这是商务酒会。一次要少取，吃多少取多少，不要把盘子堆得满满的，那是非常失礼的行为，会引来众人的侧目。

注意：在酒会上吃东西、握酒杯等可以用左手，这样可以腾出右手，方便你跟别人握手。

（资料来源：豆瓣小组《不可不知的商务酒会礼仪》）

◇英文服务用语

投诉事件处理：

1. Do you have any questions?

请问有什么问题吗？

2. We do apologize for the inconvenience.

给您造成不便，我们深表歉意。

3. I'm sorry to hear that, Madam.

听到这件事，我感到很抱歉。

4. I'm sorry, but it's the policy of our bar. I hope you will understand.

很抱歉，但这是我们酒吧的规定。希望您能理解。

5. I'm terribly sorry, madam. I'll attend to it/take care of it at once.

非常抱歉，女士。我马上就去处理。

6. Sir, we are so sorry to have kept you waiting.

先生，实在对不起，让您久等了。

7. I'm awfully sorry for that. I'll speak to the manager about it.

实在对不起。我会把这件事报告给经理的。

8. There could have been some mistake. I do apologize.

可能是出了什么差错，实在对不起。

9. I'll look into this matter at once.

我马上去查清这件事情。

10. Our manager is not in now. Shall I get our assistant manager for you?

我们经理现在不在。我帮您叫助理经理来好吗？

11. What else can I do for you?

还有什么能帮助您的吗？

12. Shall I call the police for you?

我帮您报警好吗？

13. To express our regret for all the trouble, we offer you a 20% discount/ complimentary fruit compote.

给您带来了麻烦，为了表示歉意，特为您提供 8 折优惠/免费果盘。

◇考核指南

一、理论知识

1. 了解酒吧和酒水管理的知识。

2. 了解酒吧数字化管理的相关内容。

3. 掌握酒会的策划组织和服务程序。

二、实训任务

1. 能够规范处理客户投诉事件。

2. 掌握酒会策划的流程和技巧。

参考文献

［1］费多·迪夫思吉. 酒吧圣经［M］. 龚宇，译. 上海：上海科学普及出版社，2006.

［2］周文伟. 国际调酒学［M］. 苏州：苏州大学出版社，2006.

［3］孙芳勋. 调酒师手册［M］. 北京：中国轻工业出版社，1999.

［4］盖艳秋，张春莲. 酒水服务与酒吧运营［M］. 北京：中国旅游出版社，2017.

［5］殷开明. 酒水服务与酒吧管理［M］. 青岛：中国海洋大学出版社，2011.

［6］吴克祥. 酒水管理与酒吧经营［M］. 北京：高等教育出版社，2003.

［7］肖健. 邮轮酒吧服务管理［M］. 大连：大连海事大学出版社，2015.

［8］欧阳智安. 鸡尾酒赏味之旅［M］. 南京：江苏凤凰科学技术出版社，2016.

［9］翟枫瑞. 2022 年全国酿酒产业规模以上企业产品销售收入同比增长 9.1%［N/OL］. 北京商报，https：//www. bbtnews. com. cn/，2023-03-27

［10］杨翠婷. 这个星球神秘的东西有很多，侍酒师就是其中一个［J］. 葡萄酒，2017（7）：4.

附录

附录一　数字资源汇总

序号	微课名称	二维码
1	现代酒水服务行业发展概述微课	
2	酒水类职业认知微课	
3	开吧工作微课	
4	擦拭杯具微课	
5	削冰球微课	

表(续)

序号	微课名称	二维码
6	待客服务微课	
7	调酒师职业礼仪微课	
8	侍酒师职业礼仪微课	
9	酒吧的起源和功能微课	
10	酒吧的类型微课	
11	酒吧设备认知微课	
12	酒水认知微课	

表(续)

序号	微课名称	二维码
13	葡萄酒知识及酿造工艺微课	
14	葡萄酒品鉴技巧微课	
15	啤酒知识与酿造工艺微课	
16	烈酒的基础知识微课	
17	威士忌的品鉴技巧微课	
18	葡萄酒开瓶技巧微课 (2022年广西教学能力微课比赛三等奖作品)	
19	葡萄酒斟酒技巧微课 (2022年广西教学能力微课比赛三等奖作品)	

表（续）

序号	微课名称	二维码
20	葡萄酒配餐技巧微课 （2022 年广西教学能力微课比赛三等奖作品）	
21	烈酒服务技巧微课	
22	咖啡服务微课	
23	盖碗冲泡茉莉花茶微课	
24	西餐酒水服务微课	
25	鸡尾酒认知与创作微课	
26	调和法操作微课 （2019 年广西教学能力微课比赛一等奖作品）	

表(续)

序号	微课名称	二维码
27	摇和法操作微课	
28	兑和法操作微课	
29	鸡尾酒装饰物制作微课	
30	干马天尼调制微课	
31	红粉佳人调制微课 (2019年广西教学能力微课比赛二等奖作品)	
32	玛格丽特调制微课	
33	特基拉日出调制微课	

表(续)

序号	微课名称	二维码
34	反舌鸟调制微课	
35	古典调制微课	
36	曼哈顿调制微课	
37	威士忌酸调制微课	
38	莫吉托调制微课	
39	自由古巴调制微课	
40	柳林飘香调制微课	

表(续)

序号	微课名称	二维码
41	飞天蚱蜢调制微课	
42	大都会调制微课	
43	亚历山大调制微课	
44	边车调制微课	
45	萨泽拉克调制微课	
46	长岛冰茶调制微课	
47	轰炸机调制微课	

表（续）

序号	微课名称	二维码
48	天使之吻	
49	少女的心房调制微课	
50	男人的格局调制微课	
51	软饮料认知微课	
52	手冲咖啡制作微课	
53	爱尔兰咖啡制作微课	
54	酒吧管理微课	

表(续)

序号	微课名称	二维码
55	酒会策划微课	

附录二 酒水服务英文表达

一、常用酒水服务词汇

1. 酒吧设施

bar counter 吧台/立式酒吧

service bar 服务酒吧

lounge 鸡尾酒廊

banquet bar 宴会酒吧

grand bar 多功能酒吧

refrigerator 冰柜

cooler/freezer 冷藏柜

juice extractor 果汁榨汁机

electric blender 电动搅拌机

ice maker 制冰机

crushed ice machine 碎冰机

glass washing machine 洗杯机

frozen glass machine 冰杯机

2. 调酒用具

shaker 摇酒器

jigger 量酒器/量杯

bar spoon 吧匙

mixing glass 调酒杯

strainer 滤冰器

ice bucket 冰桶

ice tong 冰夹

ice scoop 冰勺

muddler 捣碎棒

pourer 酒嘴

manual juicer 手动榨汁器

cocktail picks 鸡尾酒签

coaster 杯垫

straw 吸管

cutting board 砧板

3. 酒杯

shot glass 烈酒杯/子弹杯

old fashioned glass 古典杯

champagne saucer 浅碟形香槟杯

champagne tulip 郁金香形香槟杯

highball glass 高球杯/海波杯

collins glass 柯林杯

brandy glass 白兰地杯

wine glass 葡萄酒杯

white wine glass 白葡萄酒杯

red wine glass 红葡萄酒杯

liqueur glass 利口酒杯

sherry glass 雪利酒杯

pilsner 皮尔森啤酒杯

beer mug 扎啤杯

margarita glass 玛格丽特杯

martini glass 马天尼杯

julep cup 朱丽普杯

tiki mug 提基鸡尾酒杯

irish coffee glass 爱尔兰咖啡杯

4. 酒吧职位

bartender 调酒师

head bartender 调酒师主管

assistant bartender 助理调酒师

bar manager 酒吧经理

bar utility/back 吧员

bar waiter/waitress 酒吧服务员

sommelier 侍酒师

wine connoisseur/winetaster 品酒师

5. 无酒精饮料

lipton 立顿

black tea 红茶

white tea 白茶

oolong tea 乌龙茶

yellow tea 黄茶

dark tea 黑茶

jasmine tea 茉莉花茶

teabag 袋泡茶

mugi-cha 大麦茶

herbal tea 花草茶

espresso 浓缩咖啡

Espresso Macchiato 玛奇朵

Americano 美式咖啡

Caffè Latte 拿铁

Cappuccino 卡布奇诺

Caffè Mocha 摩卡

Irish Coffee 爱尔兰咖啡

fruit juice 果汁饮料

lemon juice 柠檬汁

lime juice 青柠汁

orange juice 橙汁

pineapple juice 菠萝汁

grape juice 葡萄汁

mineral water 矿泉水

soda water 苏打水

sparkling water 汽水

quinine water 奎宁水

ginger water 干姜水

Coca Cola 可口可乐

Tonic water 汤力水

Indian lassi 印度奶昔

ice cream 冰激凌

6. 酒精饮料

Brandy 白兰地

Whisky 威士忌

Gin 金酒

Vodka 伏特加

Rum 朗姆酒

Tequila 龙舌兰酒/特基拉酒

Aperitif 餐前酒

Table wine 佐餐酒

Dessert wine 甜食酒

Cognac 干邑白兰地

Armagnac 雅文邑白兰地

French Brandy 法国白兰地

Johnnie walker blacklable 黑方

Scotch Whisky 苏格兰威士忌

SingleMalt 单麦芽威士忌

Pure Malt 纯麦芽威士忌

Blend 调和性威士忌

GrainWhisky 谷物威士忌

American Whisky 美国威士忌

Irish Whiskey 爱尔兰威士忌

Silver Rum 银朗姆

Gold Rum 金朗姆

Dark Rum 黑朗姆

Blanc 白葡萄酒

Rouge 红葡萄酒

Rose 玫瑰红酒

pale beers 淡色啤酒

Brown Beers 浓色啤酒

Dark Beers 黑色啤酒

Ale 爱尔

Stout 司都特

Porter 波特

Weiss 威特

Pilsner 皮尔森

Munich 慕尼黑

Bock 包克啤酒

7. 鸡尾酒

马天尼 Martini

曼哈顿 Manhattan

古典 Old Fashioned

特基拉日出 Tequila Sunrise

玛格丽特 Margarita

边车 Side Car

长岛冰茶 Long Island Iced Tea

红粉佳人 Pink lady

白色丽人 White Lady

天使之吻 Angel's Kiss

二、常用酒水服务句型

(一) 日常酒水服务

1. 迎客 welcoming guests.

欢迎光临 welcome to our bar.

这边走 this way please.

楼上客满 full upstairs.

那边有空座位 there are vacant seats.

坐这里可以吗？Would you like to sit here?

你预订座位了吗？Do you have a reservation?

这里可以存包 You can leave your bag here.

2. 点单 taking orders

您现在要点单吗？Are you ordering now?

可以重复一下您的单吗？May I repeat your order?

您点的是……Your order is …

请稍等！Just a moment, please!

净饮 Straight up

加冰 with ice

不加冰 without ice

加水 with water

出品 presenting

3. 服务客人 serving the guests

打扰了，这是您的啤酒（咖啡）。Excuse me, Here is your beer/coffee.

请享用。Please enjoy your drink.

还需要些什么吗？Would you like anything else?

我可以拿走这个杯子（瓶子，椅子）吗？May I take this glass/bottle/chair away?

再要一轮。One more round.

再要一杯啤酒吗？Would you like one more beer?

对不起，让您久等了。Sorry to have kept you waiting, sir.

我可以过去吗？May I go through?

这是我的荣幸。It's my pleasure.

4. 结账 settle the bill

这是您的账单，总共是 1 000 元。Here's the Bill. The total comes to 1 000 Yuan.

请您稍等，我会给您找钱。Please wait a moment, I will give you change.

先生，这是找给您的钱。Here's your change, sir.

分单还是一张单？Separate bill or one bill?

您是付现金还是刷卡呢？Will you pay in cash or by card?

请签单。Please sign the bill.

5. 送客 Seeing the guests out

希望您在这过得愉快！I hope you enjoy your stay here.

玩得愉快！Have a good time!

晚安，再见！Good night and bye bye.

感谢您的光临。Thank you for your coming.

希望您再次光临！I hope to see you again!

（二）酒吧服务

1. 先生，很抱歉。有什么可以帮您的吗？

I'm terribly sorry about that, sir. What can I do for you?

2. 您要再来一杯饮料吗？这一份免单。

Can I get you another drink? Thisone's on the house.

3. 这里空气很闷。您要出去呼吸点 新鲜空气吗？

It is very stuffy here. Would you like to get some fresh air out?

4. 先生，对不起。这是我们的最低收费：两杯饮料，每杯 90 元人民币，再加 10%的服务费。

I'm sorry, sir. That's our minimum charge —— two drinks at 90 RMB each, plus 10% service charge.

5. 我们这里没有生啤，只有瓶装啤酒。

Wedon't have any draught beer. We only have bottled beer.

6. 布朗先生，您今晚要喝点什么？是不是像往常一样来杯啤酒？

What's your pleasure this evening, Mr. Brown? Your usual beer?

7. 对不起，您喝醉了，我们不能卖酒给您。

I'm sorry but I can't serve you since you're intoxicated.

8. 欢迎来到"酒水打折时段"。这里的酒水在下午五点至晚上八点期间打对折。

Welcome to our "Happy Hours". Our drinks are at half price from 5:00 p.m. to 8:00 p.m.

9. 一份威士忌苏打，不加冰，我马上拿来。先生，请慢用。

One whisky soda, no ice, coming up immediately. Cheers, sir.

10. 来一杯不含酒精的鸡尾酒吧，比如胡椒菠萝，还是尤利橙汁？

What about a non-alcoholic cocktail, a Pineapple Pepper Upper or an Orange Julius?

11. 再来一杯酸威士忌？先生，我马上给您拿来。请问您喜欢哪一种威士忌？

Another whiskeysour? Right away, sir. Do you have any preferences on the whiskey?

12. 那边有一瓶存放 12 年的杰克·丹尼尔威士忌。

That bottle over there is JackDaniel's – aged 12 years.

13. 也许稍后您会再来喝杯睡前饮料。谢谢光临。

See you later for a night-cap, maybe. Thanks for coming.

14. 果汁杯怎么样？里面有香槟酒、黑朗姆酒、橘子汁、柠檬汁、菠萝汁、糖和姜啤。

How about a fruit juice cup? That are champagne, dark rum, orange juice, lemon juice, pineapple juice, sugar and ginger ale in it?

15. 曼哈顿怎么样？这是一道经典鸡尾酒。

How about a Manhattan? It is a classic drink.

16. 果味鸡尾酒是由橘子汁、葡萄汁、西番莲果汁、酸橙汁、芒果汁、菠萝汁和一些猕猴桃糖浆调成的。

The Fruit Cocktail has orange, grapefruit, passion fruit, lime, mango and pineapple juice, with just a little kiwi syrup in it.

17. 这是普施咖啡，又叫彩虹酒。它是用几种不同的餐后甜酒调制而成的。看上去像彩虹。

It's a "pousse café" or "Rainbow Cocktail", and it is made from several liqueurs. It looks like a rainbow.

18. 论罐买啤酒比论杯买啤酒划算。

Buying beer by the pitcher is cheaper than buying it by the glass.

（三）待酒服务

1. 我们请侍酒师延斯·加贝尔曼帮忙挑选。

We asked the sommelier, Jens Gabelmann, to choose for us.

2. 侍酒师建议搭配意大利面条，红肉或白肉和奶酪，或单独饮用均佳。

Sommelier recommended dishes: pasta, red or white meat and cheese, or drinking alone.

3. 我听说你是个品酒行家。

I'm told you're a wine connoisseur.

4. 一位美酒鉴赏家只需要闻一下或者轻舔一下某种葡萄酒，就可以明确地分辨出酒的年代和产地。

A wine connoisseur may be able to tell exactly where and when a certain vintage wine was made just by the smell and taste.

（四）茶饮服务

1. Asking the guests' needs for the tea.

询问客人对茶的需求。

a. What kind of tea do you want to drink?

您需要什么茶？

b. Do you want to try dragon well tea here?

您要试试我们这里的龙井茶吗？

c. Here we have green tea, black tea, oolong tea, dragon well tea and so on. Which do you want to have a try?

我们这里有绿茶、红茶、乌龙茶、龙井茶，等等。您要尝哪一种？

2. Introducing local snacks to the guests.

为客人介绍地方小吃。

a. Do you want to try some snacks here?

您要试试我们这里的小吃吗？

b. Here we have many snacks or dim sum, Cantonese style is very famous in China.

我们这里有很多小吃和点心，粤式点心在中国很出名的。

c. When you drink tea, if you choose to eat some snacks with the tea, it will be more delicious.

品茶的时候，配上一些茶点，味道会更好。

3. Responding to the guests' needs.

回应客人的需求

a. Please wait for a moment, and I will take the tea for you soon.

请稍等，我马上把您的茶拿过来。

b. Please try the dim sum first, and we will prepare your tea immediately.

请您先尝尝点心，我们马上为您备茶。

c. OK. We send it to you at once.

好的，我们马上给您送过来。

d. Sir, here is your black tea. Please enjoy yourself.

先生，这是您的红茶。请慢用。

e. Madam, the jasmine tea is yours, right?

女士，这杯茉莉花茶是您的，对吗？

（五）咖啡服务

1. Asking the guests' requirements about coffee.

询问客人对咖啡的要求。

a. What/ How about Cappuccino?

卡布奇诺怎么样？

b. What kind of coffee do you prefer?

您需要什么咖啡？

c. Would you like something to drink? Skinny latte or American coffee?

您需要喝点什么吗？脱脂拿铁还是美式咖啡？

d. Cappuccino, Latte coffee, Skinny latte or American coffee, which would you like, madam?

卡布奇诺、拿铁、脱脂拿铁、美式咖啡，您喜欢哪个？

2. Greeting the guests in Café.

向客人打招呼。

a. Hi/ Hello, madam.

您好，女士。

b. Good morning, sir, welcome to our Cafe.

早上好，先生，欢迎光临我们咖啡馆。

c. Hello, Linda, welcome to our Cafe again, today you look so beautiful.

你好，琳达，欢迎再次光临我们咖啡馆。今天你真漂亮。

d. Hi, Cathy, youdon't come here for a long time. What's up?

你好，凯瑟，你很久没来了。一切都好吗？

（六）投诉事件处理

1. May I know what's wrong?

请问有什么问题吗？

2. We do apologize for the inconvenience.

给您造成不便，我们深表歉意。

3. I'm sorry to hear that, Madam.

听到这件事，我感到很抱歉。

4. I'm sorry, butit's the policy of our bar. I hope you will understand.

很抱歉，但这是我们酒吧的规定。希望您能理解。

5. I'm terribly sorry, madam. I'll attend to it/take care of it at once.

非常抱歉，女士。我马上就去处理。

6. Sir, we are so sorry to have kept you waiting.

先生，实在对不起，让您久等了。

7. I'm awfully sorry for that. I'll speak to the manager about it.

实在对不起。我会把这件事报告给经理的。

8. Sorry, sir. But I advise you not to do so. It's against our regulations.

对不起，先生。但我劝您别这样做。这违反了我们的规定。

9. There could have been some mistake. I do apologize.

可能是出了什么差错，实在对不起。

10. I'll look into this matter at once.

我马上去查清这件事情。

11. Our manager is not in now. Shall I get our assistant manager for you?

我们经理现在不在。我帮您叫助理经理来好吗？

12. What else can I do for you?

还有什么能帮助您的吗？

13. Shall I call the police for you?

我帮您报警好吗？

14. To express our regret for all the trouble, we offer you a 20% discount/ complimentary fruit compote.

给您带来了麻烦，为了表示歉意，特为您提供 8 折优惠/免费果盘。

附录三　六大基酒的代表性酒品

一、白兰地

附表-2　白兰地的代表性酒品

序号	品名	简介	图示
1	人头马 V. S. O. P	干邑白兰地； 酒精浓度 40%； 容量 700 毫升； 超过 280 年酿造历史的白兰地品牌	
2	拿破仑 XO	干邑白兰地； 酒精浓度 40%； 容量 700 毫升； 以法国人心中的英雄"拿破仑"命名	
4	马爹利蓝带干邑白兰地	干邑白兰地； 酒精浓度 40%； 容量 700 毫升； 拥有紫丁香般华丽的香味	

附表-2（续）

序号	品名	简介	图示
5	轩尼诗 V.S	干邑白兰地； 酒精浓度 40%； 容量 700 毫升； 因讲究细节而闻名于世	

二、威士忌

附表-3　威士忌的代表性酒品

序号	品名	简介	图示
1	芝华士 18 年威士忌	酒精浓度 40%； 容量 700 毫升； 芝华士 18 年融合了超过 20 种苏格兰最珍贵的纯麦芽威士忌。口感醇厚，层次丰富，馥郁优雅的芳香幻化出黑巧克力般的丝般口感回味	
2	麦卡伦 12 年苏格兰单一麦芽威士忌	酒精浓度 40%； 容量 700 毫升； 从自制的雪莉酒桶里熟成出世界公认的劳斯莱斯级威士忌	

附表-3（续）

序号	品名	简介	图示
3	尊尼获加黑方威士忌	酒精浓度40%； 容量700毫升； 苏格兰威士忌，采用四十种优质威士忌调配而成，蕴藏最少十二年，口感芬芳醇和	
4	尊美醇威士忌	酒精浓度40%； 容量700毫升； 清爽型爱尔兰威士忌	
5	波本威士忌	酒精浓度40%； 容量700毫升； 全美排名第一，全球最受欢迎的占边波本威士忌，口味强烈而独特	

附表-3(续)

序号	品名	简介	图示
6	杰克丹尼黑标	酒精浓度 40% 容量 700 毫升； 美国田纳西州代表品牌	
7	加拿大俱乐部威士忌	酒精浓度 40%； 容量 700 毫升； 清新的加拿大威士忌	
8	白州 12 年	酒精浓度 43%； 容量 700 毫升； 日本威士忌，在森林里 酿出的单一麦芽威士忌	

三、伏特加

附表-4 伏特加的代表性酒品

序号	品名	简介	图示
1	绝对伏特加	瑞典白金级伏特加； 酒精浓度40%； 容量750毫升； 有多种口味可选，比如柠檬、黑加仑、薄荷等	
2	深蓝伏特加	酒精浓度40%； 容量750毫升； 色泽清透，口味干爽活泼	
3	雪树伏特加	原产地波兰，高端伏特加品牌； 酒精浓度40%； 容量750毫升； 口感柔和、清爽、回味持久	
4	苏联红牌	产地俄罗斯； 酒精浓度40%； 容量750毫升； 色泽清透，口感滑润，有胡椒味	

附表-4(续)

序号	品名	简介	图示
5	96度伏特加（spirytus）	原产地波兰，原名为 spirytus； 酒精度96度的酒； 世界上度数最高、最烈的酒	

四、朗姆酒

附表-5 朗姆酒的代表性酒品

序号	品名	简介	图示
1	百加得陈酿（白标）	酒精浓度40%； 容量750毫升； 以象征幸运的蝙蝠为商标，号称"全球第一"的朗姆酒	
2	摩根船长朗姆酒（Captain Morgan）	酒精浓度40%； 容量750毫升； 施格兰公司首创，2001年帝亚吉欧集团（Seagram Company）将摩根船长朗姆酒收购，新寓意为"向美好的生活，美妙的爱情和激越的奋斗致敬！"（'To Life, Love and Loot.'）	

附表-5(续)

序号	品名	简介	图示
3	伯爵夫人朗姆酒 （Contessa）	酒精浓度 40%； 包装规格则有 750 毫升、700 毫升、375 毫升和 180 毫升； 印度的品牌，2008 年，在布鲁塞尔世界食品品质评鉴大会上获奖	
4	老波特朗姆酒 （Old Port Rum）	酒精度 40%； 容量 750 毫升； 代表了印度朗姆酒的传统风格，陈酿期在 15 年以上。它的颜色很深，散发出樱桃、核果、奶油糖果和橡木的淡雅香气，口感顺滑，酒体清瘦	
5	哈瓦那俱乐部陈年朗姆酒 （Havana Club）	酒精浓度 40%； 容量 750 毫升； 传承百年的佳酿，古巴朗姆酒的代表	

五、金酒

附表-6 金酒的代表性酒品

序号	品名	简介	图示
1	庞贝蓝钻特级金酒	钻石级的伦敦干金酒； 酒精浓度47%； 容量700毫升； 反复蒸馏、香气浓郁	
2	必富达金酒	酒精浓度47%； 容量700毫升； 杜松子味道强烈，气味奇异清香，有着"鸡尾酒的心脏"雅号	
3	哥顿金酒	伦敦干金酒； 酒精浓度40%； 容量700毫升； 口感滑润，酒味芳香，世界最畅销的品牌	
4	添加利金酒	酒精浓度47.3%； 容量750毫升； 是金酒的极品名酿，深厚甘洌，具独特的杜松子及其他香草配料的香味，风味明快利落	

六、龙舌兰

附表-7　龙舌兰的代表性酒品

序号	品名	简介	图示
1	豪帅金快活龙舌兰酒（JOSE CUERVO）	酒精浓度40%； 容量750毫升； 在橡木桶中熟成的高级龙舌兰酒	
2	懒虫白色龙舌兰酒	酒精浓度35%； 容量750毫升； 产自墨西哥特基拉	
3	白金武士龙舌兰	酒精浓度40%； 容量700毫升； 口味突出，刚劲独特	
4	奥美嘉金龙舌兰	酒精浓度38%； 容量700毫升； 有新鲜的香气与纯净的风味	

附表-7(续)

序号	品名	简介	图示
5	雷博士金龙舌兰	酒精浓度40%； 容量750毫升； 香气独特，口味浓烈